Helena Körner

2023

Abitur

Original-Prüfungsaufgaben
mit Lösungen

Schleswig-Holstein

Mathematik

STARK

16. ergänzte Auflage
www.stark-verlag.de

Inhalt

Zentralabitur 2021

Zentralabitur 2022

Sobald die Original-Prüfungsaufgaben 2022 freigegeben sind, können sie als PDF auf der Plattform MyStark heruntergeladen werden (Zugangscode vgl. Farbseiten vorne im Buch).

ActiveBook Interaktives Training

Ihr Coach zum Erfolg: Mit dem **interaktiven Training zum hilfsmittelfreien Teil des Abiturs** lösen Sie online Aufgaben, die speziell auf diesen Prüfungsteil zugeschnitten sind. Am besten gleich ausprobieren!
Ausführliche Infos inkl. Zugangscode finden Sie auf den Farbseiten vorne in diesem Buch.

www.

Sitzen alle mathematischen Begriffe? Im interaktiven Training und unter www.stark-verlag.de/mathematik-glossar/ finden Sie ein kostenloses Glossar zum schnellen Nachschlagen aller wichtigen Definitionen mitsamt hilfreicher Abbildungen und Erläuterungen.

Lösungen der Aufgaben:

Prof. Dr. Hinrich Lorenzen:
2018 bis 2022: Aufgaben 1, 2, 3
Oliver Thomsen:
2018 bis 2022: hilfsmittelfreier Teil, Aufgaben 4, 1 (CAS), 2 (CAS)

Vorwort

Liebe Schülerin, lieber Schüler,

mit diesem Buch möchten wir Ihnen helfen, sich effektiv auf das **Zentralabitur 2023** vorzubereiten:

- Sie erhalten im ersten Teil des Buches zahlreiche **Informationen zum Abitur**, deren Kenntnis für die gezielte Vorbereitung auf die Abiturklausur hilfreich und wichtig ist. Dazu gehören u. a. eine komplette Aufstellung der für die Prüfung 2023 relevanten Themen, Hinweise zum genauen Ablauf der Prüfung sowie alles Wissenswerte zur Struktur und zu den Anforderungen der Prüfungsaufgaben.
- Sie finden darüber hinaus viele **praktische Hinweise**, die Ihnen sowohl in der Vorbereitung auf das Abitur als auch während der Prüfung dazu verhelfen, Prüfungsaufgaben gut zu lösen.
- Der Band enthält alle **in den Jahren 2018 bis 2021 in Schleswig-Holstein zentral gestellten Aufgaben** des Haupttermins der schriftlichen Abiturprüfung. Zudem stehen Ihnen die Aufgaben des Jahres 2022 als PDF zum Download zur Verfügung, sobald sie zur Veröffentlichung freigegeben sind. Damit können Sie sich ein genaues Bild davon machen, wie die Prüfung in den letzten Jahren ausgesehen hat.
- Sämtliche Aufgaben enthalten **vollständige, kommentierte Lösungsvorschläge** sowie separate **Tipps zum Lösungsansatz**, die Ihnen das selbstständige Lösen der Aufgaben erleichtern.

Sollten nach Erscheinen dieses Bandes noch wichtige Änderungen in der Abitur-Prüfung 2023 vom Ministerium für Bildung, Wissenschaft und Kultur bekannt gegeben werden, finden Sie aktuelle Informationen dazu im Internet unter:
www.stark-verlag.de/mystark

Wir wünschen Ihnen viel Erfolg bei der Abiturprüfung!

Prof. Dr. H. Lorenzen   Oliver Thomsen

Stichwortverzeichnis

Folgende Abkürzungen wurden zur Kennzeichnung der einzelnen Aufgaben gewählt:

19 HMF 6.1	Abiturprüfung 20**19**, **h**ilfs**m**ittel**f**reier Teil, Aufgabe **6.1**
20 2a2	Abiturprüfung 20**20**, Aufgabe **2**, Teilaufgabe **a2**
21 CAS 2b2	Abiturprüfung 20**21**, **CAS**, Aufgabe **2**, Teilaufgabe **b2**

I. Analysis

II. Analytische Geometrie

III. Stochastik

Hinweise und Tipps zum Zentralabitur 2023

1 Ablauf der Prüfung

Einführung des Zentralabiturs in Schleswig-Holstein

Zur Sicherung der Vergleichbarkeit und Qualität aller schulischen Abschlüsse hat die Landesregierung Schleswig-Holstein schrittweise zentrale Abschlussprüfungen in Schleswig-Holstein eingeführt.
Seit dem Schuljahr 2010/2011 werden in der Abiturprüfung an den Gymnasien und Gemeinschaftsschulen mit Oberstufe des Landes Schleswig-Holstein für die schriftlichen Prüfungen der Kernfächer Deutsch, Englisch, Französisch, Spanisch, Russisch, Dänisch, Latein und Mathematik zentrale Aufgaben gestellt.

Aufbau der Prüfung

Die Prüfung besteht aus zwei Teilen:

- Der hilfsmittelfreie Teil mit Kurzformataufgaben enthält auch Aufgaben, die aus einem gemeinsam von den Ländern Bayern, Bremen, Hamburg, Mecklenburg-Vorpommern, Niedersachsen, Sachsen und Schleswig-Holstein bzw. vom Institut zur Qualitätsentwicklung im Bildungswesen (IQB) in Berlin entwickelten Aufgabenpool entnommen wurden. Dieser Teil ist von allen Schülerinnen und Schülern zu Beginn der Prüfung zu bearbeiten.
- Der zweite Teil besteht aus komplexeren Aufgabenstellungen. Die Schule erhält dazu zwei Aufgaben aus dem Sachgebiet Analysis und je eine aus den Sachgebieten Analytische Geometrie und Stochastik. Die Abiturprüfungskommission wählt auf Vorschlag der Prüfungslehrkraft im Fach Mathematik eine der beiden Analysisaufgaben aus, die dann von allen Schülerinnen und Schülern zu bearbeiten ist. Von den beiden Aufgaben der anderen Sachgebiete kann sich jede Schülerin bzw. jeder Schüler selbst eine zur Bearbeitung auswählen.

Durchführung der Prüfung

Der hilfsmittelfreie Teil kann frühestens nach 60 Minuten abgegeben werden. Eine Rückgabe und erneute Bearbeitung dieses Teils ist danach nicht mehr möglich. Nach der Abgabe wird der zweite Aufgabenteil zusammen mit den Hilfsmitteln (siehe unten) ausgehändigt. 90 Minuten nach Prüfungsbeginn wird von allen Schülerinnen und Schülern, die noch nicht abgegeben haben, dieser erste Teil eingesammelt.
Schülerinnen und Schülern, die den ersten Teil vorzeitig abgeben, steht für den zweiten Teil entsprechend mehr Zeit zur Verfügung. Die nicht gewählte Aufgabe des

zweiten Teils (Analytische Geometrie oder Stochastik) wird von den Schülerinnen und Schülern zusammen mit den übrigen Prüfungsunterlagen am Ende der Prüfung abgegeben. Sie haben kenntlich zu machen, welche Aufgabe von ihnen nicht gewählt wurde.

Dauer der Prüfung

Die Bearbeitungszeit beträgt 300 Minuten. Bis zur Prüfung im Jahr 2020 wurde zusätzlich eine Einlesezeit von 15 Minuten gewährt.

Zugelassene Hilfsmittel

Als Hilfsmittel ist ein deutsches Wörterbuch grundsätzlich zugelassen. Für den zweiten Teil sind neben der Formelsammlung Taschenrechner (nicht programmierbar und nicht grafikfähig) zugelassen. Über den Einsatz grafikfähiger Taschenrechner entscheidet das Ministerium für Bildung, Wissenschaft und Kultur (MBWK). Der Einsatz solcher Taschenrechner musste dort von der Fachlehrerin/dem Fachlehrer beantragt werden. Die Zulassung kann mit einer veränderten Aufgabenstellung verbunden sein. Ebenfalls mussten die Fachlehrerinnen und Fachlehrer beim MBWK die Genehmigung für den Einsatz von Computer-Algebra-Systemen (CAS) beantragen. Als Folge der Genehmigung erhalten ihre/seine Schülerinnen und Schüler im Themenbereich Analysis besondere Aufgaben zur Bearbeitung in der Abiturprüfung.

Korrektur

Die Korrektur der Prüfungsarbeiten erfolgt dezentral: Der Kurslehrer/die Kurslehrerin führt die Erstkorrektur und eine weitere Lehrkraft der Schule die Zweitkorrektur durch. Wie bisher wird das MBWK an einem Teil der Gymnasien und Gemeinschaftsschulen Drittkorrekturen durchführen.

2 Inhalte

Bei der Erstellung der Abituraufgaben gelten für das Zentralabitur 2023 die „Fachanforderungen Mathematik" sowie zusätzlich die „Regelungen für die Abiturprüfung im Fach Mathematik für das Jahr 2023". Diese finden Sie auf der Internetseite
za.schleswig-holstein.de
unter den Menü-Punkten „2023" bzw. „Fachanforderungen".

Die Aufgaben beziehen sich auf die drei in den Fachanforderungen genannten Sachgebiete Analysis, Analytische Geometrie und Stochastik. Je nach Aufgabenart und Aufgabenstellung können unterschiedliche Akzente gesetzt werden.

3 Operatoren

Bei der Formulierung der zentralen Prüfungsaufgaben werden sogenannte Operatoren verwendet, die sicherstellen sollen, dass alle Schüler und Lehrer unter einer bestimmten Aufgabenstellung das gleiche verstehen. Damit Sie die Aufgabenstellungen korrekt erfassen können, ist es sehr zu empfehlen, sich mit den in der folgenden Liste definierten Operatoren auseinanderzusetzen:

Operatoren	Definition	Beispiel
angeben, nennen	Die erfragten Objekte, Sachverhalte, Begriffe oder Daten werden ohne Erläuterungen, Begründungen oder Lösungswege mitgeteilt bzw. notiert.	2019 – hilfsmittelfreier Teil – Aufgabe 6.1
auflösen	Gleichungen werden unter Angabe von wesentlichen Zwischenschritten in eine äquivalente Form gebracht. Ziel ist im Allgemeinen eine Form, aus der ein Variablen- bzw. Parameterwert unmittelbar abzulesen ist. Ziel kann auch eine vorgegebene Form sein.	Lösen Sie die Gleichung nach x auf.
begründen	Ein Sachverhalt wird auf Gesetzmäßigkeiten oder kausale Zusammenhänge zurückgeführt. Hierbei sind mathematische Regeln und Beziehungen zu nutzen.	2020 – Aufgabe 1 d1
berechnen	Ergebnisse werden von einem Ansatz ausgehend auf rechnerischem Wege gewonnen.	2020 – Aufgabe 3 b2
beschreiben	Sachverhalte oder Verfahren werden in Textform unter Verwendung der Fachsprache in vollständigen Sätzen dargestellt.	2020 – Aufgabe 4 a3
bestimmen, ermitteln	Ergebnisse werden durch Nutzung mathematischer Überlegungen oder Verfahren gewonnen.	2019 – Aufgabe 1 a2
beurteilen	Zu einem Sachverhalt wird eine selbstständige Bewertung unter Verwendung von Fachwissen und Fachmethoden formuliert.	2018 – Aufgabe 1 a
beweisen, widerlegen	Aussagen oder Sachverhalte werden unter Verwendung von bekannten mathematischen Sätzen, logischen Schlüssen und Äquivalenzumformungen bestätigt oder falsifiziert, ggf. unter Verwendung von Gegenbeispielen.	2018 – Aufgabe 2 b
entscheiden	Unter mehreren Möglichkeiten werden eine oder mehrere ausgewählt.	2018 – Aufgabe 4 c

Operatoren	Definition	Beispiel
ergänzen, vervollständigen	Ein teilweise vorgegebener Entwurf oder Sachverhalt wird nach Vorgaben erweitert oder weiterentwickelt.	2021 – Aufgabe 1 b1
erläutern	Sachverhalte oder Verfahren werden in angemessener Textform nachvollziehbar und verständlich dargestellt und ggf. durch zusätzliche Informationen und Beispiele veranschaulicht.	2018 – Aufgabe 3 b
erstellen	Zu einem Sachverhalt wird eine mathematische Darstellung in fachlich korrekter, meist vorgegebener Form angefertigt.	2019 – Aufgabe 2 a2
herleiten	Die Entstehung oder Entwicklung eines gegebenen Sachverhalts aus allgemeineren Sachverhalten wird nachvollziehbar dargestellt.	2021 – Aufgabe 1 a1
interpretieren	Die Ergebnisse einer mathematischen Überlegung werden rückübersetzt auf das ursprüngliche Problem.	2020 – Aufgabe 1 d2
klassifizieren	Objekte oder Sachverhalte werden nach vorgegebenen oder selbstständig zu wählenden Kriterien unter Benennung des Ordnungsschemas in Klassen eingeteilt.	Klassifizieren Sie die Graphen der Funktionenschar.
modellieren	Zu einem realen Sachverhalt wird ein mathematisches Modell entwickelt.	Modellieren Sie den Sachverhalt durch eine geeignete Funktion.
skizzieren	Die wesentlichen Eigenschaften eines Objektes oder einer Struktur werden grafisch angemessen dargestellt – eventuell als Freihandzeichnung; in der Regel ohne Berücksichtigung eines Maßstabs.	2020 – Aufgabe 2 a3 (CAS)
untersuchen, prüfen	Sachverhalte oder mathematische Objekte werden nach vorgegebenen oder selbst gewählten Aspekten analysiert und nach fachlich üblichen, sinnvollen Kriterien dargestellt. Dabei müssen unter Umständen selbstständig Fallunterscheidungen vorgenommen werden.	2021 – hilfsmittelfreier Teil – Aufgabe 7.2

Operatoren	Definition	Beispiel
vergleichen	Nach vorgegebenen oder selbst gewählten Gesichtspunkten werden Gemeinsamkeiten, Ähnlichkeiten und Unterschiede ermittelt und dargestellt.	2020 – Aufgabe 2 b2 (CAS)
zeichnen, konstruieren	Eine hinreichend exakte Abbildung wird – ggf. maßstabsgetreu – angefertigt.	2021 – Aufgabe 1 b1
zeigen, nachweisen	Eine Aussage oder ein Sachverhalt wird nach gültigen Schlussregeln, mit Berechnungen, Herleitungen oder logischen Begründungen bestätigt.	2020 – Aufgabe 2 c1
zuordnen	Zwischen den Objekten zweier Mengen wird nach sinnvollen Kriterien eine Beziehung hergestellt.	2021 – hilfsmittelfreier Teil – Aufgabe 9.1

4 Methodische Hinweise und allgemeine Tipps zur schriftlichen Prüfung

Vorbereitung

- Bereiten Sie sich langfristig auf die Abiturprüfung vor. Beachten Sie, dass prinzipiell die gesamten Inhalte der Oberstufe relevant sind, das gilt auch für den Stoff des E-Jahrgangs. Erstellen Sie anhand des Themenkorridors eine Übersicht über die zu wiederholenden Inhalte und legen Sie fest, bis wann Sie welche Inhalte wiederholt haben wollen. Wenn bei Ihrer Wiederholung Fragen auftreten, notieren Sie diese und fragen Sie Mitschüler oder Ihren Mathematiklehrer.
- Benutzen Sie zur Prüfungsvorbereitung neben diesem Übungsbuch auch Ihre Unterrichtsmitschriften, Ihr Lehrbuch und Ihre Klausuren.
- Bearbeiten Sie die Übungsaufgaben grundsätzlich mit den in der Prüfung zugelassenen Hilfsmitteln. Stellen Sie sicher, dass Sie im Umgang mit der Formelsammlung, dem Taschenrechner oder ggf. dem CAS-Rechner gut geübt sind.
- Bearbeiten Sie die Übungsaufgaben auch in einer simulierten Prüfungssituation. Testen Sie, ob Sie die Aufgaben auch in der dafür vorgesehenen Zeit lösen können.

Bearbeitung der Prüfung

- Lesen Sie zunächst die hilfsmittelfreien Aufgaben durch und beginnen dann mit derjenigen Aufgabe, die Ihnen am leichtesten vorkommt. Beachten Sie, dass eine hilfsmittelfreie Aufgabe im Durchschnitt etwa 10 Minuten in Anspruch nehmen sollte.

- In den für die Bearbeitung der Komplexaufgaben vorgesehenen 210 Minuten ist eine Einlesezeit einkalkuliert. Nehmen Sie sich also ca. 15 Minuten Zeit, die Aufgaben zur Stochastik und Analytischen Geometrie sorgfältig zu lesen und die für Sie passende auszuwählen.
- Beginnen Sie dann mit der Komplexaufgabe (Analysis bzw. Ihre ausgewählte Aufgabe), die Ihnen leichter vorkommt.
- Lesen Sie die Aufgabenstellungen genau und beachten Sie die Definition der Operatoren. Oft ist es hilfreich, wenn Sie bei der Analyse einer Aufgabenstellung wichtige Informationen (gegebene Größen, Lösungshinweise) farbig markieren.
- Überlegen Sie, ob eine Skizze zum Verständnis der Aufgabenstellung bzw. zum Finden eines Lösungsweges hilfreich sein kann.
- Beachten Sie, dass bei einigen Aufgaben Zwischenlösungen angegeben sein können, die Ihnen zur Kontrolle dienen oder auch die Bearbeitung folgender Aufgabenteile ermöglichen sollen.
- Falls Sie mit einer Aufgabe gar nicht weiterkommen, so verwenden Sie nicht zu viel Zeit auf diese. Versuchen Sie, mit einer anderen Teilaufgabe weiterzumachen und kommen Sie später wieder auf die noch ungelöste Aufgabe zurück. Vermeiden Sie aber zu häufiges Springen von Aufgabe zu Aufgabe: Eine gewisse Zeit ist zur Lösungsfindung und Durchführung der Lösungsschritte stets erforderlich!
- Orientieren Sie sich an der angegebenen Punktezahl: Je mehr Punkte einer Aufgabe zugeordnet sind, desto mehr Zeit ist für deren Bearbeitung anzusetzen.
- Achten Sie auf die sprachliche Richtigkeit und eine saubere äußere Form. Insbesondere durch entsprechende Kommentare sollte Ihr Lösungsweg Dritten verständlich gemacht werden.

Lösungsplan

Aufgrund des Umfangs und der Komplexität von Aufgaben auf Abiturniveau empfiehlt es sich, beim Lösen systematisch zu arbeiten. Folgende Vorgehensweise hilft Ihnen dabei:

Schritt 1:
Nehmen Sie sich ausreichend Zeit zum **Analysieren** der Aufgabenstellung. Stellen Sie fest, zu welchem Themenbereich die Aufgabe gehört. Sammeln Sie alle Informationen, welche direkt gegeben sind, und achten Sie darauf, ob evtl. versteckte Informationen enthalten sind.

Schritt 2:
Markieren Sie die **Operatoren** in der Aufgabenstellung. Diese geben an, was in der Aufgabe von Ihnen verlangt wird. Vergegenwärtigen Sie sich die Bedeutung der verwendeten Fachbegriffe.

Schritt 3:
Versuchen Sie, den Sachverhalt zu veranschaulichen. Fertigen Sie ggf. mithilfe der Angaben und Zwischenergebnisse aus vorherigen Teilaufgaben eine **Skizze** an.

Schritt 4:
Erarbeiten Sie nun schrittweise den **Lösungsplan**, um aus den gegebenen Größen die gesuchte Größe zu erhalten. Notieren Sie sich, welche Einzel- bzw. Zwischenschritte auf dem Lösungsweg notwendig sind. Prinzipiell haben Sie zwei Möglichkeiten, oft hilft auch eine Kombination beider Vorgehensweisen:

- Sie gehen vom Gegebenen aus und versuchen, das Gesuchte zu erschließen.
- Sie gehen von dem Gesuchten aus und überlegen „rückwärts", wie Sie zur Ausgangssituation kommen.

Bei diesem Schritt wird dann sukzessive die **Lösung dargestellt**.

Schritt 5:
Suchen Sie nach geeigneten Möglichkeiten, das Endergebnis zu **kontrollieren**. Oftmals sind bereits Überschlagsrechnungen, Punktproben oder Grobskizzen ausreichend.

Anhand der folgenden **Beispielaufgabe** werden diese Schritte veranschaulicht:

Gegeben ist eine Schar von Funktionen f_k durch die Gleichung $f_k(x)=kx^3+4x^2$ mit $k\in\mathbb{R}\setminus\{0\}$. Der Graph von f_k sei G_k.

a) Untersuchen Sie G_k auf Extrempunkte.

b) Zeigen Sie: Die Stammfunktion der Schar ist $F_k(x)=\frac{k}{4}x^4+\frac{4}{3}x^3$.

Berechnen Sie für $k=-1$ die Fläche, die G_k mit der x-Achse einschließt.

Lösungsvorschlag für Teilaufgabe a:

Schritt 1:

- Themenbereich: Kurvendiskussion einer Funktionenschar
- Der Funktionsterm weist einen Parameter k auf. Dieser Parameter bereitet jedoch beim Rechnen keine Probleme, solange er nicht im Nenner, unter einer Wurzel usw. steht. Er wird ganz normal wie eine Zahl behandelt.
- Der Definitionsbereich ist nicht angegeben, daher wird $\mathbb{R}$ als der größtmögliche angenommen.

Schritt 2:

- Der Operator „Untersuchen Sie" bedeutet, mögliche Eigenschaften festzustellen und anzugeben.
- Unter Extrempunkten versteht man Hoch- oder Tiefpunkte.

Schritt 3:
Eine Veranschaulichung ist aufgrund des Parameters k nur schwer möglich. Anzahl, Art und Lage der Extrempunkte können zudem von k abhängen. Eine Skizze ist daher wenig sinnvoll.

Schritt 4:
Ausgehend von der gegebenen Funktionenschar werden mögliche Extremstellen berechnet und damit Art und Lage der Extrempunkte bestimmt:

- f_k ist ein Polynom und lässt sich trotz Parameter leicht ableiten (Summenregel, Faktorregel, Potenzregel):

  $$f_k'(x) = 3kx^2 + 8x$$

  Die Nullstellen der Ableitung sind mögliche Extremstellen:

  $$3kx^2 + 8x = x \cdot (3kx + 8) = 0 \quad \overset{k \neq 0}{\Leftrightarrow} \quad x = 0 \lor x = -\frac{8}{3k}$$

- Ob tatsächlich Extremstellen vorliegen, lässt sich durch Einsetzen in die zweite Ableitung überprüfen:

  $$f_k''(x) = 6kx + 8$$

  $$f_k''(0) = 8 > 0 \quad \Rightarrow \quad \text{Minimum bei } x = 0$$

  $$f_k''\left(-\frac{8}{3k}\right) = 6k\left(-\frac{8}{3k}\right) + 8 = -8 < 0 \quad \Rightarrow \quad \text{Maximum bei } x = -\frac{8}{3k}$$

- Um die Lage angeben zu können, braucht man noch die y-Koordinate. Dazu werden die Extremstellen in den Funktionsterm f_k eingesetzt:

  $$f_k(0) = 0$$

  $$f_k\left(-\frac{8}{3k}\right) = k\left(-\frac{8}{3k}\right)^3 + 4\left(-\frac{8}{3k}\right)^2 = -\frac{512}{27k^2} + \frac{256 \cdot 3}{3 \cdot 9k^2} = \frac{256}{27k^2}$$

- Ergebnis:

  $$\text{Tiefpunkt } (0 \mid 0) \text{ und Hochpunkt } \left(-\frac{8}{3k} \,\middle|\, \frac{256}{27k^2}\right)$$

Schritt 5:

Um das Ergebnis zu überprüfen, könnte man die Funktion f_k für ein gewähltes k skizzieren. Dazu muss eine Wertetabelle erstellt werden. Ablesen der Extrempunkte aus dem Graphen ermöglicht einen Vergleich mit den berechneten Punkten.

Lösungsvorschlag für Teilaufgabe b:

Schritt 1:

- Themenbereich: Flächenberechnung mithilfe eines Integrals
- Es ist die Funktion, die Stammfunktion und der Parameterwert $k = -1$ gegeben. Weiter ist implizit gegeben, dass die Funktion mindestens zwei verschiedene Nullstellen hat, weil der Graph eine Fläche mit der x-Achse einschließt.

Schritt 2:

- Der erste Operator ist „Zeigen Sie“. Das bedeutet, dass Sie die Aussage mithilfe von Berechnungen bestätigen sollen. Die Funktion und die zugehörige Stammfunktion sind dabei gegeben.
- Um zu zeigen, dass F(x) eine Stammfunktion von f(x) ist, kann entweder f(x) integriert oder F(x) abgeleitet werden. Es muss dann $F'(x) = f(x)$ gelten. Da das Bilden der Ableitung leichter ist als die Funktion zu integrieren, bietet es sich hier an, die Stammfunktion abzuleiten.

$$F(x) = \frac{k}{4}x^4 + \frac{4}{3}x^3$$

$$F'(x) = kx^3 + 4x^2 \quad \Rightarrow \quad F'(x) = f(x) \quad \text{q. e. d.}$$

- Der zweite Operator in der Aufgabe ist „Berechnen Sie“, das bedeutet, dass Sie das Ergebnis durch Berechnungen erzielen sollen.

Schritt 3:
Nutzen Sie die Lage des Hochpunkts und die Vorgabe $k = -1$, um den Graphen zu skizzieren.

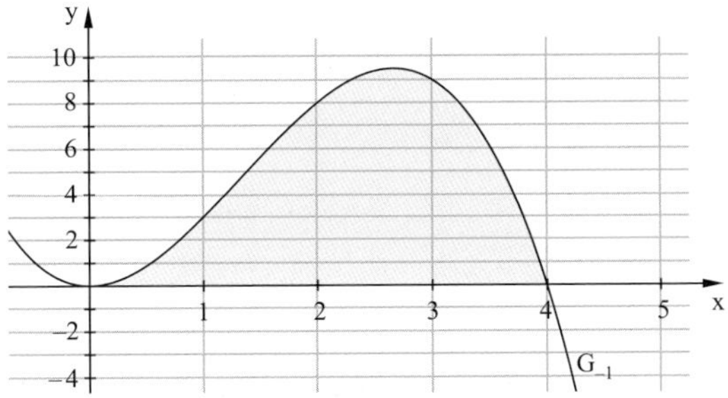

Schritt 4: Vom Gegebenen zum Gesuchten
Wie Sie an der Lösungsskizze erkennen, brauchen Sie für die Bestimmung der Fläche die beiden Nullstellen:

$$-x^3 + 4x^2 = 0 \quad \Leftrightarrow \quad x^2(-x+4) = 0 \quad \Leftrightarrow \quad x_1 = 0 \vee x_2 = 4$$

Für die Berechnung der Fläche benötigen Sie die Stammfunktion der Funktion, die angegeben ist:

$$\int_0^4 f(x)\,dx = [F(x)]_0^4 = \left[-\frac{1}{4}x^4 + \frac{4}{3}x^3\right]_0^4 = -\frac{256}{4} + \frac{256}{3} = \frac{256}{12} = \frac{64}{3}$$

Schritt 4: Vom Gesuchten zum Gegebenen
Um die gesuchte Fläche zu berechnen, benötigen Sie die Stammfunktion der Funktion, die angegeben ist:

$$\int_{x_1}^{x_2} f(x)\,dx = [F(x)]_{x_1}^{x_2} = \left[-\frac{1}{4}x^4 + \frac{4}{3}x^3\right]_{x_1}^{x_2}$$

Für die Berechnung des Integrals benötigen Sie die Integralgrenzen. Diese sind die Nullstellen der Funktion, wie Sie an der Lösungsskizze erkennen können.

$$-x^3 + 4x^2 = 0 \quad \Leftrightarrow \quad x^2(-x+4) = 0 \quad \Leftrightarrow \quad x_1 = 0 \vee x_2 = 4$$

Damit ergibt sich für das Integral:

$$\left[-\frac{1}{4}x^4 + \frac{4}{3}x^3\right]_{x_1}^{x_2} = \left[-\frac{1}{4}x^4 + \frac{4}{3}x^3\right]_0^4 = -\frac{256}{4} + \frac{256}{3} = \frac{256}{12} = \frac{64}{3}$$

Schritt 5:
Um die Fläche abzuschätzen, können Sie in der Skizze die Kästchen abzählen, die von dem Graphen und der x-Achse eingeschlossen werden. Man erhält ca. 21 Kästchen, das passt gut zu dem errechneten Wert.

Schleswig-Holstein – Kernfach Mathematik
2018 – hilfsmittelfreier Teil

1 **Analytische Geometrie (Pool 1)**

Gegeben sind die Geraden

$g: \vec{x} = \begin{pmatrix} 3 \\ -3 \\ 3 \end{pmatrix} + r \cdot \begin{pmatrix} 3 \\ 0 \\ -1 \end{pmatrix}$ mit $r \in \mathbb{R}$ und $h: \vec{x} = \begin{pmatrix} 3 \\ -3 \\ 3 \end{pmatrix} + s \cdot \begin{pmatrix} 1 \\ 0 \\ 3 \end{pmatrix}$ mit $s \in \mathbb{R}$.

1.1 Geben Sie die Koordinaten des Schnittpunkts von g und h an.
Zeigen Sie, dass g und h senkrecht zueinander verlaufen. 2 P

1.2 Die Ebene E enthält die Geraden g und h.
Bestimmen Sie eine Gleichung von E in Koordinatenform. 3 P

2 **Analytische Geometrie (Pool 1)**

Gegeben sind die Gerade g und die Ebene E durch

$g: \vec{x} = \begin{pmatrix} 1 \\ 1 \\ 4 \end{pmatrix} + r \cdot \begin{pmatrix} 0 \\ -3 \\ -4 \end{pmatrix}$ und $E: 4x_2 - 3x_3 = 25$.

2.1 In jeder Zeile ist genau eine Aussage richtig. Kreuzen Sie diese an.

Die Gerade g ist parallel zur …

☐ x_1x_2-Ebene. ☐ x_1x_3-Ebene. ☐ x_2x_3-Ebene.

Die Gerade g hat zur x_2x_3-Ebene den Abstand …

☐ 0. ☐ 1. ☐ 4.

Die Gerade g …

☐ verläuft orthogonal zu E. ☐ verläuft echt parallel zu E. ☐ liegt in E. 3 P

2.2 Berechnen Sie den Abstand der Ebene E vom Ursprung. 2 P

3 **Analytische Geometrie (Pool 1)**

Gegeben sind die Ebene $E: x_2 - 3x_3 = -19$ sowie die Punkte $P(1\,|\,2\,|\,2)$, $Q(1\,|\,-1\,|\,11)$ und $S(-2\,|\,-4\,|\,5)$.

3.1 Zeigen Sie, dass S in der Ebene E liegt. 1 P

3.2 Weisen Sie nach, dass die Gerade durch P und Q senkrecht zu E steht. 2 P

3.3 Die Punkte P und Q haben den gleichen Abstand von der Ebene E.
Die Punkte S und P legen die Gerade g fest. Spiegelt man g an E, so erhält man die Gerade h.
Geben Sie eine Gleichung von h an. 2 P

4 **Analysis (Pool 1)**

Gegeben ist die Funktion f mit $f(x) = -x^3 + 3x^2 - 2x$ und $x \in \mathbb{R}$. Die Abbildung zeigt ihren Graphen G_f, der bei $x = 1$ den Wendepunkt W hat.

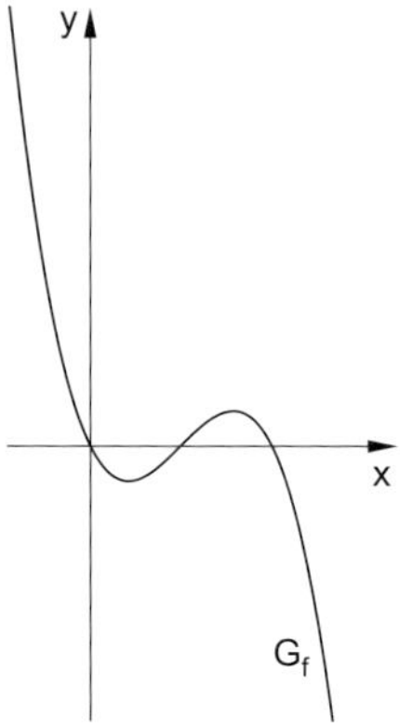

4.1 Zeigen Sie, dass die Tangente an G_f im Punkt W die Steigung 1 hat. 2 P

4.2 Betrachtet werden die Geraden mit positiver Steigung m, die durch W verlaufen.
Geben Sie die Anzahl der Schnittpunkte dieser Geraden mit G_f in Abhängigkeit von m an. 3 P

5 **Analysis (Pool 1)**

5.1 Es ist jeweils genau eine Lösung richtig. Kreuzen Sie diese an.

Der Graph der Funktion h mit $h(x) = x^2 + e^x$ und $x \in \mathbb{R}$ verläuft durch den Punkt

☐ $(2 | 4 + e)$. ☐ $(0 | 1)$. ☐ $(1 | 0)$.

Der Graph von h hat an der Stelle 1 eine Steigung von

☐ 0. ☐ $1 + e$. ☐ $2 + e$. 2 P

5.2 Gegeben sind die Funktionen f und g mit $f(x) = e^x$ und $g(x) = e \cdot \ln(x) + e$. Zeigen Sie, dass die Funktionen f und g an der Stelle 1 den gleichen Funktionswert und ihre Graphen dort die gleiche Steigung haben. 3 P

6 **Analysis (Pool 2)**

Gegeben sei die Funktionenschar f_k mit $f_k(x) = k \cdot e^{kx} - x^3$ und $k \in \mathbb{R}$.

6.1 Bestimmen Sie den Parameter k so, dass der zugehörige Graph durch den Punkt $P(0 | 1)$ verläuft. 2 P

6.2 Berechnen Sie den Parameter k so, dass $\int_0^2 f_k(x)\,dx = e - 5$ gilt. 3 P

7 **Stochastik (Pool 1)**

Ein Glücksrad mit drei gleich großen Sektoren ist wie abgebildet beschriftet. Das Glücksrad wird zweimal gedreht.

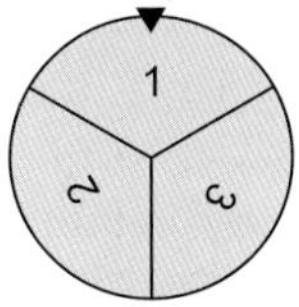

7.1 Die Zufallsgröße X gibt die Summe der beiden erzielten Zahlen an. Ergänzen Sie in der folgenden Tabelle die fehlenden Werte.

k	2	3	4	5	6
P(X=k)	$\frac{1}{9}$		$\frac{1}{3}$		

2 P

7.2 Betrachtet werden die Ereignisse A und B:

A: „Es wird (1; 3), (2; 2) oder (3; 1) erzielt."
B: „Beim ersten Drehen wird eine 2 erzielt."

Untersuchen Sie, ob A und B stochastisch unabhängig sind. 3 P

8 **Stochastik (Pool 2)**

Die Zufallsgrößen X und Y können jeweils die Werte 3, 4 und 5 annehmen.

8.1 Für die Zufallsgröße X gilt:

$P(X=3)=\frac{1}{3},\ P(X=4)=\frac{1}{4}$

Bestimmen Sie den Erwartungswert von X. 2 P

8.2 Für die Zufallsgröße Y gilt:

$P(Y=3)=\frac{1}{3},\ P(Y=4)\geq\frac{1}{6}$ und $P(Y=5)\geq\frac{1}{6}$

Bestimmen Sie alle Werte, die für den Erwartungswert von Y infrage kommen. 3 P

Hinweise und Tipps

Teilaufgabe 1.1

- Betrachten Sie die Stützvektoren der Geradengleichungen.
- Verwenden Sie das Skalarprodukt zum Nachweis der Orthogonalität der Richtungsvektoren der Geradengleichungen.

Teilaufgabe 1.2

- Bestimmen Sie zunächst einen Vektor, der orthogonal zum Richtungsvektor der Geraden g und orthogonal zum Richtungsvektor der Geraden h ist.
- Stellen Sie dann eine Normalenform der Ebene E auf und bringen diese dann in Koordinatenform.

Teilaufgabe 2.1

- Betrachten Sie die Komponenten des Richtungsvektors der Geraden g.
- Aus der Koordinatenform der Ebene E können Sie einen Normalenvektor dieser Ebene direkt ablesen.
- Sie können durch Einsetzen prüfen, ob der Punkt $(1\,|\,1\,|\,4)$ in der Ebene E liegt.

Teilaufgabe 2.2

- Ein Normalenvektor der Ebene E lautet $\begin{pmatrix} 0 \\ 4 \\ -3 \end{pmatrix}$.
- Verwenden Sie zur Bestimmung des Abstandes eine Normalenform der Ebene E.

Teilaufgabe 3.1

- Setzen Sie die Koordinaten des Punktes S in die Ebenengleichung ein.

Teilaufgabe 3.2

- Stellen Sie eine Gleichung der Geraden durch die Punkte P und Q auf.
- Vergleichen Sie den Richtungsvektor dieser Geraden mit dem Normalenvektor von E, den Sie aus der Koordinatenform ablesen können.

Teilaufgabe 3.3

- Fertigen Sie eine Skizze der beschriebenen Situation an. Nutzen Sie für diese auch die Informationen aus den Teilaufgaben 3.1. und 3.2.

Teilaufgabe 4.1

- Bestimmen Sie den Wert der ersten Ableitung von f an der Stelle 1.

Teilaufgabe 4.2

- Skizzieren Sie in der Grafik verschiedene Wendetangenten mit Steigungen $m \geq 0$.

Teilaufgabe 5.1

Berechnen Sie h(2), h(0), h(1) und h'(1).

Teilaufgabe 5.2

Bestimmen Sie f'(x) und g'(x).

Vergleichen Sie f(1) und g(1) sowie f'(1) und g'(1).

Teilaufgabe 6.1

Lösen Sie die Gleichung $f_k(0) = 1$.

Teilaufgabe 6.2

Eine Stammfunktion von f_k ist F_k mit $F_k(x) = e^{kx} - \frac{1}{4}x^4$.

Teilaufgabe 7.1

Stellen Sie die Situation in einem zweistufigen Baumdiagramm dar.

Die Summe 3 erhält man, wenn man (1; 2) oder (2; 1) dreht.

Die Summe 6 erhält man nur, wenn man (3; 3) dreht.

Teilaufgabe 7.2

Bestimmen Sie P(A), P(B) und $P(A \cap B)$.

Prüfen Sie, ob $P(A) \cdot P(B) = P(A \cap B)$ gilt.

Teilaufgabe 8.1

Es gilt: $P(X=5) = 1 - (P(X=3) + P(X=4))$

Der Erwartungswert von X ist $E(X) = P(X=3) \cdot 3 + P(X=4) \cdot 4 + P(X=5) \cdot 5$.

Teilaufgabe 8.2

Den größten Erwartungswert erhält man, wenn $P(Y=5) = \frac{3}{6} = \frac{1}{2}$ ist.

Dann ist $P(Y=4) = \frac{1}{6}$.

Den kleinsten Erwartungswert erhält man, wenn $P(Y=5) = \frac{1}{6}$ ist.

Lösung

1.1 Koordinaten des Schnittpunkts: $(3|-3|3)$

Da zudem $\begin{pmatrix}3\\0\\-1\end{pmatrix}\circ\begin{pmatrix}1\\0\\3\end{pmatrix}=3-3=0$ ist, ist g senkrecht zu h.

1.2 Der Vektor $\begin{pmatrix}0\\1\\0\end{pmatrix}$ steht senkrecht zu den Richtungsvektoren von g und h und ist daher ein Normalenvektor der Ebene E.

Mit $(3|-3|3)\in E$ folgt E: $0\cdot x_1+1\cdot x_2+0\cdot x_3=1\cdot(-3)=-3$, also E: $x_2=-3$.

2.1 Die Gerade g ist parallel zur …

☐ x_1x_2-Ebene.	☐ x_1x_3-Ebene.	☒ x_2x_3-Ebene.

Die Gerade g hat zur x_2x_3-Ebene den Abstand …

☐ 0.	☒ 1.	☐ 4.

Die Gerade g …

☐ verläuft orthogonal zu E.	☒ verläuft echt parallel zu E.	☐ liegt in E.

2.2 Der Abstand zwischen Ebene E und Ursprung beträgt:

$$d=\left|\frac{-25}{\sqrt{4^2+(-3)^2}}\right|=\frac{25}{\sqrt{25}}=\frac{25}{5}=5$$

3.1 Wegen $-4-3\cdot 5=-19$ liegt S in E.

3.2 Für den Richtungsvektor $\overrightarrow{PQ}=\begin{pmatrix}1-1\\-1-2\\11-2\end{pmatrix}=\begin{pmatrix}0\\-3\\9\end{pmatrix}$ der Geraden durch P und Q und den Normalenvektor $\vec{n}=\begin{pmatrix}0\\1\\-3\end{pmatrix}$ der Ebene gilt $\overrightarrow{PQ}=-3\cdot\vec{n}$.

Also ist die Gerade durch P und Q senkrecht zu E.

3.3 Bezeichnet man den Koordinatenursprung mit O, so gilt:

h: $\vec{x}=\overrightarrow{OS}+r\cdot\overrightarrow{SQ}$ bzw. h: $\vec{x}=\begin{pmatrix}-2\\-4\\5\end{pmatrix}+r\cdot\begin{pmatrix}3\\3\\6\end{pmatrix}$ mit $r\in\mathbb{R}$

4.1 $f'(x)=-3x^2+6x-2$

$f'(1)=-3+6-2=1$

4.2 Die Anzahl der Schnittpunkte ist 3 für $0<m<1$ und 1 für $m\geq 1$.

5.1 Der Graph der Funktion h mit $h(x)=x^2+e^x$ und $x \in \mathbb{R}$ verläuft durch den Punkt

☐ $(2|4+e)$. ☒ $(0|1)$. ☐ $(1|0)$.

Der Graph von h hat an der Stelle 1 eine Steigung von

☐ 0. ☐ $1+e$. ☒ $2+e$.

5.2 Es ist $f(1)=e$ und $g(1)=e\cdot\ln(1)+e=e$, also ist $f(1)=g(1)$.

Wegen $f'(x)=e^x$ und $g'(x)=\frac{e}{x}$ ist $f'(1)=e$ und $g'(1)=e$. Also ist $f'(1)=g'(1)$.

6.1 Es gilt: $f_k(0)=1 \Leftrightarrow k\cdot e^{k\cdot 0}-0^3=1 \Leftrightarrow k\cdot 1-0=1 \Leftrightarrow k=1$

6.2
$$\int_0^2 k\cdot e^{kx}-x^3\,dx=e-5$$
$$\Leftrightarrow \left[e^{kx}-\frac{1}{4}x^4\right]_0^2=e-5$$
$$\Leftrightarrow e^{2k}-4-(1-0)=e-5$$
$$\Leftrightarrow e^{2k}=e^1$$
$$\Leftrightarrow 2k=1$$
$$\Leftrightarrow k=0{,}5$$

7.1

k	2	3	4	5	6
P(X=k)	$\frac{1}{9}$	$\frac{2}{9}$	$\frac{1}{3}$	$\frac{2}{9}$	$\frac{1}{9}$

7.2 Wegen $P(A)=3\cdot\frac{1}{9}=\frac{1}{3}$ ist $P(A)\cdot P(B)=\frac{1}{3}\cdot\frac{1}{3}=\frac{1}{9}=P(2;2)=P(A\cap B)$.

Daher sind A und B stochastisch unabhängig.

8.1 $P(X=5)=1-\frac{1}{3}-\frac{1}{4}=\frac{5}{12}$

$E(X)=\frac{1}{3}\cdot 3+\frac{1}{4}\cdot 4+\frac{5}{12}\cdot 5=\frac{49}{12}$

8.2 Für $P(Y=5)=\frac{3}{6}$ ist $E(Y)=\frac{1}{3}\cdot 3+\frac{1}{6}\cdot 4+\frac{3}{6}\cdot 5=\frac{25}{6}$.

Für $P(Y=5)=\frac{1}{6}$ ist $E(Y)=\frac{1}{3}\cdot 3+\frac{3}{6}\cdot 4+\frac{1}{6}\cdot 5=\frac{23}{6}$.

Mit $\frac{1}{6}\le P(Y=5)\le\frac{3}{6}$ ergibt sich $\frac{23}{6}\le E(Y)\le\frac{25}{6}$.

Abbildung 1 zeigt schematisch drei Bahnen, auf denen sich eine Kugel beim Kugelstoßen bewegen kann. Im verwendeten Koordinatensystem entspricht eine Längeneinheit 1 m in der Realität; die x-Achse beschreibt den horizontal verlaufenden Boden. Die Kugel soll als punktförmig angenommen werden.

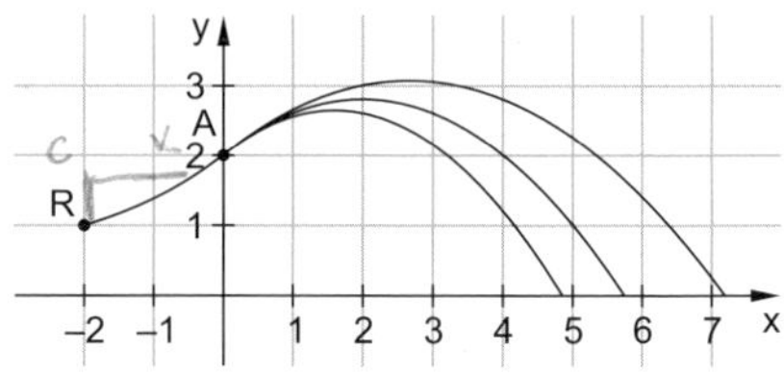

Abbildung 1

Die Kugel wird aus der Ruhelage (R) beschleunigt, bis sie im Abstoßpunkt (A) die Hand der Athletin verlässt. Die anschließende Flugkurve der Kugel ist abhängig von ihrer Geschwindigkeit beim Abstoßen. Damit verändert sich insbesondere die Stoßweite, d. h. der Abstand zwischen dem Punkt $(0\,|\,0)$ und dem Auftreffpunkt auf dem Boden.
Die Bahn der Kugel von der Ruhelage bis zum Abstoßpunkt kann modellhaft durch die Funktion f mit $f(x) = 0{,}4 + 1{,}6 \cdot e^{0{,}5 \cdot x}$ und $x \in [-2;\, 0]$ beschrieben werden.

a) a1) Berechnen Sie die Länge der Strecke $\overline{RA}$ mit $R(-2\,|\,f(-2))$, die näherungsweise der Länge der Bahn der Kugel von der Ruhelage bis zum Abstoßpunkt entspricht. 2 P

a2) Berechnen Sie den Abstand der Kugel von der zur y-Achse parallelen Geraden durch R, wenn sie sich in der Hand der Athletin 1,50 m über dem Boden befindet. 4 P

a3) Während eines Stoßes wurde die Höhe der Kugel über dem Boden an fünf Stellen gemessen. Die fünf Stellen werden im Modell durch die x-Werte x_1 bis x_5 dargestellt, die gemessenen Höhen werden mit h_1 bis h_5 bezeichnet.
Beurteilen Sie die folgende Aussage:
Wenn der Wert des Terms $\left|\sum_{i=1}^{5} (h_i - f(x_i))\right|$ *klein ist, dann werden die gemessenen Höhen durch die Werte, die das Modell liefert, gut beschrieben.* 3 P

b) Nach dem Abstoßen der Kugel lässt sich jede mögliche Flugkurve mithilfe einer der Funktionen p_a mit $p_a(x) = -ax^2 + bx + 2$ und $a > 0$ beschreiben. Alle möglichen Bahnen der Kugel weisen im Abstoßpunkt A keinen Knick auf.

b1) Ermitteln Sie den Wert von b. 4 P

Verwenden Sie im Folgenden p_a mit $p_a(x) = -ax^2 + 0{,}8x + 2$.

b2) Berechnen Sie denjenigen Wert von a, für den der Graph von p_a durch den Punkt $(3 | 3{,}5)$ verläuft. 2 P

b3) Bei der Flugkurve zu $a = 0{,}1$ beträgt die Stoßweite 10 m. Berechnen Sie die Größe des Winkels, unter dem die Kugel auf den Boden auftrifft. 3 P

b4) Zeigen Sie, dass $\left(\frac{0{,}4}{a} \middle| 2 + \frac{0{,}16}{a}\right)$ der einzige Hochpunkt des Graphen von p_a ist. 4 P

b5) Weisen Sie nach, dass die Hochpunkte aller Graphen von p_a auf einer gemeinsamen Geraden liegen. 3 P

c) Der Zusammenhang zwischen den Werten von a und den Stoßweiten s mit $s > 0$ lässt sich durch die Gleichung $a = \frac{0{,}8}{s} + \frac{2}{s^2}$ darstellen.

c1) Leiten Sie diese Gleichung her. 3 P

c2) Bei einem Stoß beträgt die Stoßweite 20 m. Berechnen Sie die größte Höhe über dem Boden, die die Kugel bei diesem Stoß erreicht. 4 P

d) Abbildung 2 zeigt den Graphen der Funktion g mit $g(s) = \frac{0{,}8}{s} + \frac{2}{s^2}$ mit $s > 0$.

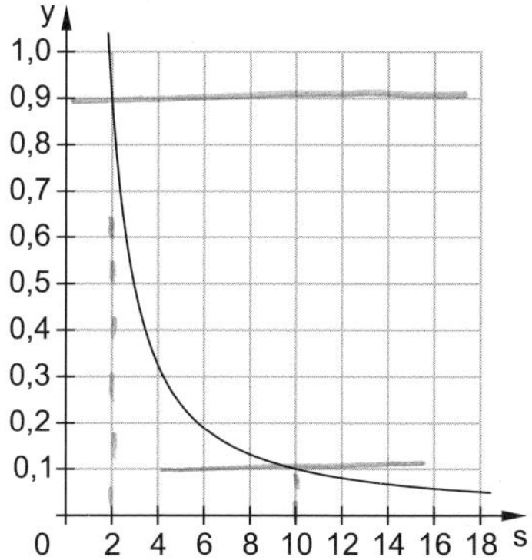

Abbildung 2

d1) Geben Sie eine Stammfunktion von g an. 2 P

d2) Zeichnen Sie in Abbildung 2 die beiden Parallelen zur s-Achse ein, die durch die Punkte des Graphen mit den s-Koordinaten 2 bzw. 10 verlaufen. 2 P

d3) Berechnen Sie den Inhalt des Flächenstücks, das der Graph mit der y-Achse und den beiden eingezeichneten Parallelen einschließt. 4 P

Hinweise und Tipps

Teilaufgabe a1

Wählen Sie ein geeignetes rechtwinkliges Dreieck zur Berechnung der Länge der Strecke $\overline{RA}$ aus.

Wenden Sie für die Berechnung den Satz von Pythagoras an.

Der Punkt des Dreiecks, an dem der rechte Winkel vorliegt, befindet sich auf der „Höhe des Punktes R", seine y-Koordinate beträgt also f(–2).

Teilaufgabe a2

Gesucht ist zunächst eine Stelle x innerhalb des Intervalls [–2; 0], bei der die Funktion f den Wert 1,5 hat, also mit $f(x) = 1{,}5$.

Stellen Sie die dazugehörige Gleichung auf und bestimmen Sie so den Wert der Stelle x.

Bedenken Sie: Es gilt $\ln(e^x) = x$.

Berechnen Sie nun die gesuchte Länge der Strecke von der Kugel zur Parallelen zur y-Achse durch den Punkt R.

Teilaufgabe a3

Welche Bedeutung hat der Term $\left|\sum_{i=1}^{5}(h_i - f(x_i))\right|$? Welche Werte kann der Term in der Wirklichkeit annehmen?

Es gilt stets $\left|\sum_{i=1}^{5}(h_i - f(x_i))\right| \geq 0$.

Vergleichen Sie die folgenden beiden möglichen Messreihen der fünf Höhen und überlegen Sie sich Gemeinsamkeiten und Unterschiede.

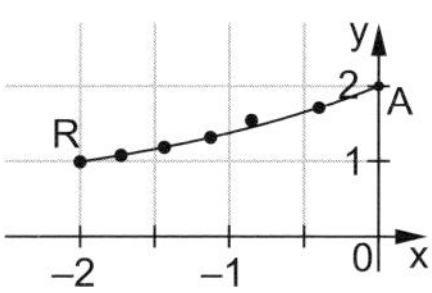

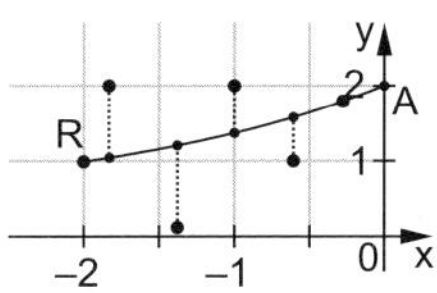

In der linken Messreihe ist der Wert des Terms $\left|\sum_{i=1}^{5}(h_i - f(x_i))\right|$ klein und die Ergebnisse der Messreihe werden gut durch die Funktion f angenähert.

In der rechten Messreihe ist der Wert des Terms $\left|\sum_{i=1}^{5}(h_i - f(x_i))\right|$ ebenfalls klein (warum?), aber die Funktion f beschreibt die in Wirklichkeit gemessenen Höhen zu den fünf Zeitpunkten nicht gut, da große Schwankungen zu beobachten sind.

Teilaufgabe b1

Beachten Sie, dass die Funktion f und die Funktionen p_a nahtlos und knickfrei ineinander übergehen sollen. Welche Bedingungen müssen dafür gegeben sein?

Die Bedingungen lauten $f(0) = p_a(0)$ und $f'(0) = p_a'(0)$.

Bestätigen Sie die Gültigkeit der ersten Gleichung. Diese ist für alle Parameter a, b erfüllt.

Bilden Sie die Ableitungen der beiden Funktionen und bestimmen Sie den Parameter b durch Auflösen der Gleichung $f'(0) = p_a'(0)$.

Schließlich erhalten Sie genau einen Wert für den Parameter b.

Teilaufgabe b2

Es soll eine konkrete Flugbahn der Kugel ermittelt werden, und zwar diejenige, die durch den Punkt $(3\,|\,3{,}5)$ verläuft.

Nutzen Sie dafür die Gleichung $p_a(3) = 3{,}5$ und ermitteln Sie daraus den passenden Parameter a.

Teilaufgabe b3

Betrachten Sie zur Bestimmung des Winkels bei einer Wurfweite von 10 m das folgende Bild:

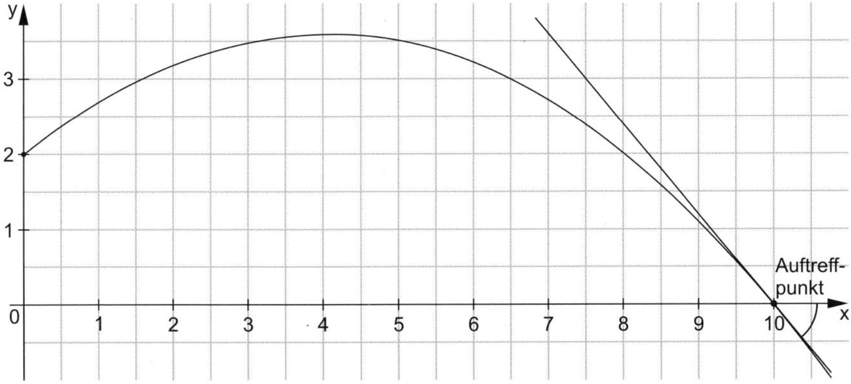

Bedenken Sie bei der Bestimmung des Winkels, unter dem die Kugel auf den Erdboden trifft, den Zusammenhang von p_a' an der Stelle $x = 10$ und dem Tangens des Winkels.

Teilaufgabe b4

Offensichtlich handelt es sich bei den Funktionen $p_a(x) = -ax^2 + 0{,}8x + 2$ mit $a > 0$ um nach unten geöffnete Parabeln. Solche Parabeln besitzen stets genau einen Hochpunkt, und dieser Hochpunkt ist gerade der Scheitelpunkt der Parabel.

- Die allgemeine Scheitelpunktform einer Parabel p mit $p(x) = ax^2 + bx + c$ lautet:
$p(x) = a \cdot \left(x + \frac{b}{2a}\right)^2 - \frac{b^2}{4a} + c$
- Der Scheitelpunkt S hat dabei die Koordinaten $S\left(-\frac{b}{2a} \,\middle|\, -\frac{b^2}{4a} + c\right)$.
- Die Bestätigung des angegebenen Hochpunktes kann auch mithilfe der Differenzialrechnung erfolgen.
- Bilden Sie dazu die ersten beiden Ableitungen der Funktion p_a mit
$p_a(x) = -ax^2 + 0{,}8x + 2$.
- Es ergibt sich ein möglicher Kandidat für einen Hochpunkt. Bedenken Sie bei der Überprüfung durch die zweite Ableitung, dass der Parameter a stets größer als null ist.
- Die y-Koordinate erhalten Sie durch Einsetzen der Stelle $x = \frac{0{,}4}{a}$ in die Funktionsgleichung.

Teilaufgabe b5

- Die zu allen Hochpunkten gehörige Stelle lautet nach der vorangehenden Teilaufgabe
$x = \frac{0{,}4}{a}$.
- Alle Einsetzungen dieser Stelle in eine Geradengleichung der Form $y(x) = mx + d$ müssen den Wert $2 + \frac{0{,}16}{a}$ (die y-Koordinate des Hochpunktes) ergeben.
- Wie sind daher m und d zu wählen und wie lautet die Geradengleichung?

Teilaufgabe c1

- Welche Position im Koordinatensystem hat die Kugel, wenn sie auf den Boden trifft?
- Die positiven Nullstellen der Funktion der Flugkurve p_a geben genau die Stoßweiten s an.
- Stellen Sie die Nullstellengleichung auf, also $p_a(s) = 0$.
- Ermitteln Sie daraus den algebraischen Zusammenhang der gesuchten Gleichung zwischen dem Parameter a und der Wurfweite s.

Teilaufgabe c2

- Wenn die Stoßweite $s = 20$ m beträgt, kann man mithilfe der in Teilaufgabe c1 bewiesenen Gleichung den zugehörigen Parameter a berechnen.
- Mit diesem Parameter a kann man den in Teilaufgabe b4 für ein allgemeines a angegebenen Hochpunkt bestimmen.
- Die zweite Koordinate des Hochpunktes gibt die maximale (größte) Höhe der Kugel über dem Erdboden an.

Teilaufgabe d1

- Es gilt $(\ln(x))' = \frac{1}{x}$, d. h. $\int \frac{1}{x}\,dx = \ln(x) + c$, und $\left(-\frac{1}{x}\right)' = \frac{1}{x^2}$, d. h. $\int \frac{1}{x^2}\,dx = -\frac{1}{x} + c$.

Teilaufgabe d2

Was ist mit den s-Koordinaten 2 bzw. 10 gemeint?

Die Punkte $(2 | g(2))$ und $(10 | g(10))$ sind die Punkte, durch die die Parallelen zur s-Achse verlaufen sollen.

Teilaufgabe d3

Bestimmen Sie die zu den Stellen 2 bzw. 10 gehörigen Funktionswerte g(2) und g(10), wobei g(10) schon in Teilaufgabe b3 angegeben wurde.

Die Fläche, die der Graph von g mit der y-Achse und den beiden Parallelen einschließt, lässt sich in Teilflächen zerlegen. Dabei entstehen ein Rechteck und eine krummlinig begrenzte Fläche.

Folgende Abbildung kann bei der Berechnung helfen:

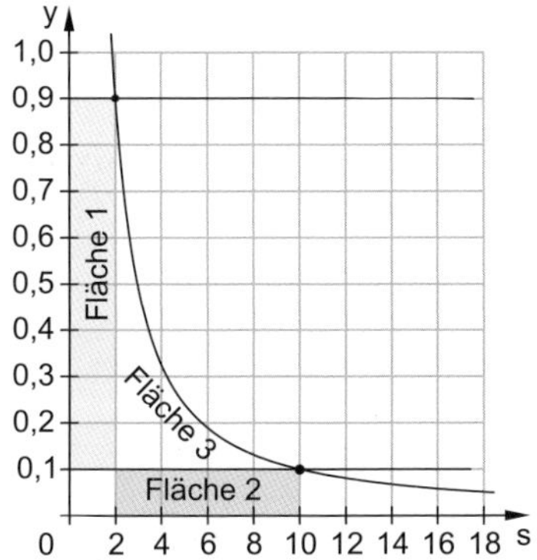

Die gesuchte Fläche besteht aus der Fläche 1 (Rechteck) und der Fläche 3.

Fläche 3 kann durch folgende Differenz unter Zuhilfenahme von Fläche 2 (Rechteck) berechnet werden:

$$F_3 = \int_2^{10} g(s)\,ds - F_2$$

Lösung

a1) Um die Länge der Strecke $\overline{RA}$ mit $R(-2\,|\,f(-2))$ zu berechnen, kann man den Satz von Pythagoras auf das in B rechtwinklige Dreieck ARB anwenden (siehe Abbildung). Dann gilt offenbar:

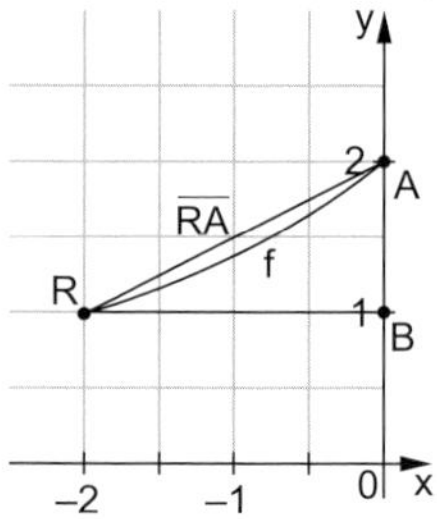

$$|\overline{RA}| = \sqrt{|\overline{RB}|^2 + |\overline{AB}|^2}$$

Es gilt für die Längen der Strecken $\overline{RB}$ und $\overline{AB}$:

$|\overline{RB}| = |0-(-2)| = 2$ und

$$\begin{aligned}|\overline{AB}| &= |f(0)-f(-2)|\\ &= |0{,}4+1{,}6\cdot e^{0{,}5\cdot 0}-(0{,}4+1{,}6\cdot e^{0{,}5\cdot(-2)}|\\ &= |0{,}4+1{,}6\cdot 1-(0{,}4+1{,}6\cdot e^{-1})|\\ &= |1{,}6\cdot(1-e^{-1})| \approx 1{,}01\end{aligned}$$

Also folgt:

$$|\overline{RA}| = \sqrt{|\overline{RB}|^2 + |\overline{AB}|^2} = \sqrt{2^2+\left(1{,}6\cdot(1-e^{-1})\right)^2} \approx 2{,}24$$

Die Länge der Strecke $\overline{RA}$ beträgt somit etwa 2,24 m.

a2) Um den gesuchten Abstand der Kugel zu ermitteln (siehe Abbildung), sucht man eine Stelle x im Intervall [−2; 0], sodass $f(x) = 1{,}5$ gilt. Dazu wird die folgende Gleichung aufgestellt:

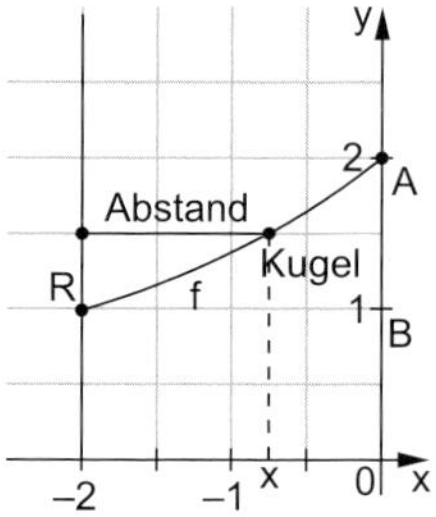

$$f(x) = 0{,}4+1{,}6\cdot e^{0{,}5\cdot x} = 1{,}5$$

Es folgt:

$$\begin{aligned} & 0{,}4+1{,}6\cdot e^{0{,}5\cdot x} = 1{,}5\\ \Leftrightarrow\quad & e^{0{,}5\cdot x} = \frac{1{,}1}{1{,}6}\\ \Leftrightarrow\quad & 0{,}5\cdot x = \ln\left(\frac{1{,}1}{1{,}6}\right)\\ \Leftrightarrow\quad & x = 2\cdot\ln\left(\frac{1{,}1}{1{,}6}\right) \approx -0{,}75\end{aligned}$$

Die zur Höhe 1,50 m gehörige Position ist also etwa an der Stelle −0,75.

Der horizontale Abstand zu der zur y-Achse parallelen Geraden j errechnet sich nun näherungsweise durch:

$|-2-(-0{,}75)| = |-2+0{,}75| = 1{,}25$

Der Abstand beträgt also ungefähr 1,25 m.

a3) An fünf Stellen $x_1, \ldots, x_5$ während des Stoßes werden nun die Höhen $h_1, \ldots, h_5$ der Kugel gemessen. Es sollen der Term $\left|\sum_{i=1}^{5}(h_i - f(x_i))\right|$ und die Aussage, „wenn der Wert dieses Terms klein ist, dann werden die gemessenen Höhen durch die modellhafte Funktion f gut angenähert", beurteilt werden.

Offenbar gilt $\left|\sum_{i=1}^{5}(h_i - f(x_i))\right| \geq 0$, d. h., der Wert des Terms ist stets nicht negativ.

Ist der Wert des Terms sehr klein, *kann es sein*, dass das Modell gut die Wirklichkeit annähert. Es kann aber auch so sein, dass sich mögliche Schwankungen der Höhen in der Summe der Differenzen ausgleichen, was folgendes Beispiel (siehe Abbildung) zeigen soll:

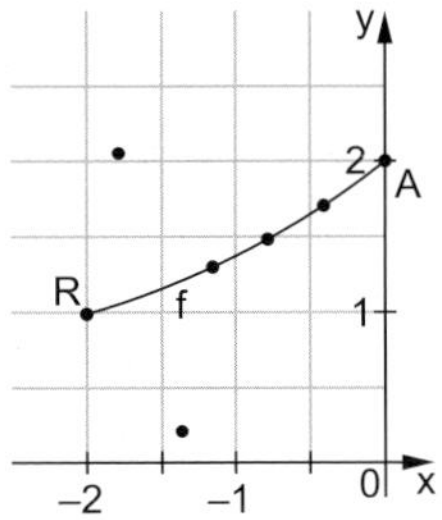

$h_1 = f(x_1) + 1,\ h_2 = f(x_2) - 1,$

$h_3 = f(x_3),\ h_4 = f(x_4)$ und $h_5 = f(x_5)$

Hier entsprechen die gemessenen Höhen h_3 bis h_5 genau der modellhaften Funktion f, aber die ersten beiden gemessenen Höhen sind alles andere als gute Annäherungen, sie weichen jeweils um 1 m ab.

Für den Wert des Terms ergibt sich nun:

$$\left|\sum_{i=1}^{5}(h_i - f(x_i))\right| = |(f(x_1)+1-f(x_1)) + (f(x_2)-1-f(x_2)) + (f(x_3)-f(x_3)) + (f(x_4)-f(x_4)) + (f(x_5)-f(x_5))| = |1-1| = 0$$

Das ist zwar der kleinstmögliche Wert, aber trotzdem würde man sagen wollen, dass das Modell die Wirklichkeit *nicht* gut charakterisiert.

Natürlich sind auch andere Beispiele denkbar.

b1) Seien nun alle Flugbahnen der Kugel durch eine Funktion p_a mit $p_a(x) = -ax^2 + bx + 2$ und den reellen Parametern a, b mit $a > 0$ beschrieben. Dabei kann aus dem Sachzusammenhang $x \geq 0$ vorausgesetzt werden.

Die Funktionen sollen sich nahtlos und knickfrei an der Stelle $x = 0$ der Funktion f anschließen. Dies kann durch folgende Bedingungen erfüllt werden:

(1) $f(0) = p_a(0)$ und

(2) $f'(0) = p'_a(0)$

Für die Ableitungsfunktionen ergeben sich:

$f'(x) = 1{,}6 \cdot 0{,}5 \cdot e^{0{,}5 \cdot x} = 0{,}8 \cdot e^{0{,}5 \cdot x}$ und $p'_a(x) = -2ax + b$

Aus (1) und (2) ergeben sich daraus die beiden folgenden Gleichungen

(1') $f(0) = 0{,}4 + 1{,}6 \cdot e^0 = 2 = -a \cdot 0^2 + b \cdot 0 + 2 = p_a(0),$

d. h., diese Bedingung ist an der Stelle $x = 0$ ohne Einschränkung der Parameter a, b erfüllt, sowie

(2') $f'(0) = 0{,}8 \cdot e^{0{,}5 \cdot 0} = -2a \cdot 0 + b = p_a'(0)$,
woraus sich sofort $0{,}8 \cdot 1 = b$, also $b = 0{,}8$ ergibt.

b2) Seien nun für die möglichen Flugbahnen $p_a(x) = -ax^2 + 0{,}8x + 2$ mit $a > 0$ vorausgesetzt.
Nun soll eine konkrete Flugbahn der Kugel ermittelt werden, und zwar diejenige, die durch den Punkt $(3 \mid 3{,}5)$ verläuft. Dies heißt, dass die Gleichung
$p_a(3) = -a \cdot 3^2 + 0{,}8 \cdot 3 + 2 = 3{,}5$
erfüllt ist. Nach der Umformung
$-9a = 3{,}5 - 2{,}4 - 2 = -0{,}9$
ergibt sich der Wert für a; er beträgt:
$a = 0{,}1$

b3) Für die Größe des Winkels zur Funktion $p_{0,1}(x) = -0{,}1x^2 + 0{,}8x + 2$, unter dem die Kugel auf den Erdboden (an der Stelle $x = 10$) auftritt, bestimmt man den Wert der ersten Ableitung von $p_{0,1}$ an der Stelle $x = 10$ (siehe Abbildung).

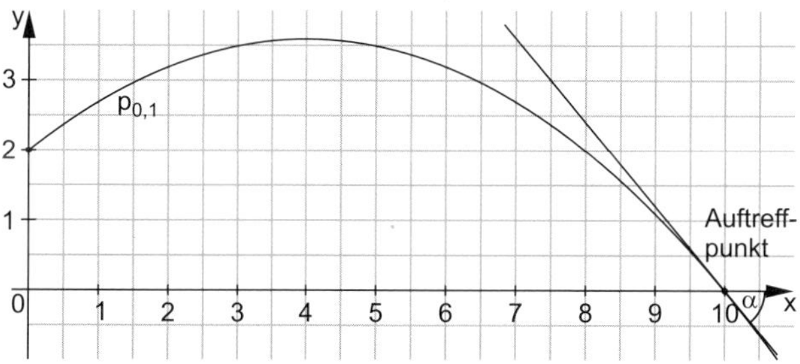

Es gilt nach Teilaufgabe b1:
$p_{0,1}'(10) = -2 \cdot 0{,}1 \cdot 10 + 0{,}8 = -1{,}2$
Für den Steigungswinkel α gilt bekanntlich die Gleichung $\tan(\alpha) = p_{0,1}'(10)$, also $\tan(\alpha) = -1{,}2$, woraus sich für den Winkel eine Größe von $\alpha \approx -50{,}19°$ ergibt.
Der Winkel, unter dem die Kugel auf den Boden auftritt, beträgt etwa 50,19°.

b4) Da es sich bei der Funktion p_a mit $a > 0$ stets um eine nach unten geöffnete Parabel handelt, ist ihr einziger Hochpunkt H_a der Scheitelpunkt $S(x_S \mid y_S)$ der Parabel. Er ergibt sich (z. B. durch quadratische Ergänzung) aus der folgenden Scheitelpunktform von p_a:

$$p_a(x) = -ax^2 + 0{,}8x + 2 = -a \cdot \left(x - \frac{0{,}4}{a}\right)^2 + \frac{0{,}16}{a} + 2 = -a \cdot (x - x_S) + y_S$$

Hieraus lässt sich bequem der (einzige) Hochpunkt H_a ablesen. Er lautet wie angegeben:
$H_a\left(\frac{0{,}4}{a} \,\middle|\, 2 + \frac{0{,}16}{a}\right)$

Alternativ: Auch mithilfe der Differenzialrechnung lässt sich der Hochpunkt bestimmen. Eine notwendige Bedingung für die Existenz einer lokalen Extremstelle ist $p'_a(x) = 0$. Daraus ergibt sich:

$$p'_a(x) = 0 \quad \Leftrightarrow \quad -2ax + 0{,}8 = 0 \quad \Leftrightarrow \quad x = \frac{0{,}4}{a}$$

Es gilt für die zweite Ableitung von p_a:

$p''_a(x) = -2a < 0$, da $a > 0$

Also liegt an der Stelle $x = \frac{0{,}4}{a}$ ein Hochpunkt der Parabel.

Für den Wert an dieser Stelle ergibt sich durch Einsetzen in die Funktionsgleichung

$$p_a\left(\frac{0{,}4}{a}\right) = -a \cdot \left(\frac{0{,}4}{a}\right)^2 + 0{,}8 \cdot \frac{0{,}4}{a} + 2 = 2 + \frac{0{,}16}{a}$$

und damit wie oben:

$$H_a\left(\frac{0{,}4}{a} \,\middle|\, 2 + \frac{0{,}16}{a}\right)$$

b5) Aus der zu allen Hochpunkten von p_a gehörigen Stelle $x = \frac{0{,}4}{a}$ folgt sofort $a = \frac{0{,}4}{x}$. Damit ergibt sich die Geradengleichung y aller Hochpunkte von p_a zu:

$$y(x) = 2 + \frac{0{,}16}{\frac{0{,}4}{x}} = 2 + 0{,}4x$$

Denn für jede Einsetzung der Hochpunktstelle x mit $x = \frac{0{,}4}{a}$ folgt unmittelbar der passende Wert, nämlich:

$$y\left(\frac{0{,}4}{a}\right) = 2 + 0{,}4 \cdot \frac{0{,}4}{a} = 2 + \frac{0{,}16}{a}$$

Also liegen alle Hochpunkte H_a der gegebenen Funktionen p_a auf dieser Geraden.

? c1) Der Parameter a und die Stoßweiten $s > 0$ der Kugel (in m) lassen sich durch die Gleichung

$$a = \frac{0{,}8}{s} + \frac{2}{s^2}$$

beschreiben. Dies kann folgendermaßen eingesehen werden:

Die positiven Nullstellen der Funktion p_a der Flugweite geben genau die Stoßweiten s an. Es gilt also für $s > 0$:

$$p_a(s) = 0 \quad \Leftrightarrow \quad -as^2 + 0{,}8s + 2 = 0 \quad \Leftrightarrow \quad -as^2 = -2 - 0{,}8s \quad \Leftrightarrow \quad a = \frac{2}{s^2} + \frac{0{,}8}{s}$$

c2) Zunächst bestimmt man den zur Stoßweite von 20 m gehörigen Parameter a. Es gilt nach Teilaufgabe c1:

$$a = \frac{0{,}8}{s} + \frac{2}{s^2} = \frac{0{,}8}{20} + \frac{2}{20^2} = 0{,}04 + 0{,}005 = 0{,}045$$

Nach Teilaufgabe b4 gilt für die Koordinaten des Hochpunktes:

$H_a\left(\frac{0,4}{a} \,\middle|\, \frac{0,16}{a}+2\right)$, also hier $H_{0,045}\left(\frac{0,4}{0,045} \,\middle|\, \frac{0,16}{0,045}+2\right)$

Die maximale Wurfhöhe über dem Erdboden ist die zweite Koordinate des Hochpunktes, d. h., sie beträgt

$$\frac{0,16}{0,045}+2=\frac{32}{9}+2\approx 5,6,$$

also etwa 5,6 m.

d1) Sei nun die „Wurfweitenfunktion" g gegeben, die den Zusammenhang der Wurfweite mit dem Parameter $a>0$ beschreibt, sie lautet:

$$g(s)=\frac{0,8}{s}+\frac{2}{s^2}=0,8\cdot\frac{1}{s}+2\cdot\frac{1}{s^2} \quad \text{mit } s>0$$

Eine mögliche Stammfunktion G von g hat die Gleichung

$$G(s)=0,8\cdot\ln(s)-2\cdot\frac{1}{s},$$

denn es gilt:

$$(0,8\cdot\ln(s))'=0,8\cdot(\ln(s))'=0,8\cdot\frac{1}{s} \quad \text{und} \quad \left(-2\cdot\frac{1}{s}\right)'=-2\cdot\left(\frac{1}{s}\right)'=-2\cdot\left(-\frac{1}{s^2}\right)=\frac{2}{s^2}$$

Damit gilt $G'=g$, da:

$$G'(s)=\left(0,8\cdot\ln(s)-2\cdot\frac{1}{s}\right)'=(0,8\cdot\ln(s))'+\left(-2\cdot\frac{1}{s}\right)'=0,8\cdot\frac{1}{s}+2\cdot\frac{1}{s^2}=g(s)$$

Also ist G eine Stammfunktion von g.

d2)

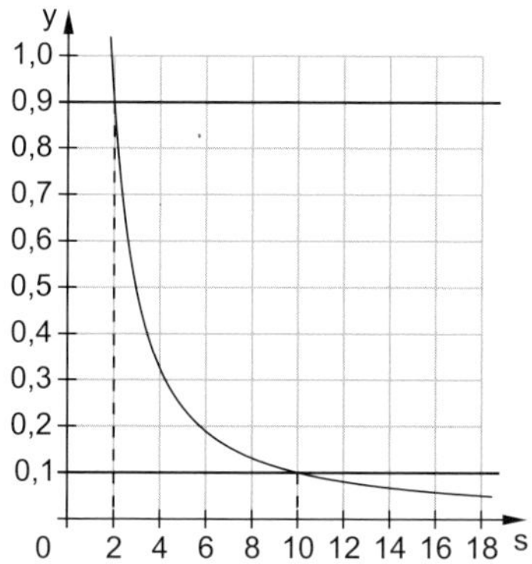

d3) Die s-Koordinaten lauten $(2\,|\,g(2))$ und $(10\,|\,g(10))$. Dabei gilt:

$$g(2)=\frac{0,8}{2}+\frac{2}{2^2}=0,4+0,5=0,9$$

$g(10)$ wurde bereits in Teilaufgabe b2 ermittelt; es ist $g(10)=0,1$.

Die zu berechnende Fläche wird aufgeteilt (siehe Abbildung): Sie besteht aus der Summe der Inhalte von Fläche 1 und Fläche 3.

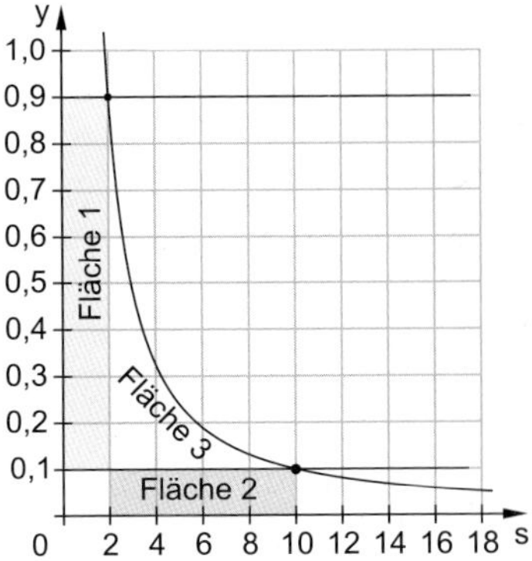

Für den Flächeninhalt F_1 von Fläche 1 gilt nach der Formel für Rechtecke:

$F_1 = 2 \cdot (g(2) - g(10)) = 2 \cdot (0{,}9 - 0{,}1) = 1{,}6$

Für den Flächeninhalt F_3 der Fläche 3 kann man die Differenz der Fläche unterhalb des Graphen von g in den Grenzen von 2 bis 10 (nach unten begrenzt durch die s-Achse) und der ebenfalls rechteckigen Fläche 2 mit dem Inhalt F_2 nehmen, also:

$$F_3 = \int_2^{10} g(s)\,ds - F_2 = [G(s)]_2^{10} - 0{,}1 \cdot (10-2) = \left[0{,}8 \cdot \ln(s) - 2 \cdot \frac{1}{s}\right]_2^{10} - 0{,}1 \cdot 8$$

$$= \left(0{,}8 \cdot \ln(10) - 2 \cdot \frac{1}{10}\right) - \left(0{,}8 \cdot \ln(2) - 2 \cdot \frac{1}{2}\right) - 0{,}8$$

$$= 0{,}8 \cdot \ln(10) - 0{,}2 - 0{,}8 \cdot \ln(2) + 1 - 0{,}8 = 0{,}8 \cdot \ln(10) - 0{,}8 \cdot \ln(2) \approx 1{,}29$$

Zusammen ergibt sich:

$F_1 + F_3 \approx 2{,}89$

Der zu berechnende Flächeninhalt $F_1 + F_3$ der gesuchten Fläche beträgt also etwa 2,89 FE.

Schleswig-Holstein – Kernfach Mathematik
2018 – Aufgabe 2: Analysis

Da das Grillen im Winter immer beliebter wird, untersucht der Hersteller eines Gasgrills den Temperaturverlauf während eines Grillvorgangs bei einer Umgebungstemperatur von 8 °C.

Zwei Minuten nach Beginn der Messung wird der Deckel für einen gewissen Zeitraum geöffnet, um Grillgut aufzulegen. Die durch den Temperaturfühler im Deckel gewonnenen Messpunkte liegen auf dem Graphen einer Funktion f mit

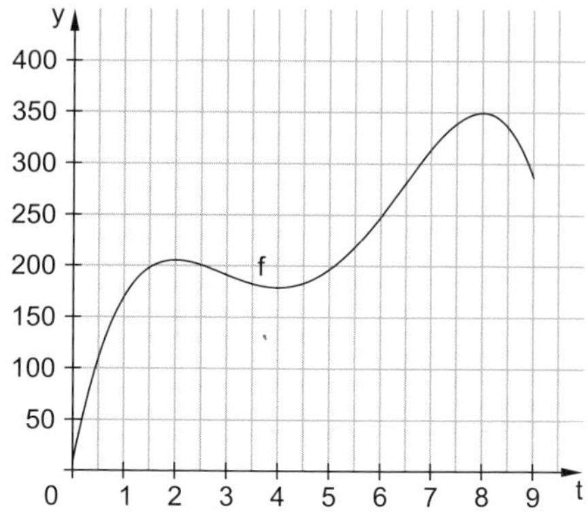

$f(t) = -t^4 + \frac{56}{3}t^3 - 112t^2 + 256t + 8;\ \ 0 \le t \le 9.$

Dabei gibt t die Zeit in Minuten und f(t) die Temperatur am Temperaturfühler in °C an.

a) a1) Bestimmen Sie mithilfe der Grafik auf dem Beiblatt sowohl die Temperatur als auch die momentane Temperaturänderungsrate sechs Minuten nach Beginn der Messung. 4 P

a2) Berechnen Sie die maximale Temperatur. 6 P

a3) Berechnen Sie die durchschnittliche Temperatur über dem Zeitintervall [0; 9]. 3 P

a4) Der Hersteller behauptet, dass die momentane Temperaturänderungsrate zu Beginn des Grillvorgangs 5 °C pro Sekunde erreicht. Zeigen Sie rechnerisch, dass diese Behauptung bei dem untersuchten Grillvorgang nicht zutrifft. 3 P

b) Nach 9 Minuten kühlt der ausgeschaltete Grill bei geöffnetem Deckel weiter ab. Die bei der Abkühlung gewonnenen Messpunkte liegen auf dem Graphen einer Funktion $g_{a;\,b}$ mit

$g_{a;\,b}(t) = a \cdot e^{-b \cdot (t-9)} + 7;\ \ 9 \le t \le 20;\ \ a > 0;\ \ b > 0.$

Es gilt $g'_{a;\,b}(t) = -a \cdot b \cdot e^{-b \cdot (t-9)}$.

b1) Beweisen Sie, dass die Graphen der Funktionen $g_{a;\,b}$ für alle $a > 0$ und $b > 0$ an jeder Stelle t fallen. 2 P

b2) Die Graphen der Funktionen $g''_{a;\,b}$ verlaufen für alle $a > 0$ und $b > 0$ vollständig oberhalb der t-Achse. Erläutern Sie die Bedeutung dieser Eigenschaft für die Graphen der Funktionen $g_{a;\,b}$. 2 P b3) Auf dem Beiblatt ist der Graph einer Funktion $g_{a;\,b}$ abgebildet, der knickfrei an den Graphen von f anschließt. Bestimmen Sie die zugehörigen Parameter a und b. 5 P

c) Im Folgenden wird die Funktion g mit
$g(t) = g_{280;\,0,5}(t) = 280 \cdot e^{-0,5 \cdot (t-9)} + 7; \quad 9 \leq t \leq 20$
und die durch die Funktion g beschriebene Abkühlungsphase betrachtet.

c1) Ermitteln Sie den Zeitpunkt t, an dem die momentane Temperaturänderungsrate gleich der mittleren Temperaturänderungsrate der Abkühlungsphase ist. 4 P

c2) Berechnen Sie das zweiminütige Zeitintervall, in dem die Temperatur um genau 100 °C sinkt. 3 P

d) Der Graph von f, der Graph von g und die t-Achse begrenzen über dem Intervall [0; 20] eine Fläche F.

d1) Berechnen Sie den Inhalt A dieser Fläche F.
[Kontrolle: $A \approx 2666{,}91$] 3 P

d2) Durch den Punkt $M(m\,|\,0)$ verläuft eine zur y-Achse parallele Gerade, die die Fläche F in zwei flächeninhaltsgleiche Teile zerlegt. Ermitteln Sie den Wert m. 5 P

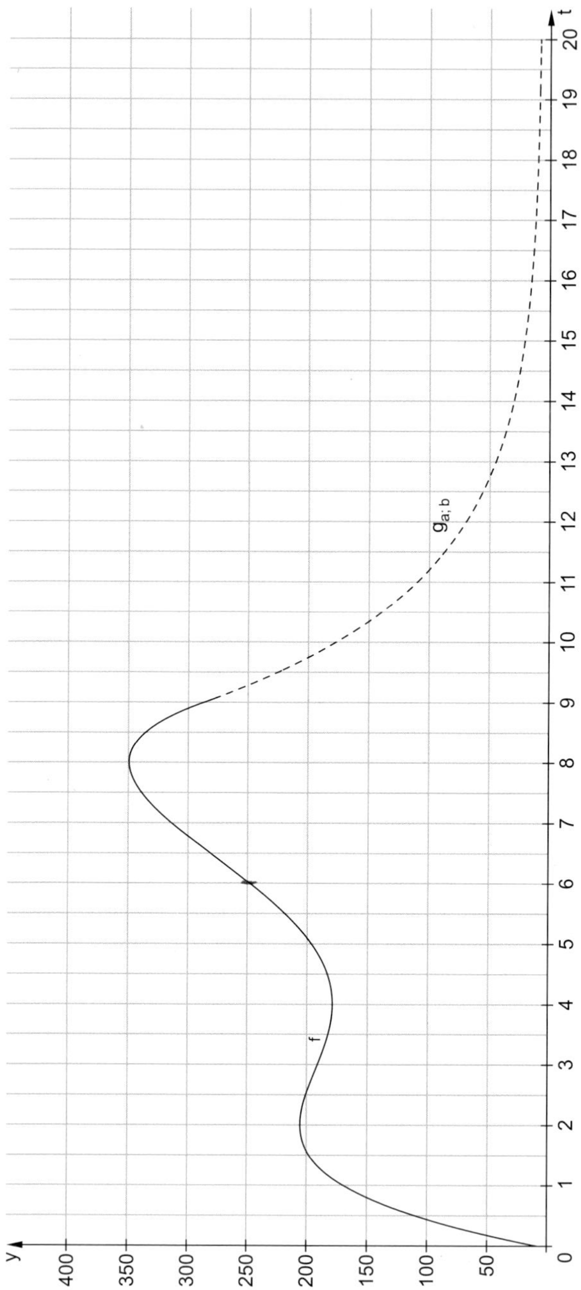
y
t
f
$g_{a;b}$

Hinweise und Tipps

Teilaufgabe a1

- Der Graph der Funktion f besteht aus allen Punkten $(t \mid f(t))$. Auf der x-Achse sind die Minuten eingetragen. Jeder Stelle t – hier die Minuten – wird durch die Funktion f ein Wert – hier die entsprechende Temperatur – zugeordnet.
- Die momentane Temperaturänderungsrate zu einem Zeitpunkt t kann zeichnerisch durch die Steigung der entsprechenden Tangente an den Graphen der Funktion f im Punkt $(t \mid f(t))$ näherungsweise bestimmt werden.
- Zeichnen Sie die Tangente im Punkt $(6 \mid f(6))$ an den Graphen.
- Bestimmen Sie in etwa die Steigung der Tangente, indem Sie ein geeignetes Steigungsdreieck wählen.
- Das Steigungsmaß ist hier das Verhältnis von Temperaturveränderung zur Zeitveränderung.

Teilaufgabe a2

- Zur Bestimmung der maximalen Temperatur bestimmen Sie das globale Maximum auf dem Intervall [0; 9].
- Bilden Sie dafür die erste Ableitungsfunktion von f und bestimmen Sie die Nullstellen von f', entweder durch Faktorisieren des Terms $-4t^3+56t^2-224t+256$ oder Verwendung des Taschenrechners.
- Überprüfen Sie auch die Werte der Funktion an den Randstellen des Intervalls.
- Überprüfen Sie Ihre Ergebnisse mit der Grafik auf dem Beiblatt.

Teilaufgabe a3

- Die durchschnittliche Temperatur des Grills innerhalb des Intervalls [0; 9] erhält man durch Anwendung der Integralrechnung.
- Das Integral $\int_0^9 f(t)\,dt$ von f in den Grenzen von 0 bis 9 „misst“ die „Gesamttemperatur“.
- Die durchschnittliche Temperatur erhalten Sie, indem Sie die Gesamttemperatur durch die Anzahl der Minuten teilen.
- Der Term $\frac{1}{9}\cdot\int_0^9 f(t)\,dt$ liefert die Durchschnittstemperatur.
- Nutzen Sie den Taschenrechner oder bilden Sie eine Stammfunktion F von f.

Teilaufgabe a4

- Der Beginn des Grillvorganges ist bei $t=0$.
- Die momentane Temperaturänderungsrate an der Stelle $t=0$ wird durch den Wert der ersten Ableitung von f an der Stelle $t=0$ berechnet.

- Bestimmen Sie f'(0). Sie erhalten die momentane Temperaturänderungsrate in °C pro Minute.
- Die Herstellerangabe handelt von °C **pro Sekunde.**
- Wandeln Sie entsprechend die Minuten in Sekunden um und überprüfen Sie damit die Angabe des Herstellers.

Teilaufgabe b1

- Diese Teilaufgabe können Sie mit oder ohne Zuhilfenahme der ersten Ableitung der Abkühlungsfunktion $g_{a;\,b}$ bearbeiten.
- Was bedeutet in diesem Zusammenhang, „dass die Graphen der Funktionen $g_{a;\,b}$ … an jeder Stelle t fallen“?
- Obiges bedeutet schlicht: Die Temperaturen verringern sich bei zunehmender Zeit, d. h., wenn $t_1 > t_2$ gilt, dann gilt die Ungleichung $g_{a;\,b}(t_1) < g_{a;\,b}(t_2)$. Bestätigen Sie diese Implikation.
- Mithilfe der ersten Ableitung: Untersuchen Sie die gegebene erste Ableitung von g mit $g'_{a;\,b}(t) = -a \cdot b \cdot e^{-b \cdot (t-9)}$ unter Berücksichtigung der positiven Parameter a und b und dem Intervall [9; 20].
- Welches Vorzeichen hat der Term −ab vor der Exponentialfunktion? Welches Vorzeichen besitzt jede e-Funktion?
- Was bedeutet für alle t aus dem Intervall [9; 20] die Aussage $g'_{a;\,b}(t) < 0$?

Teilaufgabe b2

- Offenbar gilt für die zweite Ableitung (nicht verlangt):
  $g''_{a;\,b}(t) = (-b) \cdot (-a) \cdot b \cdot e^{-b \cdot (t-9)} = a \cdot b^2 \cdot e^{-b \cdot (t-9)} > 0$
- Bekanntlich kann die zweite Ableitung als Maß der Krümmung eines Funktionsgraphen interpretiert werden.
- Was bedeutet in diesem Zusammenhang eine stets positive zweite Ableitung?
- Liegt eine andauernde Links- oder Rechtskrümmung vor?

Teilaufgabe b3

- Die positiven reellen Parameter a und b der Funktion $g_{a;\,b}$ sollen nun so konkret bestimmt werden, dass sich der Graph von $g_{a;\,b}$ direkt an den Graphen von f anschließt, und dabei soll der Graph von $g_{a;\,b}$ „knickfrei“, d. h. mit derselben Ableitung wie f fortgesetzt werden.
- Diese beiden Bedingungen können durch die folgenden algebraischen Gleichungen beschrieben werden: $f(9) = g_{a;\,b}(9)$ und $f'(9) = g'_{a;\,b}(9)$
- Stellen Sie die beiden zugehörigen Gleichungen auf und bestimmen Sie daraus die gesuchten Parameter a und b.

Teilaufgabe c1

Bestimmen Sie wie in Teilaufgabe a1 den Term für die mittlere Temperaturänderungsrate der Abkühlphase über dem Intervall [9; 20].

Verwenden Sie für den Term den Differenzenquotienten $\frac{g(20)-g(9)}{20-9} = \frac{g(20)-g(9)}{11}$.

Nun soll derjenige Zeitpunkt t aus dem Intervall [9; 20] gefunden werden, bei dem die obige mittlere Temperaturänderungsrate gleich der momentanen Temperaturänderungsrate ist. Stellen Sie dazu eine passende Gleichung auf.

Die Gleichung lautet $g'_{280;\,0,5}(t) = \frac{g(20)-g(9)}{11}$, also konkret:

$$-140 \cdot e^{-0,5 \cdot (t-9)} = \frac{g(20)-g(9)}{11}$$

Hieraus lässt sich der gesuchte Zeitpunkt t durch algebraische Umformungen oder mittels Taschenrechner ermitteln.

Teilaufgabe c2

Gesucht wird ein Zeitpunkt t innerhalb des Abkühlungsvorganges, sodass genau zwei Minuten später, also nach $t+2$ Minuten, die Temperatur um genau 100 °C gesunken ist. Stellen Sie eine für diesen Sachzusammenhang passende Gleichung auf.

Diese Gleichung lautet $g(t)-g(t+2)=100$.

Durch eine etwas längere Umformung oder durch die Verwendung des Taschenrechners erhält man den gesuchten Zeitpunkt t.

Teilaufgabe d1

Der Inhalt A der Fläche, die links- und rechtsseitig durch das Intervall [0; 20], nach oben durch die Graphen der beiden Funktionen f und g und nach unten durch die t-Achse begrenzt wird, lässt sich mithilfe der Integralrechnung bestimmen.

Es gilt für den gesuchten Flächeninhalt $A = \int_0^9 f(t)\,dt + \int_9^{20} g(t)\,dt$.

Teilaufgabe d2

Aus der Berechnung in Teilaufgabe d1 erhält man, dass der Flächeninhalt unterhalb der Funktion f schon weit mehr ist als die Hälfte der Fläche F.

Betrachten und verwenden Sie für die Berechnung des Wertes m den Ausdruck:

$$\int_0^m \left(-t^4 + \frac{56}{3}t^3 - 112t^2 + 256t + 8\right) dt = \frac{A}{2}$$

Lösung

a1) Auf dem Beiblatt ist der Temperaturverlauf im Inneren eines Grills durch die Funktion f im Zeitraum von 0 bis 9 Minuten dargestellt. Um die Temperatur nach 6 Minuten anhand der Grafik zu bestimmen, liest man den Funktionswert von f an der Stelle $t=6$ ab, er beträgt $f(6) \approx 250$ °C. Da dieser Wert nur an der Grafik abgelesen wurde, ist er nur ein ungefährer Wert.

Die momentane Temperaturveränderung nach sechs Minuten, also die momentane Temperaturänderungsrate, wird durch die Steigung der Tangente im Punkt $A(6 \mid f(6)) \approx (6 \mid 250)$ repräsentiert. Durch Einzeichnen der Tangente h auf dem Beiblatt erhält man durch die Wahl eines geeigneten Steigungsdreiecks ABC durch Ablesen eine ungefähre Steigung von

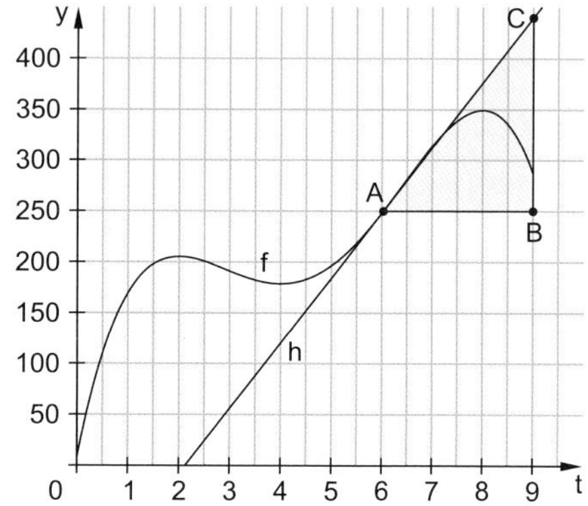

$$\frac{|\overline{BC}|}{|\overline{AB}|} = \frac{440-250}{9-6} = \frac{190}{3} \approx 63$$

Die Temperaturveränderung zum Zeitpunkt nach 6 Minuten beträgt also etwa $63\,\frac{°C}{min}$.

a2) Um die maximale Temperatur des Grills zu berechnen, bestimmt man das globale Maximum der Funktion f im Intervall [0; 9]. Hierzu bestimmt man die lokalen Maxima und vergleicht diese mit den Funktionswerten an den Rändern des Intervalls, also an den Stellen $t=0$ und $t=9$.

Zunächst bildet man die erste Ableitung von f und bestimmt die Nullstellen der Ableitung. Es gilt nach Anwendung der Ableitungsregeln für die Ableitungsfunktion:

$f'(t) = -4t^3 + 56t^2 - 224t + 256$

Für die Nullstellen gilt nacheinander:

$$\begin{aligned} f'(t) = 0 \quad &\Leftrightarrow \quad 0 = -4t^3 + 56t^2 - 224t + 256 \\ &\Leftrightarrow \quad 0 = t^3 - 14t^2 + 56t - 64 \\ &\Leftrightarrow \quad 0 = (t-2)(t-4)(t-8) \\ &\Leftrightarrow \quad t = 2 \text{ oder } t = 4 \text{ oder } t = 8 \end{aligned}$$

An diesen drei Stellen liegt also eine waagerechte Tangente vor. Man berechnet nun insgesamt fünf Funktionswerte an den Stellen $t=0$, $t=2$, $t=4$, $t=8$ und $t=9$. Es gilt hierfür:

$f(0) = 8,\ f(2) \approx 205,\ f(4) \approx 179,\ f(8) \approx 349,\ f(9) \approx 287$

Demnach ist die Temperatur des Grills nach 8 Minuten mit gut 349 °C am höchsten.

a3) Die durchschnittliche Temperatur des Grills innerhalb des Intervalls [0, 9] erhält man durch Anwendung der Integralrechnung.

Das Integral $\int_0^9 f(t)\,dt$ von f in den Grenzen von 0 bis 9 „misst" die „Gesamttemperatur". Die durchschnittliche Temperatur erhält man, indem man die Gesamttemperatur durch die Anzahl der Minuten teilt, indem man also $\frac{1}{9} \cdot \int_0^9 f(t)\,dt$ berechnet. Mit dem Taschenrechner erhält man:

$$\frac{1}{9} \cdot \int_0^9 f(t)\,dt = \frac{1}{9} \cdot \int_0^9 \left(-t^4 + \frac{56}{3}t^3 - 112t^2 + 256t + 8\right) dt = \frac{1129}{5} = 225{,}8$$

Die durchschnittliche Temperatur des Grills innerhalb der ersten 9 Minuten beträgt also 225,8 °C.

a4) Die momentane Temperaturänderungsrate kann wie schon bei Teilaufgabe a1 zeichnerisch durch die Steigung der Tangente oder rechnerisch durch die Betrachtung der ersten Ableitung an der betreffenden Stelle bestimmt werden. Es ist also der Wert der ersten Ableitung der Funktion f an der Stelle $t=0$ zu bestimmen. Dafür gilt $f'(0) = -4 \cdot 0^3 + 56 \cdot 0^2 - 224 \cdot 0 + 256 = 256$, d. h., die momentane Temperaturänderungsrate zum Zeitpunkt $t=0$ beträgt $256\,\frac{°C}{min}$, was

$$256\,\frac{°C}{min} = \frac{256}{60}\,\frac{°C}{sek} < \frac{300}{60}\,\frac{°C}{sek} = 5\,\frac{°C}{sek}$$

entspricht. Also ist die Angabe des Herstellers nicht korrekt.

b1) Sei $g_{a;\,b}$ die angegebene Funktion mit den positiven Parametern a und b, definiert auf dem reellen Intervall [9; 20]. Zum Nachweis, dass die Graphen von $g_{a;\,b}$ an jeder Stelle t aus dem Intervall fallen, wird gezeigt, dass für $t_1 > t_2$ die Ungleichung $g_{a;\,b}(t_1) < g_{a;\,b}(t_2)$ gilt:

$$\begin{aligned}
& g_{a;\,b}(t_1) < g_{a;\,b}(t_2) && \\
\Leftrightarrow\;& a \cdot b \cdot e^{-b \cdot (t_1 - 9)} + 7 < a \cdot b \cdot e^{-b \cdot (t_2 - 9)} + 7 && \vert -7 \\
\Leftrightarrow\;& a \cdot b \cdot e^{-b \cdot (t_1 - 9)} < a \cdot b \cdot e^{-b \cdot (t_2 - 9)} && \vert \text{Division durch } a \cdot b > 0 \\
\Leftrightarrow\;& e^{-b \cdot (t_1 - 9)} < e^{-b \cdot (t_2 - 9)} && \vert \text{Anwendung von ln} \\
\Leftrightarrow\;& -b \cdot (t_1 - 9) < -b \cdot (t_2 - 9) && \\
\Leftrightarrow\;& -b \cdot t_1 + 9b < -b \cdot t_2 + 9b && \vert -9b + b \cdot t_2 \\
\Leftrightarrow\;& b \cdot t_2 - b \cdot t_1 < 0 && \\
\Leftrightarrow\;& b \cdot (t_2 - t_1) < 0 && \vert : b > 0 \\
\Leftrightarrow\;& t_2 - t_1 < 0 && \\
\Leftrightarrow\;& t_2 < t_1 &&
\end{aligned}$$

Da es sich um Äquivalenzumformungen handelt, folgt aus $t_1 > t_2$ die geforderte Ungleichung $g_{a;\,b}(t_1) < g_{a;\,b}(t_2)$.

Alternativ: Man kann ebenso die erste Ableitungsfunktion von $g_{a;\,b}$ betrachten und feststellen, dass ihre Funktionswerte im angegebenen Intervall stets kleiner als null sind. Es gilt offenbar mit Kenntnissen über die e-Funktion, dass
$g'_{a;\,b}(t) = -a \cdot b \cdot e^{-b \cdot (t-9)} < 0,$
denn die e-Funktion ist stets positiv und der Faktor $-ab$ ist wegen $a, b > 0$ stets negativ, daher ist die Ableitungsfunktion als Produkt dieser beiden Faktoren stets negativ. Daher fallen die Graphen der Funktionen von $g_{a;\,b}$.

b2) Offenbar gilt für die zweite Ableitung (nicht verlangt):
$g''_{a;\,b}(t) = (-b) \cdot (-a) \cdot b \cdot e^{-b \cdot (t-9)} = a \cdot b^2 \cdot e^{-b \cdot (t-9)} > 0$

In der Tat ist damit die zweite Ableitung von $g_{a;\,b}$ für $a, b > 0$ stets positiv und verläuft damit „oberhalb" der t-Achse. Bekanntlich kann die zweite Ableitung als Maß der Krümmung eines Funktionsgraphen interpretiert werden. Eine stets positive Krümmung bedeutet in diesem Zusammenhang, dass der Graph von $g_{a;\,b}$ im gesamten Intervall linksgekrümmt ist.

b3) In $g_{a;\,b}$ sollen nun so die positiven reellen Parameter a, b bestimmt werden, dass die Funktion (1) „nahtlos" und (2) „knickfrei" an den Graphen der Funktion f anschließt. Diese beiden Bedingungen werden durch die folgenden algebraischen Gleichungen gewährleistet:

Für (1) müssen die Funktionswerte an der Stelle $t = 9$ übereinstimmen, d. h., es muss gelten: $f(9) = g_{a;\,b}(9)$

Für (2) muss der Übergang der Steigung glatt verlaufen, d. h., es muss gelten: $f'(9) = g'_{a;\,b}(9)$

Daraus ergeben sich die folgenden beiden Gleichungen:

$287 = a \cdot e^{-b \cdot (9-9)} + 7 \quad \text{und} \quad -140 = -a \cdot b \cdot e^{-b \cdot (9-9)}$

Man erhält aus der ersten Gleichung sofort den Parameter a, nämlich:

$287 = a \cdot e^0 + 7$ und damit $a = 287 - 7 = 280$

Hiermit erhält man aus der zweiten Gleichung $-140 = -280 \cdot b \cdot 1$ und somit:

$$b = \frac{140}{280} = \frac{1}{2}$$

Die gesuchten Parameter für einen knickfreien Übergang der beiden Funktionen lauten also $a = 280$ und $b = \frac{1}{2}$. Da beide Parameter > 0 sind, sind es auch die Lösungen.

c1) Sei nun die Abkühlungsfunktion g mit $g(t) = g_{280;\,0{,}5}(t) = 280 \cdot e^{-0{,}5 \cdot (t-9)} + 7$ für alle t aus dem Intervall [9; 20] gegeben.
Die mittlere Temperaturänderungsrate wird durch den Differenzenquotienten über dem gegebenen Zeitraum von 9 bis 20 Minuten angegeben, in diesem Fall also durch den Term:

$$\frac{g(20) - g(9)}{20 - 9} = \frac{g(20) - g(9)}{11}$$

Gesucht wird nun der Zeitpunkt t innerhalb des Intervalls [9; 20], in dem die momentane Änderungsrate der Funktion g diesen obigen Wert des Terms annimmt. Für die erste Ableitung gilt nach dem Aufgabentext $g'_{a;\,b}(t) = -a \cdot b \cdot e^{-b \cdot (t-9)}$, also folgt mit den gegebenen Parametern a, b hierfür:

$$g'_{280;\,0,5}(t) = -280 \cdot 0{,}5 \cdot e^{-0{,}5 \cdot (t-9)} = -140 \cdot e^{-0{,}5 \cdot (t-9)}$$

Gleichsetzen der beiden Ausdrücke ergibt:

$$g'_{280;\,0,5}(t) = \frac{g(20)-g(9)}{11}, \text{ also } -140 \cdot e^{-0{,}5 \cdot (t-9)} = \frac{g(20)-g(9)}{11}$$

Mithilfe des Taschenrechners ergibt sich für den gesuchten Zeitpunkt $t \approx 12{,}42$ Minuten. Da t innerhalb des Intervalls [9; 20] liegt, existiert ein Zeitpunkt, an dem die mittlere Temperaturänderung genau der momentanen Temperaturänderung entspricht, nämlich nach gut 12 Minuten.

c2) Gesucht wird nun ein Zeitpunkt t innerhalb des Abkühlungsvorganges, sodass genau 2 Minuten später, also nach $t+2$ Minuten, die Temperatur um genau 100 °C gesunken ist. Für die Differenz der Funktionswerte von g zu diesen beiden Zeitpunkten muss also $g(t)-g(t+2)=100$ gelten. Damit ergeben sich die folgende Gleichung und die anschließenden Äquivalenzumformungen:

$$g(t)-g(t+2)=100$$

$$\Leftrightarrow \quad 280 \cdot e^{-0{,}5 \cdot (t-9)} + 7 - (280 \cdot e^{-0{,}5 \cdot (t-7)} + 7) = 100$$

$$\Leftrightarrow \quad 280 \cdot e^{-0{,}5 \cdot (t-9)} + 7 - 280 \cdot e^{-0{,}5 \cdot (t-7)} - 7 = 100$$

$$\Leftrightarrow \quad e^{-0{,}5 \cdot (t-9)} - e^{-0{,}5 \cdot (t-7)} = \frac{100}{280} = \frac{5}{14}$$

$$\Leftrightarrow \quad e^{-0{,}5 \cdot (t-9)} \cdot \left(1 - \frac{e^{-0{,}5 \cdot (t-7)}}{e^{-0{,}5 \cdot (t-9)}}\right) = \frac{5}{14}$$

$$\Leftrightarrow \quad e^{-0{,}5 \cdot (t-9)} \cdot \left(1 - e^{-0{,}5 \cdot (t-7) + 0{,}5 \cdot (t-9)}\right) = \frac{5}{14}$$

$$\Leftrightarrow \quad e^{-0{,}5 \cdot (t-9)} \cdot (1 - e^{-1}) = \frac{5}{14}$$

$$\Leftrightarrow \quad e^{-0{,}5 \cdot (t-9)} = \frac{5}{14 \cdot (1-e^{-1})}$$

$$\Leftrightarrow \quad -0{,}5 \cdot (t-9) = \ln\left(\frac{5}{14 \cdot (1-e^{-1})}\right)$$

$$\Leftrightarrow \quad t = -2 \cdot \ln\left(\frac{5}{14 \cdot (1-e^{-1})}\right) + 9$$

$$t \approx 10{,}14$$

Diese Umformung ergibt für den gesuchten Zeitpunkt $t \approx 10{,}14$ Minuten, auch dieser liegt im Intervall [9; 20]. Also sinkt im Zeitintervall von 10,14 bis 12,14 Minuten die Temperatur um 100 °C.

d1) Der Flächeninhalt A lässt sich durch das folgende Integral berechnen:

$$A = \int_0^9 f(t)\,dt + \int_9^{20} g(t)\,dt$$

Man erhält dafür mit dem Taschenrechner:

$$A = \int_0^9 \left(-t^4 + \frac{56}{3}t^3 - 112t^2 + 256t + 8\right) dt + \int_9^{20} (280 \cdot e^{-0{,}5 \cdot (t-9)} + 7)\,dt$$

$$\approx 2\,032{,}2 + 634{,}71 = 2\,666{,}91$$

Für die gesuchte Fläche ergibt sich daher ein Inhalt von etwa 2 666,91 FE.

d2) Die Parallele p zur y-Achse durch den Punkt M teilt die in Teilaufgabe d1 ermittelte Fläche im Intervall [0; 20] in zwei Teile (siehe Abbildung).

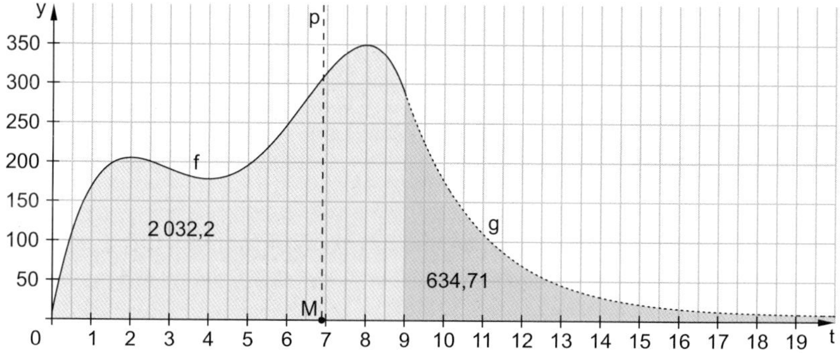

Gesucht ist nun der Punkt $M(m\,|\,0)$ (bzw. die Stelle m), der den errechneten Flächeninhalt 2 666,91 halbiert. Da der Flächeninhalt unter f schon 2 032,2 FE groß ist, befindet sich die Stelle m offenbar im Intervall [0; 9], d. h., man braucht lediglich das Integral der Funktion f zu betrachten. Dies führt auf die Gleichung:

$$\int_0^m \left(-t^4 + \frac{56}{3}t^3 - 112t^2 + 256t + 8\right) dt = \frac{A}{2}$$

Daraus ergibt sich:

$$\int_0^m \left(-t^4 + \frac{56}{3}t^3 - 112t^2 + 256t + 8\right) dt \approx 1\,333{,}455$$

$$\Leftrightarrow \quad \left[-\frac{1}{5}t^5 + \frac{14}{3}t^4 - \frac{112}{3}t^3 + 128t^2 + 8t\right]_0^m \approx 1\,333{,}455$$

$$\Leftrightarrow \quad -\frac{1}{5}m^5 + \frac{14}{3}m^4 - \frac{112}{3}m^3 + 128m^2 + 8m \approx 1\,333{,}455$$

Mit dem Taschenrechner erhält man $m \approx 6{,}90$ als einzige Lösung im Intervall [0; 9].

Schleswig-Holstein – Kernfach Mathematik
2018 – Aufgabe 3: Analytische Geometrie

Die Punkte A(4 | 0 | 0), B(4 | 4 | 0), C(0 | 4 | 0), F(4 | 4 | 3) und H(0 | 0 | 3) sind Eckpunkte des abgebildeten Quaders. Die Gerade h verläuft durch B und F.

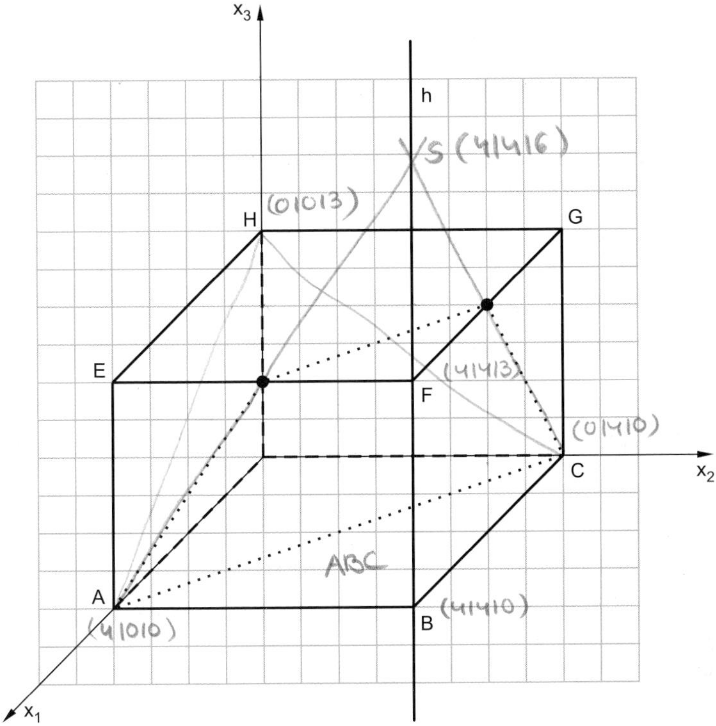

a) a1) Begründen Sie, dass das Dreieck ABC rechtwinklig und gleichschenklig ist.
Geben Sie den Flächeninhalt dieses Dreiecks an. 3 P

a2) Geben Sie eine Gleichung der Geraden g an, die durch A und C verläuft.
Begründen Sie, dass diese Gerade windschief zur Geraden h ist. 3 P

a3) Bestimmen Sie den Abstand von g zur Geraden durch B und H. 5 P

a4) Berechnen Sie den Flächeninhalt des Dreiecks ACH. 3 P

b) Die Punkte der Geraden h lassen sich durch $P_t(4|4|t)$ mit $t \in \mathbb{R}$ darstellen. Für jeden Wert von t liegen A, C und P_t in der Ebene E_t: $t \cdot x_1 + t \cdot x_2 - 4 \cdot x_3 - 4 \cdot t = 0$.

b1) Ermitteln Sie diejenigen Werte von t, für die die zugehörige Ebene E_t mit der x_1x_2-Ebene einen Winkel der Größe 60° einschließt. 4 P

Der abgebildete Quader wird durch eine der Ebenen E_t in zwei Teilkörper zerlegt. Die Seiten der Schnittfigur dieser Ebene und des Quaders sind in der Abbildung gepunktet dargestellt.

b2) Beschreiben Sie, wie man mithilfe der Abbildung den Wert von t ermitteln kann. 3 P

b3) Es ist $t = 6$. Berechnen Sie das Volumen desjenigen der beiden Teilkörper, zu dem der Punkt B gehört, und erläutern Sie Ihr Vorgehen. 5 P

Es gibt Werte von t, für die die Schnittfigur des Quaders und der Ebene E_t die Form eines Dreiecks hat.

b4) Geben Sie alle diese Werte von t an und beschreiben Sie in Abhängigkeit von t die Lage der Eckpunkte des Dreiecks. 4 P

c) Es sei jetzt $t > 3$. Q_t sei der Schnittpunkt von E_t mit der Strecke $\overline{EF}$ und R_t sei der Schnittpunkt von E_t mit der Strecke $\overline{FG}$.

c1) Berechnen Sie die Koordinaten von Q_t.
[Kontrolle: $Q_t\left(4 \,\middle|\, \frac{12}{t} \,\middle|\, 3\right)$] 4 P

c2) Geben Sie die Koordinaten von R_t an und berechnen Sie die Länge der Strecke $\overline{Q_tR_t}$ in Abhängigkeit von t. 3 P

d) Die folgende Aussage stellt die Lösung einer Aufgabe im Zusammenhang mit den bisher betrachteten geometrischen Objekten dar:

$$\left|\frac{t \cdot 4 + t \cdot 4 - 4 \cdot 0 - 4 \cdot t}{\sqrt{t^2 + t^2 + 16}}\right| = 2 \quad \Leftrightarrow \quad t = -2\sqrt{2} \ \vee \ t = 2\sqrt{2}$$

Formulieren Sie eine dazu passende Aufgabenstellung. 3 P

Hinweise und Tipps

Teilaufgabe a1

- Bedenken Sie, dass durch die Eckpunkte ein Körper in der Form eines Quaders gegeben ist.
- Wie ist ein Quader definiert? Wo liegt das Dreieck ABC?
- Den Abstand zweier Punkte, d. h. die Länge einer Strecke, kann man direkt mit den gegebenen Koordinaten berechnen oder auch direkt ablesen.
- Für den Flächeninhalt F_{ABC} eines Dreiecks ABC gilt (mit den üblichen Bezeichnungen): $F_{ABC} = \frac{1}{2} \cdot h \cdot g$. Wählen Sie g und h sinnvoll! (Es handelt sich um ein in B rechtwinkliges Dreieck.)

Teilaufgabe a2

- Für die Gleichung der Geraden durch die Eckpunkte A und C gilt g: $\vec{x} = \overrightarrow{OA} + u \cdot \overrightarrow{AC}$ mit $u \in \mathbb{R}$.
- Stellen Sie eine mögliche Geradengleichung für die Gerade h, die durch die Punkte B und F geht, auf.
- Um zu zeigen, dass g und h windschief sind, können Sie zum einen anschaulich mithilfe der Abbildung argumentieren oder zum anderen rechnerisch nachweisen, dass g und h keine gemeinsamen Punkte enthalten, dass also $g \cap h = \varnothing$ gilt. Dies genügt, weil die beiden Geraden offensichtlich nicht parallel sind.

Teilaufgabe a3

- Stellen Sie zunächst wie in Teilaufgabe a2 eine Gleichung der Geraden ℓ durch die Punkte B und H auf.
- Offensichtlich sind die Geraden g und ℓ, deren Abstand zueinander Sie bestimmen sollen, windschief.
- Den Abstand $d(\ell, g)$ der beiden Geraden kann man durch folgende Abstandsformel berechnen:

  $$d(\ell, g) = \frac{\left|(\overrightarrow{OA} - \overrightarrow{OB}) \circ \vec{w}\right|}{|\vec{w}|}$$

  Der Vektor $\vec{w}$ ist zu den beiden Richtungsvektoren der Geraden g und ℓ senkrecht.
- Wie kann der Vektor $\vec{w}$ ermittelt werden?
- Den Vektor $\vec{w}$ kann man mithilfe des Vektorproduktes errechnen. Es gilt hierfür: $\vec{w} = \overrightarrow{AB} \times \overrightarrow{BH}$

Teilaufgabe a4

Für den Flächeninhalt F_{ABC} eines von zwei Vektoren $\vec{a}$ und $\vec{b}$ aufgespannten Dreiecks ABC kann man folgende Formel verwenden:

$$F_{ABC} = \frac{1}{2}|\vec{a} \times \vec{b}|$$

Damit wird der Flächeninhalt eines „halben" Parallelogramms ausgedrückt.

Wählen Sie zur Bestimmung des gesuchten Flächeninhalts des Dreiecks ACH die Vektoren $\overrightarrow{AC}$ und $\overrightarrow{AH}$ aus.

Teilaufgabe b1

Offenbar schneiden sich die x_1x_2-Ebene und die Ebene E_t in der Geraden g. Für $t = 0$ sind sie identisch.

Für den Schnittwinkel α zwischen zwei sich schneidenden Ebenen mit den Normalenvektoren $\vec{n}_1$ und $\vec{n}_2$ gilt allgemein:

$$\cos(\alpha) = \frac{|\vec{n}_1 \circ \vec{n}_2|}{|\vec{n}_1| \cdot |\vec{n}_2|}$$

Finden Sie Normalenvektoren $\vec{n}_1$ und $\vec{n}_2$ für die beiden Ebenen.

Einen Normalenvektor der Ebene E_t kann man direkt an der Ebenengleichung ablesen.

Es gilt $\cos(60°) = \frac{1}{2}$.

Sie erhalten eine Gleichung mit zwei Lösungen für den Parameter t. Warum existieren zwei Lösungen? Begründen Sie anschaulich. Denken Sie an mögliche Lagen des Punktes P_t.

Teilaufgabe b2

In der Aufgabe wird lediglich verlangt, dass man eine „Beschreibung" für eine mögliche Ermittlung des Punktes P_t geben soll.

Teilaufgabe b3

Es ist das Volumen des Teilkörpers ABCIFJ zu bestimmen, wobei I und J die Punkte auf den Kanten $\overline{EF}$ und $\overline{FG}$ sind. Um welche Art von Körper handelt es sich dabei?

Betrachten Sie die „große" Pyramide ABC mit Spitze $S = P_6$ und die „kleinere" Pyramide IFJ mit derselben Spitze S.

Das Volumen des Teilkörpers ABCIFJ lässt sich nun als Differenz der großen und der kleinen Pyramide ermitteln.

Für das Volumen einer Pyramide ABCS mit Grundfläche G und Höhe $h_{Pyramide}$ gilt:
$V_{ABCS} = \frac{1}{3} \cdot G \cdot h_{Pyramide}$

Bedenken Sie, dass die Gerade h aufgrund der Definition eines Quaders senkrecht zu den Grundflächen der beiden Pyramiden ist.

Die jeweiligen Höhenlängen können daher als Pyramidenhöhen gewählt werden.

Teilaufgabe b4

- Beachten Sie im Fall $t<0$ die nebenstehende Abbildung. Wo muss der Punkt P_t' liegen, damit die Schnittfigur die Form eines Dreiecks hat?
- Welche Bedeutung haben die Punkte P_t und P_t'? Wie viele Schnittpunkte hatte der Quader mit der gegebenen Ebene in der gegebenen Abbildung? Welche Lage hatte dort der Punkt P_t?
- Wie viele Schnittpunkte entstehen, wenn P_t gleich B oder P_t' gleich O ist?

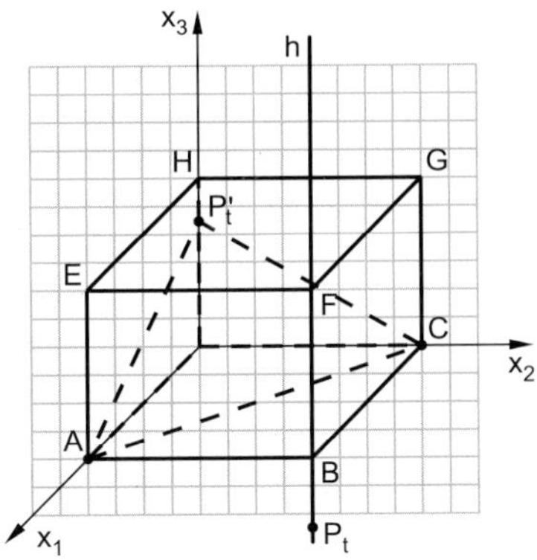

Teilaufgabe c1

- Was bedeutet $t>3$ anschaulich?
- Es entstehen neben A und C die Schnittpunkte Q_t und R_t. Sie liegen zwischen E und F bzw. zwischen F und G.
- Stellen Sie eine Gleichung der Geraden durch die Punkte E und F auf.
- Um den Schnittpunkt Q_t zu erhalten, können Sie die Ebene E_t mit der Geraden durch E und F schneiden. Alternativ schneiden Sie die Gerade durch A und P_t mit der Geraden durch E und F und bestimmen so den gesuchten Schnittpunkt.

Teilaufgabe c2

- Für die Berechnung von R_t gehen Sie entsprechend vor.
- Sie können auch mithilfe von Symmetrieüberlegungen auf die Koordinaten von R_t schließen.
- Für die Länge der Strecke $\overline{Q_tR_t}$ gilt: $|\overrightarrow{Q_tR_t}| = \left|\begin{pmatrix} \frac{12}{t} - 4 \\ 4 - \frac{12}{t} \\ 3 - 3 \end{pmatrix}\right|$
- Bei der Vereinfachung bzw. Berechnung der Gleichung denken Sie daran, dass in diesem Teil der Aufgabe $t>3$ gilt.

Teilaufgabe d

- Der Abstand d(Q, E) eines Punktes Q (Ortsvektor $\vec{q}$) von einer Ebene E mit der Gleichung E: $(\vec{x}-\vec{p}) \circ \vec{n}_0 = 0$ wird allgemein durch den Ausdruck $d(Q, E) = |(\vec{q}-\vec{p}) \circ \vec{n}_0|$ berechnet, wobei $\vec{p}$ der Ortsvektor eines Punktes der Ebene E und $\vec{n}_0$ ein Einheitsnormalenvektor zur Ebene E ist.

Lösung

a1) Das Dreieck ABC liegt aufgrund der Angabe seiner Koordinaten in der x_1x_2-Ebene und damit laut gegebener Abbildung in einer Fläche des Quaders. Dabei bilden die Eckpunkte des Dreiecks auch die Ecken der Fläche. Daher ist das Dreieck ABC rechtwinklig in der Ecke B.

Offenbar ist das Dreieck ABC aufgrund der Angabe der Koordinaten auch gleichschenklig mit den Schenkeln $\overline{AB}$ und $\overline{BC}$. Folgende Rechnung, die den Abstand zweier Punkte ermittelt, bestätigt diese Behauptung.

Für die Länge der Strecke $\overline{AB}$ gilt:

$$|\overrightarrow{AB}| = \left|\begin{pmatrix}4\\4\\0\end{pmatrix} - \begin{pmatrix}4\\0\\0\end{pmatrix}\right| = \left|\begin{pmatrix}0\\4\\0\end{pmatrix}\right| = \sqrt{16} = 4$$

Für die Länge der Strecke $\overline{BC}$ gilt:

$$|\overrightarrow{BC}| = \left|\begin{pmatrix}0\\4\\0\end{pmatrix} - \begin{pmatrix}4\\4\\0\end{pmatrix}\right| = \left|\begin{pmatrix}-4\\0\\0\end{pmatrix}\right| = \sqrt{16} = 4$$

Also ist das Dreieck ABC gleichschenklig.

Für den Flächeninhalt F_{ABC} eines Dreiecks ABC gilt (mit den üblichen Bezeichnungen) $F_{ABC} = \frac{1}{2} \cdot h \cdot g$. Da das Dreieck ABC rechtwinklig ist, kann man als Grundseite die Strecke $\overline{AB}$ und als Höhe die Strecke $\overline{BC}$ wählen. Damit gilt für den Flächeninhalt:

$$F_{ABC} = \frac{1}{2} \cdot h \cdot g = \frac{1}{2} \cdot |\overrightarrow{AB}| \cdot |\overrightarrow{BC}| = \frac{1}{2} \cdot 4 \cdot 4 = 8$$

Für den Flächeninhalt F_{ABC} ergibt sich damit eine Maßzahl von 8.

a2) Für eine Gleichung der Geraden durch die Eckpunkte A und C gilt allgemein:

$g\colon\ \vec{x} = \overrightarrow{OA} + u \cdot \overrightarrow{AC}$ mit $u \in \mathbb{R}$

Im vorliegenden Fall ergibt sich eine (mögliche) Geradengleichung zu:

$$g\colon\ \vec{x} = \begin{pmatrix}4\\0\\0\end{pmatrix} + u' \cdot \left(\begin{pmatrix}0\\4\\0\end{pmatrix} - \begin{pmatrix}4\\0\\0\end{pmatrix}\right) = \begin{pmatrix}4\\0\\0\end{pmatrix} + u' \cdot \begin{pmatrix}-4\\4\\0\end{pmatrix} = \begin{pmatrix}4\\0\\0\end{pmatrix} + u \cdot \begin{pmatrix}-1\\1\\0\end{pmatrix}, \text{ wobei } u \in \mathbb{R}$$

Für eine Geradengleichung von h ergibt sich unter Verwendung der Punkte B und F entsprechend:

$$h\colon\ \vec{x} = \begin{pmatrix}4\\4\\0\end{pmatrix} + v' \cdot \left(\begin{pmatrix}4\\4\\3\end{pmatrix} - \begin{pmatrix}4\\4\\0\end{pmatrix}\right) = \begin{pmatrix}4\\4\\0\end{pmatrix} + v' \cdot \begin{pmatrix}0\\0\\3\end{pmatrix} = \begin{pmatrix}4\\4\\0\end{pmatrix} + v \cdot \begin{pmatrix}0\\0\\1\end{pmatrix}, \text{ wobei } v \in \mathbb{R}$$

Würde man nach gemeinsamen Punkten suchen, müsste aufgrund der dritten Koordinate der Geradengleichungen $v = 0$ gesetzt werden. Für $v = 0$ ergibt sich aber kein passender Wert von u. Damit haben die beiden Geradengleichungen (wenn man sie gleichsetzen würde) keine passenden Werte für v und u. Weil die Geraden g und h offenbar nicht parallel sind, sind sie daher windschief.

Alternativ (anschaulich): Weil die Gerade h eine Kante des Quaders enthält, ist sie senkrecht zur Grundfläche ABCO. Damit hat die Gerade h mit dieser Grundfläche nur den Eckpunkt B gemeinsam. Da die Gerade durch die Punkte A und C nicht den Punkt B enthält, haben damit die Geraden g und h keine gemeinsamen Punkte und sind damit windschief (weil sie offenbar nicht parallel sind).

a3) Zunächst stellt man wie in Teilaufgabe a2 eine Gleichung der Geraden ℓ durch die Punkte B und H auf. Es ergibt sich:

$$\ell\colon\ \vec{x} = \overrightarrow{OB} + r\cdot\overrightarrow{BH} = \begin{pmatrix}4\\4\\0\end{pmatrix} + r\cdot\left(\begin{pmatrix}0\\0\\3\end{pmatrix} - \begin{pmatrix}4\\4\\0\end{pmatrix}\right) = \begin{pmatrix}4\\4\\0\end{pmatrix} + r\cdot\begin{pmatrix}-4\\-4\\3\end{pmatrix} \text{ mit } r\in\mathbb{R}$$

Den Abstand d(ℓ, g) der beiden Geraden kann man durch folgende Abstandsformel berechnen:

$$d(\ell, g) = \frac{|(\overrightarrow{OA} - \overrightarrow{OB}) \circ \vec{w}\,|}{|\vec{w}\,|}$$

Der Vektor $\vec{w}$ muss erst ermittelt werden. Er ist zu den beiden Richtungsvektoren $\overrightarrow{AC}$ und $\overrightarrow{BH}$ der Geraden g und ℓ senkrecht. Solch einen senkrechten Vektor kann man mithilfe des Vektorproduktes errechnen. Es gilt hierfür:

$$\overrightarrow{AC}\times\overrightarrow{BH} = \begin{pmatrix}-4\\4\\0\end{pmatrix}\times\begin{pmatrix}-4\\-4\\3\end{pmatrix} = \begin{pmatrix}12\\12\\32\end{pmatrix} \quad\Rightarrow\quad \vec{w} = \begin{pmatrix}3\\3\\8\end{pmatrix}$$

Somit gilt für den Abstand d(ℓ, g) der Geraden:

$$d(\ell, g) = \frac{|(\overrightarrow{OA} - \overrightarrow{OB}) \circ \vec{w}\,|}{|\vec{w}\,|} = \frac{\left|\left(\begin{pmatrix}4\\0\\0\end{pmatrix} - \begin{pmatrix}4\\4\\0\end{pmatrix}\right)\circ\begin{pmatrix}3\\3\\8\end{pmatrix}\right|}{\sqrt{3^2+3^2+8^2}} = \frac{\left|\begin{pmatrix}0\\-4\\0\end{pmatrix}\circ\begin{pmatrix}3\\3\\8\end{pmatrix}\right|}{\sqrt{82}} = \frac{|-12|}{\sqrt{82}} \approx 1{,}33$$

Der Abstand der beiden Geraden beträgt also etwa 1,33 LE.

a4) Für den Flächeninhalt F_{ABC} eines von zwei Vektoren $\vec{a}$ und $\vec{b}$ aufgespannten Dreiecks ABC gilt allgemein:

$$F_{ABC} = \frac{1}{2}\,|\vec{a}\times\vec{b}\,|$$

Für den vorliegenden Fall des Dreiecks ACH gilt daher:

$$F_{AHC} = \frac{1}{2}\,|\overrightarrow{AC}\times\overrightarrow{AH}\,| = \frac{1}{2}\cdot\left|\begin{pmatrix}-4\\4\\0\end{pmatrix}\times\begin{pmatrix}-4\\0\\3\end{pmatrix}\right| = \frac{1}{2}\cdot\left|\begin{pmatrix}12\\12\\16\end{pmatrix}\right| = \frac{1}{2}\cdot 4\cdot\left|\begin{pmatrix}3\\3\\4\end{pmatrix}\right|$$
$$= 2\cdot\sqrt{34} \approx 11{,}66$$

Der Flächeninhalt des Dreiecks ACH beträgt also etwa 11,66 FE.

b1) Offenbar schneiden sich die x_1x_2-Ebene und die Ebene E_t (oder sind identisch).

Für den Schnittwinkel α zwischen zwei sich schneidenden Ebenen mit den Normalenvektoren $\vec{n}_1$ und $\vec{n}_2$ gilt allgemein:

$$\cos(\alpha) = \frac{|\vec{n}_1 \circ \vec{n}_2|}{|\vec{n}_1| \cdot |\vec{n}_2|}$$

Für die vorliegende Situation mit den beiden Normalenvektoren $\begin{pmatrix} t \\ t \\ -4 \end{pmatrix}$ (direkt abzulesen aus der Ebenengleichung von E_t) und $\begin{pmatrix} 0 \\ 0 \\ 1 \end{pmatrix}$ (zur x_1x_2-Ebene senkrechter Vektor) ergibt sich daraus:

$$\cos(\alpha) = \frac{\left|\begin{pmatrix} t \\ t \\ -4 \end{pmatrix} \circ \begin{pmatrix} 0 \\ 0 \\ 1 \end{pmatrix}\right|}{\left|\begin{pmatrix} t \\ t \\ -4 \end{pmatrix}\right| \cdot \left|\begin{pmatrix} 0 \\ 0 \\ 1 \end{pmatrix}\right|} = \frac{|-4|}{\sqrt{t^2 + t^2 + (-4)^2} \cdot \sqrt{1}} = \frac{4}{\sqrt{2t^2 + 16}}$$

Da $\cos(60°) = \frac{1}{2}$ gilt, ergibt sich eine Gleichung, aus der man den Parameter t ermitteln kann:

$$\frac{1}{2} = \frac{4}{\sqrt{2t^2 + 16}} \quad \Leftrightarrow \quad 8 = \sqrt{2t^2 + 16} \quad \Leftrightarrow \quad 64 = 2t^2 + 16 \quad \Leftrightarrow \quad 24 = t^2$$

$$\Leftrightarrow \quad t = 2\sqrt{6} \text{ oder } t = -2\sqrt{6}$$

Daraus ergeben sich die beiden möglichen reellen Werte für t mit etwa $\pm 4{,}9$.

b2) Nach der Aufgabenstellung liegen alle Punkte P_t auf der Geraden h.

Seien I und J die beiden nicht in der Abbildung bezeichneten Punkte (siehe nebenstehende Abbildung). Um zeichnerisch den Wert von t zu bestimmen, müsste man die Gerade durch die Punkte A und I und die Gerade durch die Punkte C und J einzeichnen. Der Schnittpunkt dieser beiden Geraden mit der Geraden h sei S. Die dritte Koordinate dieses Schnittpunktes ist nun der Wert von t.

Hier ergibt sich 6.

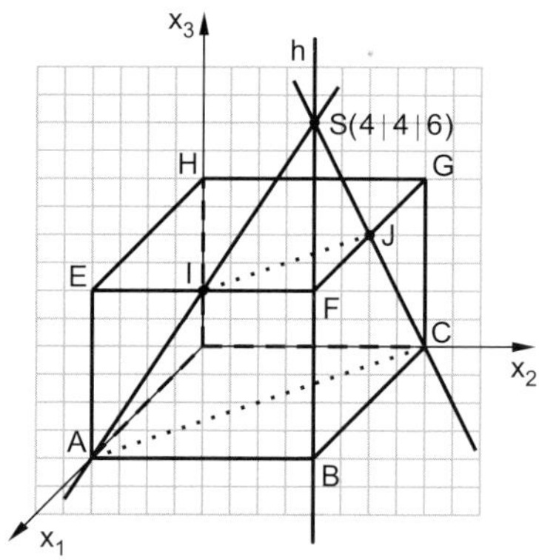

b3) Nun sei $t = 6$. Dann ist $S = P_6(4|4|6)$ die Spitze der Pyramide ABCS.

Für das Volumen V dieser Pyramide gilt mit den schon errechneten Längen:

$$V_{ABCS} = \frac{1}{3} \cdot F_{ABC} \cdot h_{\text{Pyramide}_{ABCS}} = \frac{1}{3} \cdot \frac{1}{2} \cdot |\overrightarrow{AB}| \cdot |\overrightarrow{BC}| \cdot |\overrightarrow{BS}| = 16$$

Zeichnerisch ergeben sich für $t = 6$ die Koordinaten von I und J zu $I(4|2|3)$ und $J(2|4|3)$. Damit erhält man für die Längen der Strecken $\overline{IF}$ und $\overline{FJ}$ jeweils 2.

Alternativ: Rechnerisch ergeben sich dieselben Längen z. B. durch die Anwendung des zweiten Strahlensatzes aus den Verhältnisgleichungen

$\frac{6}{4} = \frac{3}{|\overrightarrow{IF}|}$ und $\frac{6}{4} = \frac{3}{|\overrightarrow{FJ}|}$.

Für das Volumen V' der Pyramide IFJS ergibt sich mit den oben errechneten Strecken entsprechend:

$$V_{IFJS} = \frac{1}{3} \cdot F_{IFJ} \cdot h_{Pyramide_{IFJS}} = \frac{1}{3} \cdot \frac{1}{2} \cdot |\overrightarrow{IF}| \cdot |\overrightarrow{FJ}| \cdot |\overrightarrow{FS}| = 2$$

Für das Volumen des Teilkörpers mit dem Punkt B, also für das Volumen des Pyramidenstumpfes ABCIFJ, gilt nun die Differenz:

$$V_{ABCIFJ} = V_{ABCS} - V_{IFJS} = 16 - 2 = 14$$

Das Volumen des Teilkörpers, zu dem der Punkt B gehört, beträgt also 14 VE.

b4) Es gilt: Für reelle t mit $0 < t \leq 3$ oder $-3 \leq t < 0$ ist die Schnittfigur der Ebene E_t mit dem gegebenen Quader ein Dreieck.

Sei wie oben P_t ein Punkt auf der Geraden h. Offenbar sind stets A und C zwei verschiedene Punkte des Dreiecks ACP_t. Sei t zunächst größer oder gleich null. Wenn $t = 0$ ist, dann ist $P_t = B$ und somit liegt die Ebene E_t in der Grundfläche des Quaders und die Schnittfläche ist das Quadrat OABC und damit kein Dreieck.

Ist $t > 0$, so ist die Schnittfigur der Ebene E_t mit dem Quader nur dann ein Dreieck, wenn anschaulich P_t nicht „über" dem Punkt F auf h liegt, da sonst zwei weitere Schnittpunkte der Ebene mit den Kanten $\overline{EF}$ und $\overline{FG}$ entstehen (wie bei Teilaufgabe b2 die Punkte I und J). Also muss für die dritte Koordinate des Punktes P_t $0 < t \leq 3$ gelten.

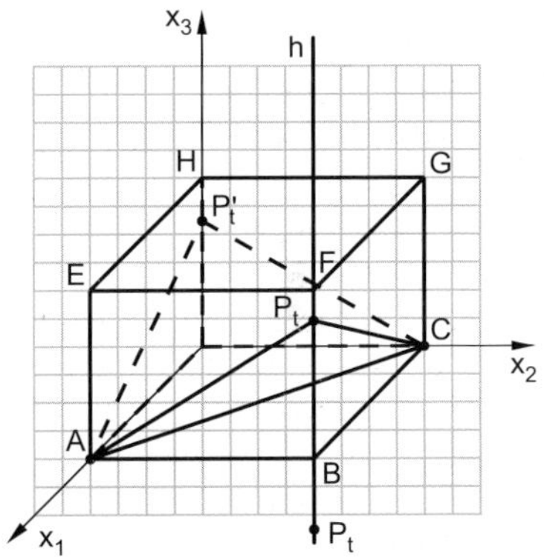

Analog kann man im Fall $-3 \leq t < 0$ argumentieren, d. h., anschaulich bewegt sich der Punkt P_t auf der Geraden h nach „unten". Damit nun die Schnittfläche ein Dreieck ergibt, muss sich der Punkt P'_t innerhalb der Strecke $\overline{OH}$ bewegen, wobei er hier den Punkt H auch annehmen darf (siehe nebenstehende Abbildung).

c1) Offenbar ist Q_t auch der Schnittpunkt der Geraden durch die Punkte A und P_t mit der Geraden durch die Punkte E und F.

Die zugehörigen Geradengleichungen lauten:

$$g_{AP_t}: \vec{x} = \begin{pmatrix}4\\0\\0\end{pmatrix} + r \cdot \left(\begin{pmatrix}4\\4\\t\end{pmatrix} - \begin{pmatrix}4\\0\\0\end{pmatrix}\right) = \begin{pmatrix}4\\0\\0\end{pmatrix} + r \cdot \begin{pmatrix}0\\4\\t\end{pmatrix} \text{ mit } r \in \mathbb{R}$$

$$g_{EF}: \vec{x} = \begin{pmatrix}4\\0\\3\end{pmatrix} + s \cdot \left(\begin{pmatrix}4\\4\\3\end{pmatrix} - \begin{pmatrix}4\\0\\3\end{pmatrix}\right) = \begin{pmatrix}4\\0\\3\end{pmatrix} + s \cdot \begin{pmatrix}0\\4\\0\end{pmatrix} \text{ mit } s \in \mathbb{R}$$

Den Schnittpunkt Q_t der Geraden erhält man durch Gleichsetzen, es gilt also:

$$g_{AP_t} \cap g_{EF}: \begin{pmatrix}4\\0\\0\end{pmatrix} + r \cdot \begin{pmatrix}0\\4\\t\end{pmatrix} = \begin{pmatrix}4\\0\\3\end{pmatrix} + s \cdot \begin{pmatrix}0\\4\\0\end{pmatrix}$$

Aus diesem System erhält man sofort $4r = 4s$, also $r = s$, und $t \cdot r = 3$, also $r = \frac{3}{t}$. Durch Einsetzen von $r = s = \frac{3}{t}$ in eine der beiden Gleichungen ergeben sich die Koordinaten des gesuchten Schnittpunktes zu:

$$\overrightarrow{OQ_t} = \begin{pmatrix}4\\0\\0\end{pmatrix} + \frac{3}{t} \cdot \begin{pmatrix}0\\4\\t\end{pmatrix} = \begin{pmatrix}4\\\frac{12}{t}\\3\end{pmatrix} \quad \Rightarrow \quad Q_t\left(4 \,\middle|\, \frac{12}{t} \,\middle|\, 3\right)$$

Alternativ: Man kann auch die Ebene E_t mit der Geraden durch die Punkte E und F schneiden. Eine Gleichung der Geraden k durch E und F lautet:

$$k: \vec{x} = \begin{pmatrix}4\\0\\3\end{pmatrix} + s \cdot \begin{pmatrix}0\\1\\0\end{pmatrix} \text{ mit } s \in \mathbb{R}$$

Für den Schnitt erhält man dann:

$$k \cap E_t: t \cdot 4 + t \cdot s - 4 \cdot 3 - 4 \cdot t = 0 \quad \Leftrightarrow \quad t \cdot s = 12 \quad \Leftrightarrow \quad s = \frac{12}{t}$$

Wegen $\overrightarrow{OQ_t} = \begin{pmatrix}4\\0\\3\end{pmatrix} + \frac{12}{t} \cdot \begin{pmatrix}0\\1\\0\end{pmatrix} = \begin{pmatrix}4\\\frac{12}{t}\\3\end{pmatrix}$ hat der Schnittpunkt die Koordinaten:

$$Q_t\left(4 \,\middle|\, \frac{12}{t} \,\middle|\, 3\right)$$

c2) Analog wie bei Teilaufgabe c1 (oder durch Symmetrieüberlegungen) erhält man auch die Koordinaten von R_t. Sie lauten:

$$R_t\left(\frac{12}{t} \,\middle|\, 4 \,\middle|\, 3\right)$$

Für die Länge der Strecke $\overline{Q_t R_t}$ gilt:

$$|\overrightarrow{Q_t R_t}| = \left|\begin{pmatrix}\frac{12}{t} - 4\\4 - \frac{12}{t}\\3 - 3\end{pmatrix}\right| = \sqrt{\left(\frac{12}{t} - 4\right)^2 + \left(4 - \frac{12}{t}\right)^2 + 0^2} = \sqrt{2 \cdot \left(\frac{12}{t} - 4\right)^2}$$

$$= \left|\frac{12}{t} - 4\right| \cdot \sqrt{2}$$

Da $t > 3$ gilt (und Streckenlängen stets nicht negativ sind), folgt $\frac{12}{t} - 4 < 0$. Damit gilt für die Länge der Strecke $\overline{Q_t R_t}$:

$$|\overrightarrow{Q_t R_t}| = \left| \frac{12}{t} - 4 \right| \cdot \sqrt{2} = -\left(\frac{12}{t} - 4 \right) \cdot \sqrt{2} = \left(4 - \frac{12}{t} \right) \cdot \sqrt{2}$$

d) Eine zugehörige Aufgabe könnte lauten: Man bestimme die beiden reellen Werte des Parameters t, für die der Punkt B von der Ebene E_t den Abstand 2 hat.

Begründung:
Der Abstand d(Q, E) eines Punktes Q (Ortsvektor $\vec{q}$) von einer Ebene E mit der Gleichung E: $(\vec{x} - \vec{p}) \cdot \vec{n}_0 = 0$ wird allgemein berechnet durch den Ausdruck

$$d(Q, E) = |(\vec{q} - \vec{p}) \circ \vec{n}_0|,$$

wobei $\vec{p}$ der Ortsvektor eines Punktes der Ebene und $\vec{n}_0$ ein Normaleneinheitsvektor zur Ebene ist.

Für die Ebene E_t gilt nach Aufgabenstellung E_t: $t \cdot x_1 + t \cdot x_2 - 4 \cdot x_3 - 4 \cdot t = 0$,

daher ist $\begin{pmatrix} t \\ t \\ -4 \end{pmatrix}$ ein Normalenvektor dieser Ebene.

Es gilt d(Q, E) = 2, also lautet die Gleichung zur Bestimmung des Abstandes des Punktes $B(4\,|\,4\,|\,0)$ zur Ebene E_t:

$$2 = d(B, E_t) = \left| \left(\begin{pmatrix} 4 \\ 4 \\ 0 \end{pmatrix} - \begin{pmatrix} 4 \\ 0 \\ 0 \end{pmatrix} \right) \circ \frac{1}{\left| \begin{pmatrix} t \\ t \\ -4 \end{pmatrix} \right|} \begin{pmatrix} t \\ t \\ -4 \end{pmatrix} \right|$$

$$= \left| \left(\begin{pmatrix} 4 \\ 4 \\ 0 \end{pmatrix} \circ \begin{pmatrix} t \\ t \\ -4 \end{pmatrix} - \begin{pmatrix} 4 \\ 0 \\ 0 \end{pmatrix} \circ \begin{pmatrix} t \\ t \\ -4 \end{pmatrix} \right) \cdot \frac{1}{\sqrt{t^2 + t^2 + 16}} \right|$$

$$= \left| \frac{t \cdot 4 + t \cdot 4 - 4 \cdot 0 - 4 \cdot t}{\sqrt{t^2 + t^2 + 16}} \right|$$

Diese letzte Gleichung hat nun die beiden angegebenen Lösungen für t.

Schleswig-Holstein – Kernfach Mathematik
2018 – Aufgabe 4: Stochastik

Vorbemerkung: Alle in Ihren Lösungen verwendeten Zufallsgrößen müssen explizit eingeführt werden. Machen Sie auch Angaben über die Verteilung der jeweiligen Zufallsgrößen.

Eine Firma stellt Flachbildschirme her. Im Mittel ist einer von fünf hergestellten Bildschirmen fehlerhaft.

a) Es soll angenommen werden, dass die Anzahl fehlerhafter Geräte unter zufällig ausgewählten Bildschirmen durch eine binomialverteilte Zufallsgröße beschrieben werden kann.
Berechnen Sie die Wahrscheinlichkeiten der folgenden Ereignisse:

A: „Von 50 zufällig ausgewählten Bildschirmen sind höchstens 8 fehlerhaft."

B: „Von 200 zufällig ausgewählten Bildschirmen sind mehr als 15 % und weniger als 25 % fehlerhaft."

C: „Von 10 zufällig ausgewählten Bildschirmen sind genauso viele fehlerhaft, wie zu erwarten ist." 8 P

b) Fehler der Bildschirme treten am häufigsten in Form eines defekten Displays sowie in Form eines defekten Netzteils auf. Für einen zufällig ausgewählten Bildschirm beträgt die Wahrscheinlichkeit dafür, dass

- das Display defekt ist, 10,7 %,
- das Display und das Netzteil defekt sind, 1 %,
- weder das Display noch das Netzteil defekt ist, 87,3 %.

b1) Stellen Sie den Sachverhalt in einer vollständig ausgefüllten Vierfeldertafel dar. 4 P

b2) Berechnen Sie die Wahrscheinlichkeit dafür, dass entweder das Display oder das Netzteil defekt ist. 2 P

b3) Berechnen Sie die Wahrscheinlichkeit dafür, dass ein Bildschirm mit einem defekten Netzteil ein nicht-defektes Display hat. 2 P

b4) Untersuchen Sie, ob die beiden betrachteten Defekte unabhängig voneinander auftreten. 3 P

c) Ein Mitarbeiter der Firma bezweifelt, dass im Mittel einer von fünf Bildschirmen fehlerhaft ist. Um einen Schätzwert für den Anteil fehlerhafter Geräte zu ermitteln, zieht er eine Stichprobe vom Umfang 180. In der Stichprobe sind 27 Bildschirme fehlerhaft.

c1) Zeigen Sie, dass der Mitarbeiter bei diesem Testergebnis die Hypothese „Im Mittel ist einer von fünf Bildschirmen fehlerhaft“ auf einem Signifikanzniveau von 5 % nicht verwerfen kann.
Entscheiden Sie, ob die Zweifel des Mitarbeiters damit ausgeräumt sind. 9 P

Bei hinreichend großem Stichprobenumfang n kann aus der relativen Häufigkeit h, die sich bei der Durchführung des Tests ergibt, die Obergrenze p_{max} bzw. Untergrenze p_{min} des 95 %-Konfidenzintervalls folgendermaßen näherungsweise berechnet werden:

$$p_{max} \approx h + 1{,}96 \cdot \sqrt{\frac{h \cdot (1-h)}{n}}; \; p_{min} \approx h - 1{,}96 \cdot \sqrt{\frac{h \cdot (1-h)}{n}}$$

c2) Bestimmen Sie damit das zu dem Testergebnis 27 gehörende 95 %-Konfidenzintervall. 3 P

c3) Zeigen Sie mithilfe der oben genannten Näherungsformeln allgemein, dass sich die Länge eines 95 %-Konfidenzintervalls bei Verdopplung des Stichprobenumfangs n und gleicher relativer Häufigkeit h verkleinert, aber nicht halbiert. 4 P

d) Tatsächlich sind 20 % aller Bildschirme fehlerhaft.
Bei einer abschließenden Prüfung werden alle fehlerfreien Bildschirme auch als fehlerfrei eingestuft. Die Wahrscheinlichkeit dafür, dass ein fehlerhafter Bildschirm als fehlerhaft eingestuft wird, wird mit x bezeichnet.
Ein im Rahmen der Prüfung als fehlerfrei eingestufter Bildschirm wird zufällig ausgewählt.
Bestimmen Sie den kleinstmöglichen Wert von x, für den die Wahrscheinlichkeit dafür, dass dieser Bildschirm fehlerhaft ist, höchstens 5 % beträgt. 5 P

Hinweise und Tipps

Teilaufgabe a

- Betrachten Sie binomialverteilte Zufallsgrößen mit den Parametern $p = 0{,}2$ und einem zu dem jeweiligen Ereignis passenden n.
- Es gilt: $P(a < X < b) = P(X \le b-1) - P(X \le a)$ für $a, b \in \mathbb{N}$ mit $a < b$
- Der Erwartungswert μ einer binomialverteilten Zufallsgröße berechnet sich zu $\mu = n \cdot p$.

Teilaufgabe b1

- Führen Sie die folgenden Bezeichnungen für die zu betrachtenden Ereignisse ein: D: „Das Display ist defekt.“; N: „Das Netzteil ist defekt.“
- Im Text sind die Wahrscheinlichkeiten für die Ereignisse D, $D \cap N$ und $\overline{D} \cap \overline{N}$ gegeben.
- Tragen Sie diese Wahrscheinlichkeiten in die Vierfeldertafel ein und füllen Sie dann die verbleibenden Felder.

Teilaufgabe b2

- Die zu bestimmende Wahrscheinlichkeit ist die Summe zweier Wahrscheinlichkeiten aus den inneren Feldern der Vierfeldertafel.

Teilaufgabe b3

- Zu bestimmen ist die bedingte Wahrscheinlichkeit $P_N(\overline{D})$.

Teilaufgabe b4

- Zwei Ereignisse A und B sind stochastisch unabhängig, wenn $P(A) \cdot P(B) = P(A \cap B)$ gilt.

Teilaufgabe c1

- Betrachten Sie die binomialverteilte Zufallsgröße X, die die Anzahl der defekten Bildschirme unter den 180 ausgewählten beschreibt.
- Untersuchen Sie, ob das Stichprobenergebnis 27 im Verwerfungsbereich der zweiseitig auf einem Signifikanzniveau von 5 % zu testenden Hypothese H_0: $p = 0{,}2$ liegt.
- Das ist genau dann der Fall, wenn $P(X \le 27) \le 0{,}025$ oder $P(X \le 26) \ge 0{,}975$ gilt.
- Interpretieren Sie die Tatsache, dass die Nullhypothese aufgrund des Testergebnisses nicht verworfen werden kann.

Teilaufgabe c2

- Berechnen Sie h aus dem Testergebnis und dem Stichprobenumfang.
- Nutzen Sie die gegebenen Formeln zur Berechnung der Grenzen des Konfidenzintervalls.

Teilaufgabe c3

Die Länge des Konfidenzintervalls ist die Differenz aus Ober- und Untergrenze dieses Intervalls.

Stellen Sie einen Term für diese Differenz auf und interpretieren Sie die Abhängigkeit des Termwertes vom Stichprobenumfang n.

Teilaufgabe d

Definieren Sie die Ereignisse D: „Bildschirm ist defekt" und F: „Bildschirm ist als fehlerfrei eingestuft".

Stellen Sie die Situation in einem zweistufigen Baumdiagramm dar und beschriften Sie die Äste des Diagramms mit bekannten Wahrscheinlichkeiten bzw. in Abhängigkeit von der zu bestimmenden Wahrscheinlichkeit x.

Stellen Sie aus der Bedingung $P_F(D) \le 0{,}05$ eine Ungleichung zur Bestimmung von x auf und lösen Sie diese Ungleichung.

Lösung

a) Die Zufallsgröße X_n beschreibe die Anzahl der fehlerhaften Bildschirme unter den n ausgewählten. Sie ist binomialverteilt mit den Parametern n und $p=0{,}2$.

$P(A)=P(X_{50}\leq 8)\approx 0{,}3073=30{,}73\ \%$

$P(B)=P(200\cdot 15\ \%<X_{200}<200\cdot 25\ \%)=P(30<X_{200}<50)$
$\quad =P(X_{200}\leq 49)-P(X_{200}\leq 30)\approx 0{,}9506-0{,}0430=0{,}9076=90{,}76\ \%$

Mit $E(X_{10})=10\cdot 0{,}2=2$ gilt $P(C)=P(X_{10}=2)\approx 0{,}3020=30{,}20\ \%$.

b1) D: „Das Display ist defekt."
N: „Das Netzteil ist defekt."

	D	$\overline{D}$	
N	1 %	2 %	3 %
$\overline{N}$	9,7 %	87,3 %	97 %
	10,7 %	89,3 %	100 %

b2) $P(N\cap\overline{D})+P(\overline{N}\cap D)=2\ \%+9{,}7\ \%=11{,}7\ \%$

b3) $P_N(\overline{D})=\dfrac{P(N\cap\overline{D})}{P(N)}=\dfrac{0{,}02}{0{,}03}\approx 0{,}6667=66{,}67\ \%$

b4) $P(D)\cdot P(N)=0{,}107\cdot 0{,}03=0{,}00321\neq 0{,}01=P(N\cap D)$
Die beiden Defekte treten also nicht unabhängig voneinander auf.

Alternative: Es ist $P(D)=0{,}107$ und $P_N(D)=1-P_N(\overline{D})\approx 0{,}3333$. Wegen $P(D)\neq P_N(D)$ treten die beiden Defekte nicht unabhängig voneinander auf.

c1) Die Zufallsgröße X beschreibe die Anzahl der defekten Bildschirme unter 180 ausgewählten. X ist binomialverteilt mit den Parametern $n=180$ und $p=0{,}2$.

Die Hypothese H_0: $p=0{,}2$ ist zweiseitig zu testen.

Sie kann auf dem Signifikanzniveau von 5 % verworfen werden, wenn für das Testergebnis k gilt:
$P(X\leq k)\leq 2{,}5\ \%$ oder $P(X\leq k-1)\geq 97{,}5\ \%$

Wegen $P(X\leq 27)\approx 0{,}0530>2{,}5\ \%$ und $P(X\leq 26)\approx 0{,}0346<97{,}5\ \%$ liegt 27 nicht im Verwerfungsbereich der Hypothese H_0: $p=0{,}2$. Damit kann die Hypothese H_0 bei diesem Testergebnis nicht auf dem Signifikanzniveau von 5 % verworfen werden.

Alternative: Es kann auch der Verwerfungsbereich der Hypothese H_0: $p=0{,}2$ bestimmt werden. Dieser ist die Menge $\{0;\ 1;\ \ldots;\ k_1\}\cup\{k_2;\ \ldots;\ 179;\ 180\}$, wobei k_1 die größte natürliche Zahl ist, für die $P(X\leq k_1)\leq 2{,}5\ \%$ gilt, und k_2 die kleinste natürliche Zahl ist, für die $P(X\geq k_2)\leq 2{,}5\ \% \Leftrightarrow P(X\leq k_2-1)\geq 97{,}5\ \%$ gilt.

Daraus ergibt sich $k_1 = 25$ und $k_2 = 48$. Das Testergebnis 27 liegt also nicht im Verwerfungsbereich der Hypothese H_0: $p = 0{,}2$. Damit kann die Hypothese H_0 bei diesem Testergebnis nicht auf dem Signifikanzniveau von 5 % verworfen werden.

Das heißt aber auch nicht, dass die Zweifel des Mitarbeiters ausgeräumt sind, denn das Nichtverwerfen einer Hypothese darf nicht als Stützung der Hypothese gedeutet werden.

c2) Mit $h = \frac{27}{180} = 0{,}15$ gilt:

$$p_{max} \approx 0{,}15 + 1{,}96 \cdot \sqrt{\frac{0{,}15 \cdot 0{,}85}{180}} \approx 0{,}2022 \text{ und}$$

$$p_{min} \approx 0{,}15 - 1{,}96 \cdot \sqrt{\frac{0{,}15 \cdot 0{,}85}{180}} \approx 0{,}0978$$

Damit ist das 95 %-Konfidenzintervall zum Testergebnis 27 etwa das Intervall [9,78 %; 20,22 %].

c3) Unter den gegebenen Voraussetzungen ist die Länge ℓ des 95 %-Konfidenzintervalls gegeben durch:

$$\ell = p_{max} - p_{min} = 2 \cdot 1{,}96 \cdot \sqrt{\frac{h \cdot (1-h)}{n}} = \frac{3{,}92 \cdot \sqrt{h \cdot (1-h)}}{\sqrt{n}}$$

Bei festem h ist ℓ also umgekehrt proportional zur Wurzel aus n, bei Verdopplung von n sinkt ℓ also nur auf das $\frac{1}{\sqrt{2}}$-Fache (sinkt also etwa auf das 0,7-Fache) des Ausgangswertes und wird damit nicht halbiert.

d) Mit den Ereignissen
D: „Bildschirm ist defekt“
und
F: „Bildschirm ist als fehlerfrei eingestuft“
lässt sich die Situation durch das nebenstehende Baumdiagramm darstellen.

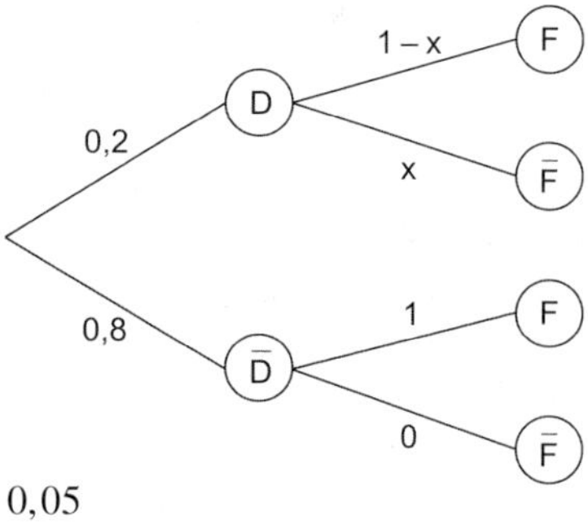

Aus der Bedingung $P_F(D) \leq 0{,}05$ folgt:

$$P_F(D) = \frac{P(D \cap F)}{P(F)} = \frac{0{,}2 \cdot (1-x)}{0{,}8 + 0{,}2 \cdot (1-x)} \leq 0{,}05$$

$$\Leftrightarrow \quad 0{,}2 \cdot (1-x) \leq 0{,}05 \cdot (0{,}8 + 0{,}2 \cdot (1-x))$$

$$\Leftrightarrow \quad x \geq \frac{15}{19}$$

Der kleinstmögliche Wert von x ist $\frac{15}{19}$.

Schleswig-Holstein – Kernfach Mathematik
2018 – Aufgabe 1: Analysis (CAS)

Gegeben ist die Funktion f mit

$$f(x) = -\frac{1}{10^6}x^4 + \frac{4}{9\,375}x^3 - \frac{13}{250}x^2 + \frac{8}{5}x + 140$$

mit dem Definitionsbereich $\mathbb{R}$.

a) a1) Berechnen Sie die Koordinaten der Extrempunkte des Graphen von f und bestimmen Sie die Art der Extrempunkte.
[zur Kontrolle: Die Extremstellen sind 20, 100 und 200.] 5 P

a2) Geben Sie die Koordinaten des Schnittpunkts des Graphen von f mit der y-Achse an.
Begründen Sie ohne weitere Rechnung, dass f genau zwei Nullstellen hat. 4 P

a3) Für $50 < x < 130$ gibt es ein Paar von x-Werten, die sich um 60 unterscheiden und für die die zugehörigen Funktionswerte übereinstimmen.
Bestimmen Sie dieses Paar von x-Werten und geben Sie den zugehörigen Funktionswert an. 4 P

b) Der Graph von f schließt mit den Koordinatenachsen und der Geraden mit der Gleichung $x = 240$ ein Flächenstück ein.

b1) Bestimmen Sie eine Gleichung der Geraden, die parallel zur y-Achse verläuft und dieses Flächenstück halbiert. 4 P

Für jedes x mit $0 < x \leq 240$ ist durch $A(0\,|\,0)$, $B_x(x\,|\,0)$ und $C_x(x\,|\,f(x))$ ein Dreieck AB_xC_x gegeben.
Ferner ist die Funktion d mit $d(x) = \frac{1}{2} \cdot x \cdot f(x)$ gegeben.
Die Gleichung $d'(x) = 0$ hat genau eine Lösung u mit $0 < u \leq 240$.

b2) Berechnen Sie d(u). 2 P

b3) Erläutern Sie die geometrische Bedeutung der Funktionswerte d(x).
Untersuchen Sie die besondere Bedeutung des Wertes d(u) in diesem Zusammenhang. 4 P

Diabetespatientinnen und -patienten haben die Möglichkeit, mithilfe sogenannter CGM-Geräte ihren Glukosewert, d. h. die Glukosekonzentration im Blut, ständig zu messen. Die oben gegebene Funktion f beschreibt für $0 \leq x \leq 240$ modellhaft die Entwicklung des Glukosewerts eines Patienten.

Dabei ist x die seit Beobachtungsbeginn vergangene Zeit in Minuten und f(x) der Glukosewert in Milligramm pro Deziliter $\left(\frac{mg}{d\ell}\right)$.

Die Abbildung zeigt den Graphen von f.

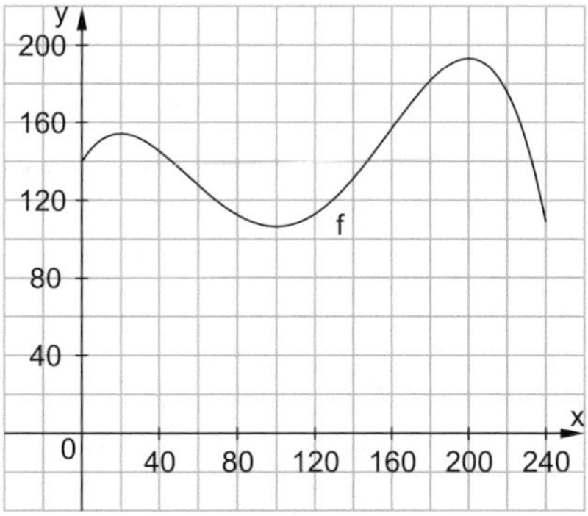

c) c1) Hohe Glukosewerte über längere Zeit gelten als Risikofaktor. Ermitteln Sie anhand der Grafik für den betrachteten Zeitraum, wie lange Glukosewerte über $170\,\frac{mg}{d\ell}$ gemessen werden. 3 P

c2) Berechnen Sie für $0 \leq x \leq 240$ denjenigen Zeitpunkt, zu dem der Glukosewert am stärksten ansteigt. 4 P

c3) Ermitteln Sie rechnerisch für $0 \leq x \leq 240$, wie lange die momentane Änderungsrate des Glukosewerts insgesamt zwischen $-0{,}3\,\frac{mg}{d\ell}$ pro Minute und $0{,}3\,\frac{mg}{d\ell}$ pro Minute lag. 4 P

d) Zum Zeitpunkt 240 Minuten nach Beobachtungsbeginn nimmt der Patient Traubenzucker zu sich. Die anschließende Entwicklung des Glukosewerts soll im Modell mithilfe einer Funktion g beschrieben werden, die folgende Bedingung erfüllt:

Die beiden Werte, die das Modell zum Zeitpunkt 240 Minuten nach Beobachtungsbeginn für den Glukosewert und für dessen momentane Änderungsrate liefert, sollen unabhängig davon sein, ob sie mithilfe der Funktion f oder mithilfe der Funktion g ermittelt werden.

Zur Bestimmung eines Funktionsterms von g sollen zunächst die in $\mathbb{R}$ definierten Funktionen h_k mit $h_k(x) = 50 - 50 \cdot (k \cdot x + 1)^2 \cdot e^{-k \cdot x}$ mit $k > 0$ betrachtet werden.

d1) Bestimmen Sie den Wert von k so, dass die momentane Änderungsrate, die sich unter Verwendung von h_k für den Zeitpunkt 0 ergibt, mit der momentanen Änderungsrate übereinstimmt, die f für den Zeitpunkt 240 Minuten nach Beobachtungsbeginn liefert. 2 P

d2) Die für die Funktion g angegebene Bedingung lässt sich erfüllen, wenn der Graph von g durch eine geeignete Verschiebung aus dem Graphen von h_k für $k = \frac{308}{3125}$ hervorgeht. Beschreiben Sie diese Verschiebung und geben Sie einen Funktionsterm von g an. 4 P

Hinweise und Tipps

Teilaufgabe a1

- Eine notwendige Bedingung für eine Extremstelle x von f ist $f'(x)=0$.
- Hinreichend für eine lokale Maximalstelle x von f ist $f'(x)=0$ und $f''(x)<0$.
- Bestimmen Sie die zu den Extremstellen gehörenden Funktionswerte.

Teilaufgabe a2

- Berechnen Sie den Funktionswert von f an der Stelle 0.
- Argumentieren Sie mit dem Verhalten der Funktion f für sehr große/sehr kleine Argumente x und nutzen Sie die Ergebnisse der vorigen Teilaufgabe.
- Beachten Sie, dass der Graph von f genau einen Tiefpunkt mit positiver y-Koordinate hat.

Teilaufgabe a3

- Zu bestimmen ist x so, dass die Funktionswerte von f an den Stellen x und $x+60$ übereinstimmen.
- Lösen Sie die Gleichung $f(x)=f(x+60)$.
- Berechnen Sie den Funktionswert an den so ermittelten Stellen.

Teilaufgabe b1

- Die Gerade wird durch eine Gleichung der Form $x=k$ beschrieben.
- Die im Text genannte Bedingung lässt sich schreiben in der Form $\int_0^k f(x)\,dx = \ldots$
- Dies ist eine Gleichung, von deren Lösungen eine das zu bestimmende k ist.

Teilaufgabe b2

- Bestimmen Sie die Lösungen der Gleichung $d'(x)=0$.
- Beachten Sie dabei die Einschränkung $0<u\leq 240$.

Teilaufgabe b3

- Interpretieren Sie die Bedeutung von d(x) im Hinblick auf das rechtwinklige Dreieck AB_xC_x.
- Begründen Sie, dass für $x=u$ der Flächeninhalt des Dreiecks AB_xC_x maximal ist.

Teilaufgabe c1

- Zeichnen Sie die Gerade $y=170$ in die Grafik auf dem Arbeitsblatt ein und interpretieren Sie die Schnittstellen mit dem Graphen von f.

Teilaufgabe c2

- Die größte Steigung des Graphen von f liegt an einer Wendestelle von f oder den Rändern des Intervalls [0; 240] vor.
- Notwendig für eine Wendestelle x von f ist $f''(x) = 0$.
- Prüfen Sie, an welcher der infrage kommenden Stellen der Wert der ersten Ableitung maximal ist.

Teilaufgabe c3

- Die im Text genannte Bedingung lässt sich übersetzen in die Ungleichung $|f'(x)| \leq 0{,}3$.

Teilaufgabe d1

- Es ist k so zu bestimmen, dass $h_k'(0) = f'(240)$ gilt.

Teilaufgabe d2

- Der Graph der Funktion z mit $z(x) = f(x - a) + b$ entsteht aus dem Graphen von f durch Verschiebung um a Einheiten in positive x-Richtung und um b Einheiten in positive y-Richtung.
- Beachten Sie die Informationen und Ergebnisse der Teilaufgabe d1.
- Der Graph der Funktion h_k muss um 240 Einheiten (Minuten) in positive x-Richtung und dann so in y-Richtung verschoben werden, dass ein sprungfreier Anschluss an den Graphen von f erfolgt.

Lösung

a1) Notwendig für eine lokale Extremstelle x von f ist $f'(x)=0$.

Es gilt:

$f'(x)=0 \quad \Leftrightarrow \quad x=20 \vee x=100 \vee x=200$

Mit

$f''(20)=-\frac{36}{625}<0,$

$f''(100)=\frac{4}{125}>0$ und

$f''(200)=-\frac{9}{125}<0$

folgt, dass der Graph von f die Hochpunkte

$H_1\left(20 \,\middle|\, \frac{11\,584}{75}\right),$

$H_2\left(200 \,\middle|\, \frac{580}{3}\right)$

und den Tiefpunkt

$T\left(100 \,\middle|\, \frac{320}{3}\right)$

besitzt.

$f(x):=\frac{-1}{10^6}\cdot x^4+\frac{4}{9375}\cdot x^3-\frac{13}{250}\cdot x^2+\frac{8}{5}\cdot x+1$▸	Fertig
$f1(x):=\frac{d}{dx}(f(x))$	Fertig
$f2(x):=\frac{d}{dx}(f1(x))$	Fertig
solve(f1(x)=0,x)	x=20 or x=100 or x=200
f2(20)	$\frac{-36}{625}$
f2(100)	$\frac{4}{125}$
f2(200)	$\frac{-9}{125}$
f(20)	$\frac{11584}{75}$
f(200)	$\frac{580}{3}$
f(100)	$\frac{320}{3}$

a2) Der Schnittpunkt mit der y-Achse ist $S(0\,|\,140)$.

f(0)	140

Da $f(x)\to-\infty$ für $x\to\infty$ und $f(x)\to-\infty$ für $x\to-\infty$ gilt und die y-Koordinate des einzigen Tiefpunkts des Graphen von f positiv ist, hat f genau zwei Nullstellen.

a3) Für $50<x<130$ gilt:

$f(x)=f(x+60) \quad \Leftrightarrow \quad x\approx 69{,}1528$

Die gesuchten x-Werte sind ca. 69,2 und 129,2, der zugehörige Funktionswert ist etwa 120,2.

solve(f(x+60)=f(x),x)	x=-4.37612 or x=69.1528 or x=165.223
f(69.1528)	120.203

b1) Der Ansatz $\int\limits_0^k f(x)\,dx = \int\limits_k^{240} f(x)\,dx$ liefert:

$k \approx -93{,}1605$ oder $k \approx 135{,}461$ oder $k \approx 308{,}916$

Das bedeutet: Die Gerade wird näherungsweise durch die Gleichung $x = 135{,}5$ beschrieben.

$\int_0^k f(x)\,dx = \int_k^{240} f(x)\,dx$	$\frac{-k\cdot(3\cdot k^4 - 1600\cdot k^3 + 260000\cdot k^2 - 12000000}{15000000}$ ▸
$\text{solve}\left(\int_0^k f(x)\,dx = \int_k^{240} f(x)\,dx, k\right)$	$k=-93.1605$ or $k=135.461$ or $k=308.916$

b2) $d'(x) = 0 \;\Leftrightarrow\; x \approx 210{,}627 \vee x \approx -19{,}9266$

Also ist $u \approx 210{,}63$ und damit $d(u) \approx d(210{,}627) \approx 19\,883{,}9$.

$d(x) := \frac{1}{2}\cdot x\cdot f(x)$	*Fertig*
$d1(x) := \frac{d}{dx}(d(x))$	*Fertig*
$\text{solve}(d1(x)=0,x)$	$x=-19.9266$ or $x=210.627$
$d(210.627)$	19883.9

$d(240)$	13113.6

b3) Für $0 < x \le 240$ entspricht der Funktionswert $d(x)$ dem Flächeninhalt des rechtwinkligen Dreiecks AB_xC_x mit rechtem Winkel bei B_x.

Da u die einzige Stelle im Intervall $[0;\, 240]$ ist, an der die erste Ableitung der Funktion d den Wert null annimmt, ferner $d(240) = 13\,113{,}6 < 19\,883{,}9 \approx d(u)$ und $d(x) \to 0$ für $x \to 0$ gilt, nimmt die Funktion d an der Stelle u den maximalen Funktionswert über dem durch die Bedingung $0 < x \le 240$ gegebenen Intervall an. Entsprechend ist das Dreieck AB_uC_u dasjenige mit maximalem Flächeninhalt.

c1) Mithilfe des Graphen von f und der Geraden mit der Gleichung $y = 170$ ergibt sich, dass Glukosewerte über $170\,\frac{\text{mg}}{d\ell}$ zwischen 170 Minuten und 223 Minuten nach Beobachtungsbeginn und damit 53 Minuten lang gemessen wurden.

c2) Die größte Steigung liegt an einer Wendestelle von f oder den Rändern des Intervalls $[0;\, 240]$ vor.

$$f''(x) = 0 \;\Leftrightarrow\; x = \frac{20(16+\sqrt{61})}{3} \approx 158{,}735 \;\vee\; x = \frac{20(16-\sqrt{61})}{3} \approx 54{,}598$$

Da zusätzlich $f'(158{,}735) \approx 1{,}345$, $f'(54{,}598) \approx -0{,}914$, $f'(0) = 1{,}6$ und $f'(240) = -4{,}928$ ist, steigt der Glukosewert zu Beobachtungsbeginn am stärksten an.

$\text{solve}(f2(x)=0,x)$	$x=\frac{-20\cdot(\sqrt{61}-16)}{3}$ or $x=\frac{20\cdot(\sqrt{61}+16)}{3}$
$\text{solve}(f2(x)=0,x)$	$x=54.5983$ or $x=158.735$
$f1(158.735)$	1.34501
$f1(54.5983)$	-0.913601

$f1(0)$	$\frac{8}{5}$
$f1(0)$	1.6
$f1(240)$	$\frac{-616}{125}$
$f1(240)$	-4.928

c3) Mit $|f'(x)| \leq 0{,}3$ ergibt sich, dass die momentane Änderungsrate des Glukosewerts in den folgenden Zeiträumen zwischen den angegebenen Werten lag:

solve(|f1(x)|≤0.3,x)
15.213≤x≤25.8027 or 90.2735≤x≤109.26 or ▸

- von etwa 15,2 Minuten bis etwa 25,8 Minuten
- von etwa 90,3 Minuten bis etwa 109,3 Minuten
- von etwa 195,5 Minuten bis etwa 203,9 Minuten

Damit liegt die momentane Änderungsrate insgesamt etwa 38 Minuten lang im angegebenen Bereich.

d1) $h'_k(0) = f'(240) \quad \Leftrightarrow \quad k = \dfrac{308}{3125}$

$h(k,x) := 50 - 50 \cdot (k \cdot x + 1)^2 \cdot e^{-k \cdot x}$	*Fertig*
$h1(k,x) := \frac{d}{dx}(h(k,x))$	*Fertig*
solve(h1(k,0)=f1(240),k)	$k = \frac{308}{3125}$

d2) Der Graph von g geht aus dem Graphen von $h_{\frac{308}{3125}}$ durch eine Verschiebung um 240 Einheiten in positive x-Richtung und, weil $h_k(0) = 0$ für alle $k > 0$ gilt, um f(240) Einheiten in positive y-Richtung hervor:

$g(x) = h_{\frac{308}{3125}}(x - 240) + f(240)$

Schleswig-Holstein – Kernfach Mathematik
2018 – Aufgabe 2: Analysis (CAS)

Gegeben ist die Schar der in $\mathbb{R}$ definierten Funktionen f_r mit $f_r(x) = -\frac{1}{r} \cdot x^2 + \frac{4}{r} \cdot x + 2$ und $r \in \mathbb{R} \setminus \{0\}$.

a) a1) Skizzieren Sie in einem Koordinatensystem den Graphen von f_6 über dem Intervall $[-3; 7]$. TR — 2 P

a2) Betrachtet wird der folgende Term:

$$\int_{-2}^{0} f_6(x)\,dx + 4 \cdot 2 + \int_{4}^{6} f_6(x)\,dx$$

Markieren Sie in Ihrer Skizze zu Teilaufgabe a1 ein Flächenstück, dessen Inhalt mit dem gegebenen Term berechnet werden kann, und ordnen Sie jedem Summanden des Terms einen passenden Teil dieses Flächenstücks zu. Geben Sie den Inhalt des Flächenstücks an. — 4 P

a3) Zeigen Sie, dass jede Funktion der Schar an der Stelle 2 ein Extremum hat.
Geben Sie in Abhängigkeit von r an, ob es sich um ein Minimum oder ein Maximum handelt, und nennen Sie den zugehörigen Funktionswert. — 4 P

a4) Ermitteln Sie die Anzahl der Nullstellen von f_r in Abhängigkeit von r. — 4 P

b) Für $r > -2$ und $r \neq 0$ sind $A_r(2-\sqrt{4+2r}\,|\,0)$, $B_r(2+\sqrt{4+2r}\,|\,0)$ und $C(4\,|\,2)$ Punkte des Graphen von f_r.

b1) Es soll untersucht werden, für welche Werte von r das Dreieck A_rB_rC einen rechten Winkel bei C hat.
Jeder der beiden folgenden Ansätze liefert die gesuchten Werte von r:

(1) $$\begin{pmatrix} -\sqrt{4+2r}-2 \\ -2 \end{pmatrix} \circ \begin{pmatrix} \sqrt{4+2r}-2 \\ -2 \end{pmatrix} = 0$$

(2) $$\frac{2}{2+\sqrt{4+2r}} \cdot \frac{2}{2-\sqrt{4+2r}} = -1$$

Erläutern Sie die beiden Ansätze und geben Sie einen entsprechenden Wert für r an. — 5 P

b2) Der Graph der Funktion f_r schließt gemeinsam mit der x-Achse eine Fläche F_r ein.
Ermitteln Sie einen Wert für r, für den der Flächeninhalt der Fläche F_r viermal so groß ist wie der Flächeninhalt des Dreiecks A_rB_rC. — 3 P

Im Folgenden sollen für den Flug von Papierfliegern drei mögliche Typen von Flugkurven betrachtet werden. Diese sind in der Abbildung schematisch dargestellt.

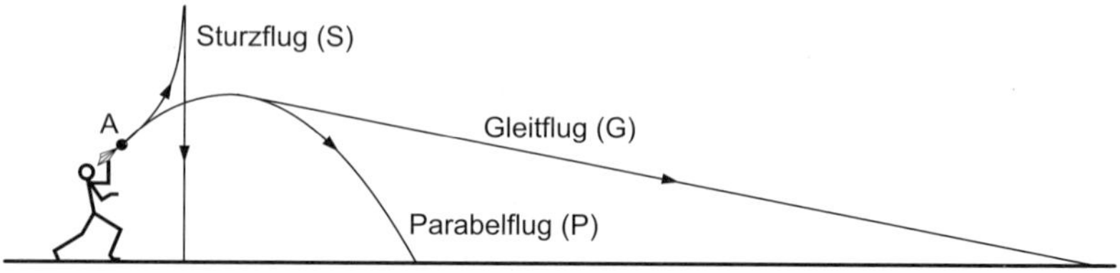

Wird die Größe der betrachteten Papierflieger vernachlässigt, können die Flugkurven bei Verwendung eines Koordinatensystems, dessen x-Achse entlang des horizontalen Bodens und dessen y-Achse durch den Abwurfpunkt A verläuft, modellhaft mithilfe von Funktionen beschrieben werden. Der x-Wert soll im Folgenden der horizontalen Entfernung des Papierfliegers vom Abwurfpunkt A entsprechen, der zugehörige Funktionswert der Flughöhe (jeweils in Metern).

c) Ein Papierflieger bewegt sich entlang einer Flugkurve vom Typ P. Diese kann für $x \geq 0$ mithilfe der gegebenen Funktion f_4 beschrieben werden.
Weisen Sie nach, dass die Flugweite etwa 5,46 m beträgt. 2 P

d) Im Folgenden wird ein Papierflieger betrachtet, der sich entlang einer Flugkurve des Typs S bewegt. Diese kann im ersten Teil mithilfe der Funktion f_4 beschrieben werden, im zweiten Teil ab einer horizontalen Entfernung von 0,5 m vom Abwurfpunkt mithilfe einer Funktion s mit $s(x) = \frac{a}{x-1{,}5} + b$ und $a, b \in \mathbb{R}$. Dabei weist die Flugkurve bis zum höchsten Punkt keinen Knick auf. Der Papierflieger steigt, bis er einen Steigungswinkel mit einer Größe von 85° erreicht, und stürzt dann vertikal ab.

d1) Bestimmen Sie die Werte von a und b. 3 P

Im Folgenden ist $a = -0{,}75$ und $b = 1{,}6875$.

d2) Berechnen Sie die horizontale Entfernung e vom Abwurfpunkt, in der der Papierflieger den Steigungswinkel mit einer Größe von 85° erreicht.
[zur Kontrolle: $e \approx 1{,}24$] 3 P

d3) Ist ein Kurvenstück Graph einer in $[x_0; x_1]$ mit $x_0, x_1 \in \mathbb{R}$ definierten Funktion h mit erster Ableitungsfunktion h', so gilt für die Länge L des Kurvenstücks:

$$L = \int_{x_0}^{x_1} \sqrt{1 + (h'(x))^2}\, dx$$

Ermitteln Sie die Länge der beschriebenen Flugkurve vom Typ S. 5 P

e) Die größten Flugweiten erzielen Papierflieger mit der Flugkurve des Typs G. Eine solche Flugkurve lässt sich im ersten Teil mithilfe der Funktion f_4 beschreiben. Ab einem bestimmten Punkt kann der weitere Verlauf der Flugkurve bis zum Boden durch eine Gerade dargestellt werden. Der Übergang vom ersten zum zweiten Teil der Flugkurve erfolgt ohne Knick. Die Flugweite beträgt 17,6 m.
Ermitteln Sie, in welcher Höhe der gekrümmte Teil der Flugkurve in den geradlinigen übergeht. 5 P

Hinweise und Tipps

Teilaufgabe a1

Setzen Sie $r=6$ und betrachten Sie den Graphen im CAS.

Teilaufgabe a2

Betrachten Sie zu jedem der drei Summanden ein geeignetes Intervall und interpretieren Sie für dieses Intervall den Summanden als Flächeninhalt.

Berechnen Sie den Flächeninhalt des Flächenstücks über den in der Aufgabe angegebenen Term.

Teilaufgabe a3

Eine notwendige Bedingung für eine lokale Extremstelle x von f_r ist $f_r'(x)=0$.

Bestimmen Sie aus diesem Ansatz Kandidaten für die Extremstellen und untersuchen Sie diese mithilfe der zweiten Ableitung auf ihre Art.

Alternativ können Sie auch mit der Tatsache argumentieren, dass es sich bei den Graphen von f_r um nach oben bzw. nach unten geöffnete Parabeln handelt.

Teilaufgabe a4

Untersuchen Sie, wie viele Lösungen die quadratische Gleichung $f_r(x)=0$ in Abhängigkeit von r hat.

Teilaufgabe b1

Interpretieren Sie die beiden Vektoren in (1) als Verbindungsvektoren zwischen Eckpunkten des Dreiecks A_rB_rC.

Überlegen Sie, welche geometrische Bedeutung der Wert des Skalarprodukts zweier Vektoren hat.

Interpretieren Sie die Faktoren in (2) als Steigungen von Geraden.

Überlegen Sie, was es bedeutet, dass das Produkt zweier Geradensteigungen den Wert –1 hat.

Jeder der Ansätze (1) und (2) ist eine Gleichung, deren Lösung das anzugebende r ist.

Teilaufgabe b2

Bestimmen Sie die Länge der Seite $\overline{A_rB_r}$ und die Länge der zugehörigen Höhe.

Für $r>-2$ ist der Inhalt der vom Graphen von f_r und der x-Achse eingeschlossenen Fläche gegeben durch $\int_{x_1}^{x_2} f_r(x)\,dx$, wenn x_1 und x_2 die Nullstellen von f_r mit $x_2>x_1$ sind.

- Begründen Sie den Ansatz $\int\limits_{2-\sqrt{4+2r}}^{2+\sqrt{4+2r}} f_r(x)\,dx = 4 \cdot \frac{1}{2} \cdot 2 \cdot \sqrt{4+2r} \cdot 2$ und bestimmen Sie aus diesem den entsprechenden Wert für r.

Teilaufgabe c

- Die Flugweite ist eine der Nullstellen von f_4.

Teilaufgabe d1

- Für einen sprungfreien Übergang müssen die Funktionswerte von s und f_4 an der Stelle 0,5 übereinstimmen.
- Für einen knickfreien Übergang müssen die Werte der ersten Ableitungen von s und f_4 an der Stelle 0,5 übereinstimmen.
- Zu lösen ist also ein Gleichungssystem aus zwei Gleichungen mit den Unbekannten a und b.

Teilaufgabe d2

- Für den Steigungswinkel des Graphen einer Funktion f an der Stelle x gilt $f'(x) = \tan(\alpha)$.

Teilaufgabe d3

- Betrachten Sie die Flugkurve abschnittsweise.
- Betrachten Sie die Intervalle [0; 0,5], [0,5; 1,24] sowie den vertikalen Fall, der auch noch zur Flugkurve gehört.

Teilaufgabe e

- Der Graph zu f_4 soll an der Stelle x_s mit $x_s < 17{,}6$ sprung- und knickfrei in eine Gerade g mit $g(x) = m \cdot x + n$ und $g(17{,}6) = 0$ übergehen.
- Es sind also drei Bedingungen zu formulieren: $g(17{,}6) = 0$, $g(x_s) = f_4(x_s)$ und $g'(x_s) = f_4'(x_s)$
- Die Lösung dieses Gleichungssystems liefert x_s, m und n.
- Alternativ können Sie x_s auch als Lösung der Gleichung $f_4'(x_s) = \frac{f_4(x_s) - 0}{x_s - 17{,}6}$ ermitteln. Begründen Sie diesen Ansatz.
- Die gesuchte Höhe h ist dann zu berechnen durch $f_4(x_s)$.

Lösung

a1) Skizze:

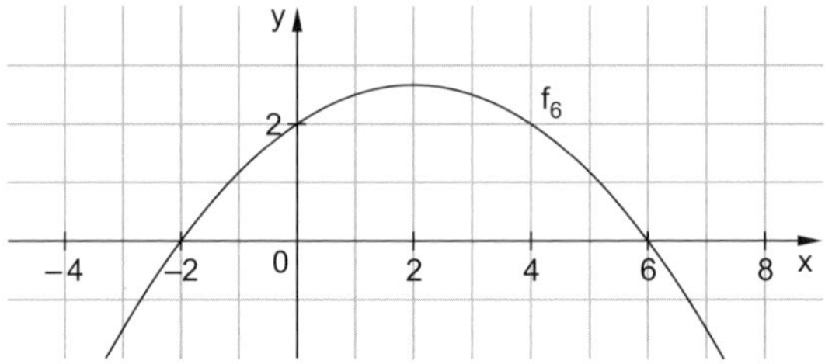

a2) Skizze mit Beschriftung:

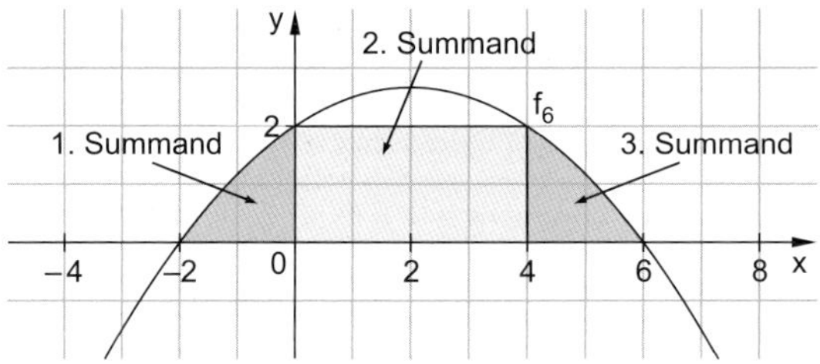

Das Flächenstück hat den Flächeninhalt $\frac{112}{9} = 12\frac{4}{9}$.

$f(r,x) := \frac{-1}{r} \cdot x^2 + \frac{4}{r} \cdot x + 2$ *Fertig*

$\int_{-2}^{0} f(6,x)\,dx + 4 \cdot 2 + \int_{4}^{6} f(6,x)\,dx \qquad \frac{112}{9}$

a3) Notwendig für eine Extremstelle x von f_r ist $f_r'(x) = 0$.

Es gilt $f_r'(x) = 0 \iff x = 2$ und:

$f_r(2) = \frac{4}{r} + 2$

$f1(r,x) := \frac{d}{dx}(f(r,x))$ *Fertig*

$f2(r,x) := \frac{d}{dx}(f1(r,x))$ *Fertig*

⚠ solve$(f1(r,x)=0,x) \qquad x=2$

$f(r,2) \qquad \frac{4}{r}+2$

Für $r > 0$ beschreibt f_r eine nach unten geöffnete Parabel, für $r < 0$ eine nach oben geöffnete. Entsprechend hat f_r an der Stelle 2 für $r < 0$ ein Minimum, für $r > 0$ ein Maximum.

Alternative: Weil $f_r'(2) = 0$ und $f_r''(2) = \frac{-2}{r} > 0$ für $r < 0$, hat f_r an der Stelle 2 für $r < 0$ ein Minimum.

⚠ $f2(r,2) \qquad \frac{-2}{r}$

Weil $f_r'(2) = 0$ und $f_r''(2) = \frac{-2}{r} < 0$ für $r > 0$, hat f_r an der Stelle 2 für $r > 0$ ein Maximum.

a4) $f_r(x)=0 \iff x=2-\sqrt{4+2r} \vee$
$x=2+\sqrt{4+2r}$

Da
$4+2r>0 \iff r>-2$ und
$4+2r=0 \iff r=-2$,
hat f_r für $r=-2$ genau eine Nullstelle, für $r>-2$ genau zwei und für $r<-2$ keine Nullstellen.

$$\text{solve}(f(r,x)=0,x) \quad x=-\left(\sqrt{2\cdot(r+2)}-2\right) \text{ or } x=\sqrt{2\cdot(r+2)}+2$$

$$\text{solve}(2\cdot(r+2)>0,r) \quad r>-2$$

$$\text{solve}(2\cdot(r+2)=0,r) \quad r=-2$$

b1) (1) Die beiden Vektoren $\overrightarrow{CA_r}$ und $\overrightarrow{CB_r}$ auf der linken Seite der Gleichung sind die Verbindungsvektoren von C zu A_r bzw. von C zu B_r. Ist deren Skalarprodukt null, so ist das Dreieck rechtwinklig mit dem rechten Winkel bei C.

(2) Die beiden Faktoren auf der linken Seite der Gleichung sind die Steigungen der Geraden durch A_r und C bzw. durch B_r und C.

Ist das Produkt dieser Faktoren –1, so schneiden sich diese beiden Geraden rechtwinklig.
Damit ist das Dreieck rechtwinklig mit dem rechten Winkel bei C.

Für $r=2$ ist das Dreieck rechtwinklig mit rechtem Winkel bei C.

$$\text{solve}\left(\text{dotP}\left(\begin{bmatrix}-\sqrt{4+2\cdot r}-2\\-2\end{bmatrix},\begin{bmatrix}\sqrt{4+2\cdot r}-2\\-2\end{bmatrix}\right)=0, \ldots\right) \quad r=2.$$

$$\text{solve}\left(\frac{2}{2+\sqrt{4+2\cdot r}}\cdot\frac{2}{2-\sqrt{4+2\cdot r}}=-1,r\right) \quad r=2$$

b2) Das Dreieck A_rB_rC hat eine Seite der Länge $2\cdot\sqrt{4+2r}$.
Die Höhe auf dieser Seite hat die Länge 2.

$$F_r=4\cdot A_\Delta \iff \int_{2-\sqrt{4+2r}}^{2+\sqrt{4+2r}} f_r(x)\,dx=4\cdot\left(\frac{1}{2}\cdot\left(2\cdot\sqrt{4+2r}\right)\cdot 2\right) \iff r=1 \vee r=-2$$

Wegen $r\neq-2$ ist 1 der gesuchte Wert für r.

$$\int_{2-\sqrt{4+2\cdot r}}^{2+\sqrt{4+2\cdot r}} f(r,x)\,dx=4\cdot\frac{1}{2}\cdot 2\cdot\sqrt{4+2\cdot r}\cdot 2$$
$$\frac{8\cdot\sqrt{2}\cdot(r+2)^{\frac{3}{2}}}{3\cdot r}=8\cdot\sqrt{2\cdot(r+2)}$$

$$\text{solve}\left(\frac{8\cdot\sqrt{2}\cdot(r+2)^{\frac{3}{2}}}{3\cdot r}=8\cdot\sqrt{2\cdot(r+2)},r\right) \quad r=-2 \text{ or } r=1$$

c) Die Flugweite entspricht der positiven Nullstelle der Funktion f_4.

$f_4(x)=0 \iff x=2-\sqrt{12} \vee x=2+\sqrt{12}$

Damit beträgt die Flugweite ca. 5,46 m.

$$f(4,x)=0 \quad \frac{-x^2}{4}+x+2=0$$

$$\text{solve}(f(4,x)=0,x) \quad x=-2\cdot\left(\sqrt{3}-1\right) \text{ or } x=2\cdot\left(\sqrt{3}+1\right)$$

$$\text{solve}(f(4,x)=0,x) \quad x=-1.4641 \text{ or } x=5.4641$$

d1) Für einen sprung- und knickfreien Übergang vom Graphen von f_4 zum Graphen von s an der Stelle 0,5 muss $s(0{,}5) = f_4(0{,}5)$ und $s'(0{,}5) = f_4'(0{,}5)$ gelten:

$$\left| \begin{array}{l} s(0{,}5) = f_4(0{,}5) \\ s'(0{,}5) = f_4(0{,}5) \end{array} \right| \Leftrightarrow \left| \begin{array}{l} a = -0{,}75 \\ b = 1{,}6875 \end{array} \right|$$

```
s(x):= a/(x-1.5) + b                                   Fertig
s1(x):= d/dx (s(x))                                    Fertig
solve(s(0.5)=f(4,0.5) and s1(0.5)=f1(4,0.5),a,▸
                                 a=-0.75 and b=1.6875
```

d2) Aus $s'(x) = \tan(85°)$ ergibt sich $x \approx 1{,}244$ oder $x \approx 1{,}756$. Der Papierflieger erreicht also bereits nach ca. 1,24 m den kritischen Steigungswinkel von 85°.

```
a/(x-1.5) + b|a=-0.75 and b=1.6875
                                  1.6875 - 0.75/(x-1.5)
s(x):=1.6875 - 0.75/(x-1.5)                            Fertig
```

```
solve(s1(x)=tan(85°),x)
                              x=1.24384 or x=1.75616
∫[0,0.5] √(1+(f1(4,x))²) dx + ∫[0.5,1.24] √(1+(s1(x))² ▸
                                             7.56144
```

d3) Die Flugkurve muss abschnittsweise für die Intervalle [0; 0,5], [0,5; 1,24] und an der Stelle 1,24 betrachtet werden. Die Berechnung der Länge der Flugkurve inklusive des vertikalen Falls liefert:

$$\int_0^{0{,}5} \sqrt{1 + (f_4'(x))^2}\, dx + \int_{0{,}5}^{1{,}24} \sqrt{1 + (s'(x))^2}\, dx + s(1{,}24) \approx 7{,}56$$

Die Flugkurve ist also ca. 7,56 m lang.

e) Der Graph zu f_4 geht an der Stelle x_s mit $x_s < 17{,}6$ sprung- und knickfrei in eine Gerade g mit $g(x) = m \cdot x + n$ und $g(17{,}6) = 0$ über.

$$\left| \begin{array}{l} g(17{,}6) = 0 \\ g(x_s) = f_4(x_s) \\ g'(x_s) = f_4'(x_s) \end{array} \right| \Leftrightarrow \left| \begin{array}{l} x_s \approx 2{,}389 \\ m \approx -0{,}195 \\ n \approx 3{,}427 \end{array} \right|$$

```
g(x):=m·x+n                                            Fertig
g1(x):=m                                               Fertig
solve(g(17.6)=0 and g(x)=f(4,x) and g1(x)=f1▸
◂ m=-0.194739 and x=2.38948 and n=3.4274
f(4,2.38948)                                          2.96208
```

An der Stelle 2,39 nimmt f_4 ungefähr den Funktionswert 2,96 an. Also geht der gekrümmte Teil der Flugbahn des Papierfliegers in einer Höhe von ca. 2,96 m in den geradlinigen über.

Alternative: An der zu bestimmenden Stelle x_s muss die erste Ableitung von f_4 gleich der Steigung der Geraden g durch die Punkte $(x_s \mid f_4(x_s))$ und $(17{,}6 \mid 0)$ sein. Es muss also gelten:

```
solve(f1(4,x) = (f(4,x)-0)/(x-17.6), x)
                              x=2.38948 or x=32.8105
```

$$f_4'(x_s) = \frac{f_4(x_s) - 0}{x_s - 17{,}6} \quad \Leftrightarrow \quad x_s \approx 2{,}389$$

Schleswig-Holstein – Kernfach Mathematik
2019 – hilfsmittelfreier Teil

1 **Analytische Geometrie (Pool 1)**
Gegeben sind die Punkte A(0 | 0 | 4), B(2 | 2 | 2) und C(0 | 3 | 1).

1.1 Ermitteln Sie die Koordinaten des Punktes D, so dass das Viereck ABCD ein Parallelogramm mit einer Beschriftung der Eckpunkte im üblichen Umlaufsinn ist. 2 P

1.2 Zeigen Sie, dass der Innenwinkel des Vierecks ABCD bei Punkt B ein rechter Winkel ist. 2 P

1.3 Überprüfen Sie, ob es sich bei dem Viereck ABCD um ein Quadrat handelt. 1 P

2 **Analytische Geometrie (Pool 1)**

Die Gerade $g: \vec{x} = \begin{pmatrix} 0 \\ 2 \\ 0 \end{pmatrix} + r \cdot \begin{pmatrix} 2 \\ 4 \\ 1 \end{pmatrix}$ mit $r \in \mathbb{R}$ und die Ebene

E: $x_1 + 2x_2 - 2x_3 = 2$ schneiden sich im Punkt S.

2.1 Berechnen Sie die Koordinaten von S. 3 P

2.2 Der Punkt P_1 liegt auf g, aber nicht in E.
Die Abbildung zeigt die Ebene E, die Gerade g sowie einen Repräsentanten des Vektors $\overrightarrow{SP_1}$.
Für den Punkt P_2 gilt $\overrightarrow{OP_2} = \overrightarrow{OP_1} - 4 \cdot \overrightarrow{SP_1}$, wobei O den Koordinatenursprung bezeichnet.
Zeichnen Sie die Punkte S, P_1 und P_2 in die Abbildung ein.

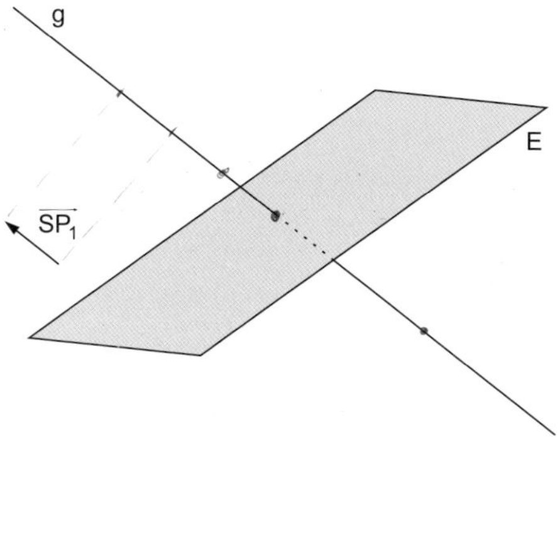

2 P

3 Analytische Geometrie (Pool 2)

3.1 Die Ebene E: $3x_1 + 2x_2 + 2x_3 = 6$ enthält einen Punkt, dessen drei Koordinaten übereinstimmen.
Bestimmen Sie diese Koordinaten. 2 P

3.2 Begründen Sie, dass folgende Aussage richtig ist:
„Es gibt unendlich viele Ebenen, die keinen Punkt enthalten, dessen drei Koordinaten übereinstimmen.“ 3 P

4 Stochastik (Pool 1)

Ein Glücksrad besteht aus fünf gleich großen Sektoren. Einer der Sektoren ist mit „0“ beschriftet, einer mit „1“ und einer mit „2“, die anderen beiden Sektoren sind mit „9“ beschriftet.

4.1 Das Glücksrad wird viermal gedreht. Berechnen Sie die Wahrscheinlichkeit dafür, dass die Zahlen 2, 0, 1 und 9 in der angegebenen Reihenfolge erzielt werden. 2 P

4.2 Das Glücksrad wird zweimal gedreht. Bestimmen Sie die Wahrscheinlichkeit dafür, dass die Summe der erzielten Zahlen mindestens 11 ist. 3 P

5 Stochastik (Pool 1)

In einem Fitness-Studio wurde eine Umfrage unter den weiblichen und männlichen Kunden durchgeführt, ob sie mit der Sauberkeit der Umkleideräume zufrieden sind.
Unter allen abgegebenen Fragebögen wird ein Bogen zufällig ausgewählt.
In der folgenden Vierfeldertafel sind einige Wahrscheinlichkeiten bereits eingetragen.
Dabei sind M: „Die Person ist männlich.“ und Z: „Die Person ist mit der Sauberkeit zufrieden.“

	M	$\overline{M}$	
Z			$\frac{9}{16}$
$\overline{Z}$		$\frac{1}{4}$	
		$\frac{3}{8}$	1

5.1 Ergänzen Sie die übrigen Einträge der Vierfeldertafel. 2 P

5.2 Beschreiben Sie die Bedeutung des grau hinterlegten Feldes im Sachzusammenhang. 1 P

5.3 Berechnen Sie die Wahrscheinlichkeit dafür, dass eine zufällig ausgewählte Frau mit der Sauberkeit der Umkleideräume nicht zufrieden ist. 2 P

6 **Analysis (Pool 1)**

Der abgebildete Graph stellt eine Funktion f dar.

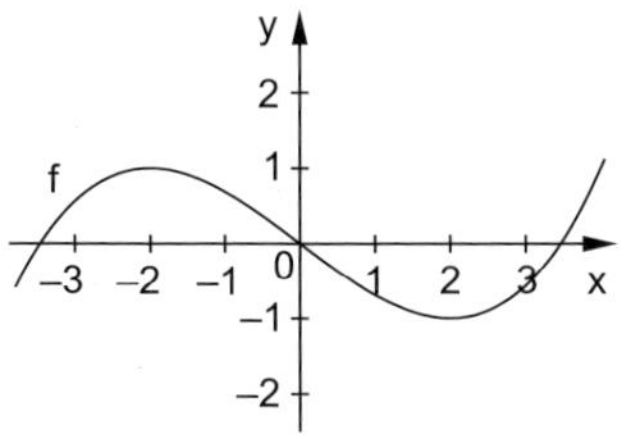

6.1 Einer der folgenden Graphen I, Il oder III gehört zur ersten Ableitungsfunktion von f. Geben Sie diesen Graphen an und begründen Sie, dass die beiden anderen Graphen dafür nicht infrage kommen.

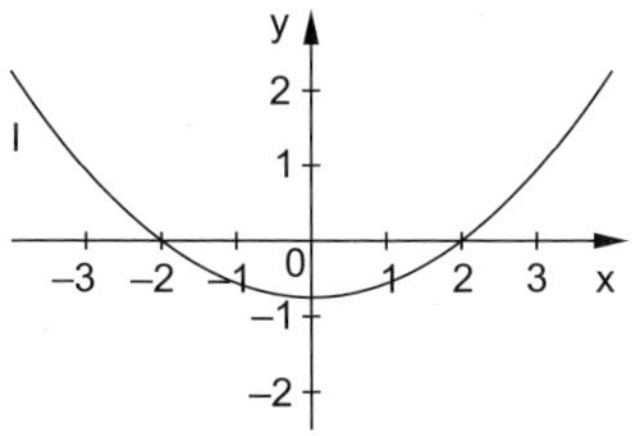

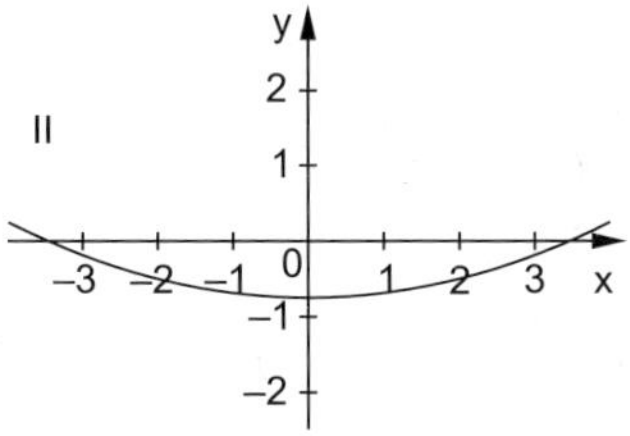

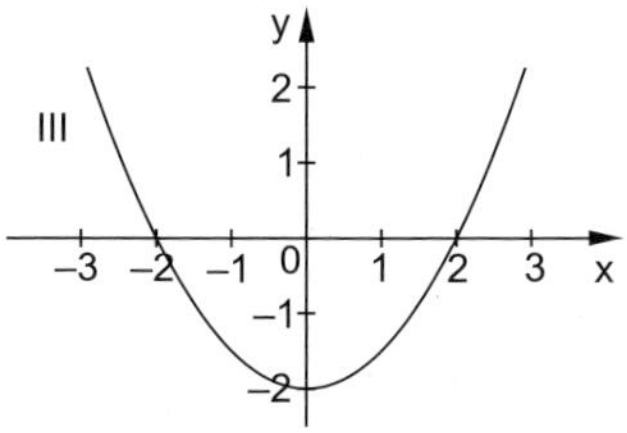

3 P

6.2 Die Funktion F ist eine Stammfunktion von f. Geben Sie das Monotonieverhalten von F im Intervall [1; 3] an. Begründen Sie Ihre Angabe. 2 P

7 **Analysis (Pool 1)**

Gegeben ist die in $\mathbb{R}\setminus\{0\}$ definierte Funktion f mit $f(x) = 1 - \frac{1}{x^2}$, die die Nullstellen –1 und 1 hat.

Die Abbildung zeigt den Graphen von f, der symmetrisch bezüglich der y-Achse ist.

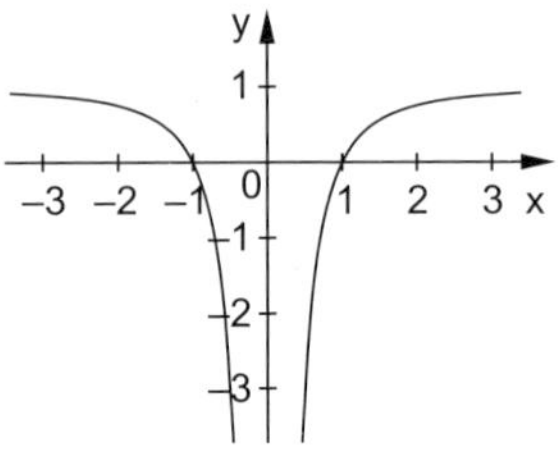

Weiterhin ist die Gerade g mit der Gleichung $y = -3$ gegeben.

7.1 Zeigen Sie, dass einer der Punkte, in denen g den Graphen von f schneidet, die x-Koordinate $\frac{1}{2}$ hat. 1 P

7.2 Bestimmen Sie rechnerisch den Inhalt der Fläche, die der Graph von f, die x-Achse und die Gerade g einschließen. 4 P

8 **Analysis (Pool 2)**

Für jede reelle Zahl a ist die Funktion f_a durch $f_a(x) = x^2 + a \cdot (3 - 4x) + a^2$ gegeben.

8.1 Sei zunächst $a = 1$. Bestimmen Sie alle Nullstellen der Funktion f_1. 2 P

8.2 Untersuchen Sie, ob der Punkt $P\left(1 \,\middle|\, \frac{3}{4}\right)$ Tiefpunkt des Graphen einer der Funktionen f_a ist. 3 P

Hinweise und Tipps

Teilaufgabe 1.1

- Fertigen Sie eine Skizze der Situation an.
- Da ABCD ein Parallelogramm ist, gilt $\overrightarrow{AD} = \overrightarrow{BC}$.

Teilaufgabe 1.2

- Sie können die Orthogonalität mithilfe des Skalarproduktes geeigneter Vektoren prüfen.
- Zeigen Sie, dass $\overrightarrow{BA} \circ \overrightarrow{BC} = 0$ ist.

Teilaufgabe 1.3

- Prüfen Sie, ob alle Seiten des Vierecks ABCD gleich lang sind.

Teilaufgabe 2.1

- Setzen Sie die Komponenten des Geradenterms von g in die Ebenengleichung von E ein und lösen Sie die entstehende Gleichung.
- Setzen Sie den so ermittelten Parameterwert in den Geradenterm ein.

Teilaufgabe 2.2

- Tragen Sie den Schnittpunkt S von g und E ein.
- Zeichnen Sie Repräsentanten von $\overrightarrow{SP_1}$ und $-4 \cdot \overrightarrow{SP_1}$ so ein, dass die entsprechenden Pfeile in S beginnen.

Teilaufgabe 3.1

- Setzen Sie den Punkt $P(a \mid a \mid a)$ in die Ebenengleichung von E ein und bestimmen Sie a durch Lösen der entsprechenden Gleichung.

Teilaufgabe 3.2

- Überlegen Sie, wie die Menge aller Punkte, die in allen drei Koordinaten übereinstimmen, aussieht.
- Diese Menge ist eine Gerade. Begründen Sie, dass es unendlich viele Ebenen gibt, die eine vorgegebene Gerade nicht schneiden und diese auch nicht enthalten.

Teilaufgabe 4.1

- Stellen Sie den Vorgang in einem Baumdiagramm dar und wenden Sie eine Pfadregel an.

Teilaufgabe 4.2

- Überlegen Sie zunächst, bei welchen Ergebnissen die Summe der erzielten Zahlen mindestens 11 ist.
- Identifizieren Sie diese Ergebnisse als Pfade im Baumdiagramm. Berechnen Sie dann die geforderte Wahrscheinlichkeit mithilfe der Pfadregeln im Baumdiagramm.

Teilaufgabe 5.1

- Beginnen Sie mit dem Feld oberhalb des grau hinterlegten Feldes.

Teilaufgabe 5.2

- In dem grau hinterlegten Feld ist die Wahrscheinlichkeit $P(\overline{M} \cap \overline{Z})$, also die Wahrscheinlichkeit eines Und-Ereignisses angegeben. Beschreiben Sie deren Bedeutung im Sachzusammenhang.

Teilaufgabe 5.3

- Zu bestimmen ist hier eine bedingte Wahrscheinlichkeit.
- Es gilt $P_{\overline{M}}(\overline{Z}) = \frac{P(\overline{M} \cap \overline{Z})}{P(\overline{M})}$.

Teilaufgabe 6.1

- Konzentrieren Sie Ihre Überlegungen auf charakteristische Punkte der Graphen.
- Überlegen Sie, welche Eigenschaft die Ableitung von f an den Stellen hat, an denen lokale Extrema von f vorliegen.
- Schätzen Sie die Größe der Steigung des Graphen von f im Punkt $(0\,|\,f(0))$ ab.

Teilaufgabe 6.2

- Begründen Sie, dass die Steigung des Graphen von F an jeder Stelle x mit $1 \leq x \leq 3$ negativ ist.
- Schließen Sie daraus auf das Monotonieverhalten von F in diesem Intervall.

Teilaufgabe 7.1

- Zeichnen Sie die Gerade g in die Skizze ein.
- Berechnen Sie den Funktionswert von f an der Stelle $\frac{1}{2}$.

Teilaufgabe 7.2

- Skizzieren Sie in der Grafik die Fläche, deren Inhalt zu bestimmen ist.
- Der Inhalt dieser (zur y-Achse symmetrischen Fläche) kann als Summe der Inhalte von drei geeigneten Teilflächen bestimmt werden, von denen eine Fläche eine Rechteckfläche ist.

Die anderen Flächen können durch eine Integration bestimmt werden.

Der Inhalt der Fläche hat den Wert $1 \cdot 3 + 2 \cdot \left| \int\limits_{\frac{1}{2}}^{1} f(x)\,dx \right|$.

Teilaufgabe 8.1

Zeigen Sie, dass 2 die einzige Lösung der Gleichung $f_1(x) = 0$ ist.

Teilaufgabe 8.2

Formulieren Sie eine hinreichende Bedingung für das Vorliegen eines lokalen Minimums der Funktion f_a an der Stelle 1.

Damit an der Stelle 1 ein lokales Extremum (Minimum oder Maximum) von f_a vorliegen kann, muss $f_a'(1) = 0$ gelten. Bestimmen Sie aus dieser Bedingung die möglichen Werte für a.

Prüfen Sie, ob für diesen Wert (bzw. diese Werte) von a tatsächlich ein lokales Minimum von f_a an der Stelle 1 vorliegt.

Lösung

1.1 $\overrightarrow{OD} = \overrightarrow{OA} + \overrightarrow{BC} = \begin{pmatrix} 0 \\ 0 \\ 4 \end{pmatrix} + \begin{pmatrix} -2 \\ 1 \\ -1 \end{pmatrix} = \begin{pmatrix} -2 \\ 1 \\ 3 \end{pmatrix}$

D hat damit die Koordinaten $(-2\,|\,1\,|\,3)$.

1.2 Wegen

$$\overrightarrow{BA} \circ \overrightarrow{BC} = \begin{pmatrix} -2 \\ -2 \\ 2 \end{pmatrix} \circ \begin{pmatrix} -2 \\ 1 \\ -1 \end{pmatrix} = 4 - 2 - 2 = 0$$

ist der Innenwinkel bei Eckpunkt B ein rechter Winkel.

1.3 Wegen $|\overrightarrow{BA}| = \sqrt{12} \neq \sqrt{6} = |\overrightarrow{BC}|$ ist das Viereck ABCD kein Quadrat.

2.1 $2r + 2 \cdot (2 + 4r) - 2r = 2 \;\Leftrightarrow\; r = -\frac{1}{4}$, d. h.

$$\overrightarrow{OS} = \begin{pmatrix} 0 \\ 2 \\ 0 \end{pmatrix} - \frac{1}{4} \cdot \begin{pmatrix} 2 \\ 4 \\ 1 \end{pmatrix} = \begin{pmatrix} -\frac{1}{2} \\ 1 \\ -\frac{1}{4} \end{pmatrix} \text{ und } S\left(-\frac{1}{2} \,\middle|\, 1 \,\middle|\, -\frac{1}{4}\right)$$

2.2

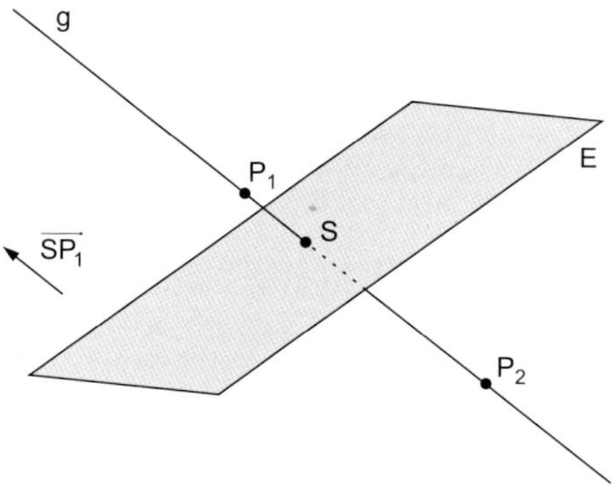

3.1 Mit $x_1 = x_2 = x_3 = a$ ergibt sich $3a + 2a + 2a = 6 \;\Leftrightarrow\; a = \frac{6}{7}$.

3.2 Alle Punkte, deren drei Koordinaten übereinstimmen, liegen auf der Geraden mit der Gleichung $\vec{x} = b \cdot \begin{pmatrix} 1 \\ 1 \\ 1 \end{pmatrix}$ mit $b \in \mathbb{R}$. Es gibt unendlich viele Ebenen, die parallel zu dieser Geraden sind und die Gerade nicht enthalten.

4.1 $\left(\frac{1}{5}\right)^3 \cdot \frac{2}{5} = \frac{2}{625}$

4.2 $\frac{2}{5} \cdot \frac{2}{5} + 2 \cdot \frac{2}{5} \cdot \frac{1}{5} = \frac{8}{25}$

5.1

	M	$\overline{M}$	
Z	$\frac{7}{16}$	$\frac{1}{8}$	$\frac{9}{16}$
$\overline{Z}$	$\frac{3}{16}$	$\frac{1}{4}$	$\frac{7}{16}$
	$\frac{5}{8}$	$\frac{3}{8}$	1

5.2 Im grau hinterlegten Feld ist die Wahrscheinlichkeit dafür angegeben, dass der zufällig ausgewählte Fragebogen zu einer Person gehört, die sowohl weiblich als auch mit der Sauberkeit der Umkleideräume unzufrieden ist.

5.3 $P_{\overline{M}}(\overline{Z}) = \frac{P(\overline{M} \cap \overline{Z})}{P(\overline{M})} = \frac{\frac{1}{4}}{\frac{3}{8}} = \frac{2}{3}$

6.1 Graph I gehört zur ersten Ableitungsfunktion von f.
Begründung: Graph II kommt nicht infrage, da die Extremstellen von f Nullstellen von f' sein müssen. Graph III kommt nicht infrage, da die Steigung des Graphen von f im Punkt $(0 \mid f(0))$ nicht kleiner als -1 ist.

6.2 Für $1 \leq x \leq 3$ gilt $F'(x) = f(x) \leq 0$. Damit ist F im gegebenen Intervall monoton fallend.

Alternative Lösung: Für $1 \leq x \leq 3$ gilt $F'(x) = f(x) < 0$. Damit ist F im gegebenen Intervall streng monoton fallend.

7.1 $f\left(\frac{1}{2}\right) = 1 - \frac{1}{\left(\frac{1}{2}\right)^2} = 1 - 4 = -3$

7.2 $1 \cdot 3 + 2 \cdot 1 \cdot \left| \int_{\frac{1}{2}}^{1} f(x)\,dx \right| = 3 + 2 \cdot \left| \left[x + \frac{1}{x} \right]_{\frac{1}{2}}^{1} \right| = 3 + 2 \cdot \left| 2 - \frac{5}{2} \right| = 3 + 2 \cdot \frac{1}{2} = 4$

8.1 $$f_1(x) = 0$$
$$\Leftrightarrow \quad x^2 + 1 \cdot (3 - 4x) + 1^2 = 0$$
$$\Leftrightarrow \quad x^2 - 4x + 4 = 0$$
$$\Leftrightarrow \quad (x-2)^2 = 0$$
$$\Leftrightarrow \quad x = 2$$

Damit ist die Stelle 2 die einzige Nullstelle der Funktion f_1.

8.2 $f_a'(x) = 2x - 4a$

$$f_a'(1) = 0 \;\Leftrightarrow\; 2 - 4a = 0 \;\Leftrightarrow\; a = \frac{1}{2}$$

$$f_{\frac{1}{2}}(1) = 1 + \frac{1}{2} \cdot (3 - 4 \cdot 1) + \left(\frac{1}{2}\right)^2 = 1 - \frac{1}{2} + \frac{1}{4} = \frac{3}{4}$$

$$f_{\frac{1}{2}}'(x) = 2x - 2$$

$$f_{\frac{1}{2}}''(x) = 2 > 0 \text{ für alle } x$$

Damit ist $\left(1 \mid \frac{3}{4}\right)$ Tiefpunkt des Graphen von $f_{\frac{1}{2}}$.

Schleswig-Holstein – Kernfach Mathematik
2019 – Aufgabe 1: Analysis

Zwischen zwei Orten A und B befindet sich ein Tal mit einem tiefsten Punkt T. Der Querschnitt des Tals kann durch den Graphen einer ganzrationalen Funktion f dritten Grades beschrieben werden, wobei f(x) die Höhe über dem Meeresspiegel in Kilometern angibt. Im dargestellten Koordinatensystem entspricht eine Einheit einem Kilometer in der Wirklichkeit. Die Orte A und B sowie der Tiefpunkt T haben die Koordinaten A(0 | 0,2), B(1 | 0,3) und T(0,5 | 0,13) (vgl. Abb. 1).

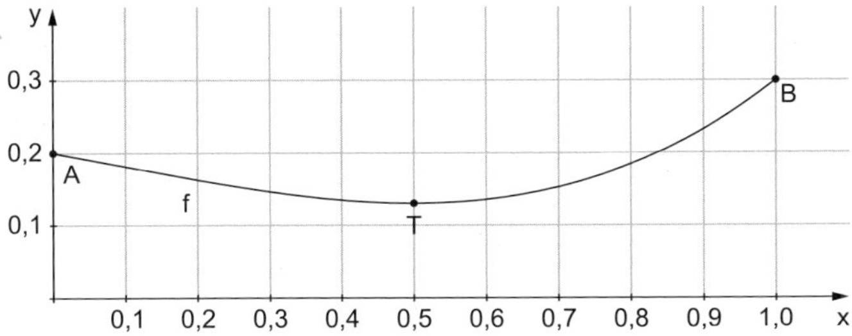

Abb. 1

Der Graph der Funktion f ist zusätzlich auf dem Beiblatt (Abb. 2) vergrößert dargestellt.

a) a1) Leiten Sie eine Gleichung der Funktion f her. 5 P

Verwenden Sie im Folgenden $f(x) = 0{,}4x^3 - 0{,}12x^2 - 0{,}18x + 0{,}2$.

a2) Bestimmen Sie die Stelle, an der der Querschnitt des Tals eine Höhe von 240 m über dem Meeresspiegel aufweist, und bestimmen Sie die Steigung an dieser Stelle. 2 P

a3) Eine Person wandert von A nach T. Bestimmen Sie das durchschnittliche und das maximale Gefälle auf diesem Weg. 7 P

Als Touristenattraktion soll zwischen den Punkten A und B eine Hängebrücke errichtet werden. Der Verlauf der Hängebrücke kann durch den Graphen einer Funktion g mit
$g(x) = 0{,}2x^2 - 0{,}1x + 0{,}2$
beschrieben werden.

b) b1) Ergänzen Sie die auf dem Beiblatt abgedruckte Wertetabelle und zeichnen Sie den Graphen auf das Beiblatt. 4 P

b2) Berechnen Sie den Winkel α zwischen dem Verlauf der Hängebrücke und dem Querschnitt des Tals im Punkt B. 3 P

c) c1) Es gibt Punkte auf der Hängebrücke, deren Höhe über dem Boden 50 m beträgt. Zeichnen Sie diese Punkte auf dem Beiblatt ein. 2 P

c2) Ermitteln Sie rechnerisch die größte Höhe der Hängebrücke über dem Boden. 5 P

Die Länge L des Graphen der Funktion g über dem Intervall [a; b] kann durch

$$L = \int_a^b \sqrt{1 + (g'(x))^2}\,dx$$

berechnet werden.

c3) Berechnen Sie die Länge der Hängebrücke. 2 P

c4) Begründen Sie, dass $\int_0^b \sqrt{1 + (g'(x))^2}\,dx > \sqrt{b^2 + (g(b) - g(0))^2}$ für alle $0 < b \leq 1$ gilt. 3 P

d) Auch die auf $\mathbb{R}$ definierte Funktion h mit $h(x) = \frac{1}{2} \cdot (e^x + e^{-x})$ kann zur Beschreibung von Hängebrücken verwendet werden.

Es gilt $h''(x) = h(x)$.

d1) Weisen Sie rechnerisch nach, dass $(h(x))^2 - (h'(x))^2 = 1$ gilt. 4 P

d2) Leiten Sie her, dass $\int_a^b \sqrt{1 + (h'(x))^2}\,dx = h'(b) - h'(a)$ ist. 3 P

x	0	0,1	0,2	0,3	0,4	0,5	0,6	0,7	0,8	0,9	1
g(x)		0,192								0,272	

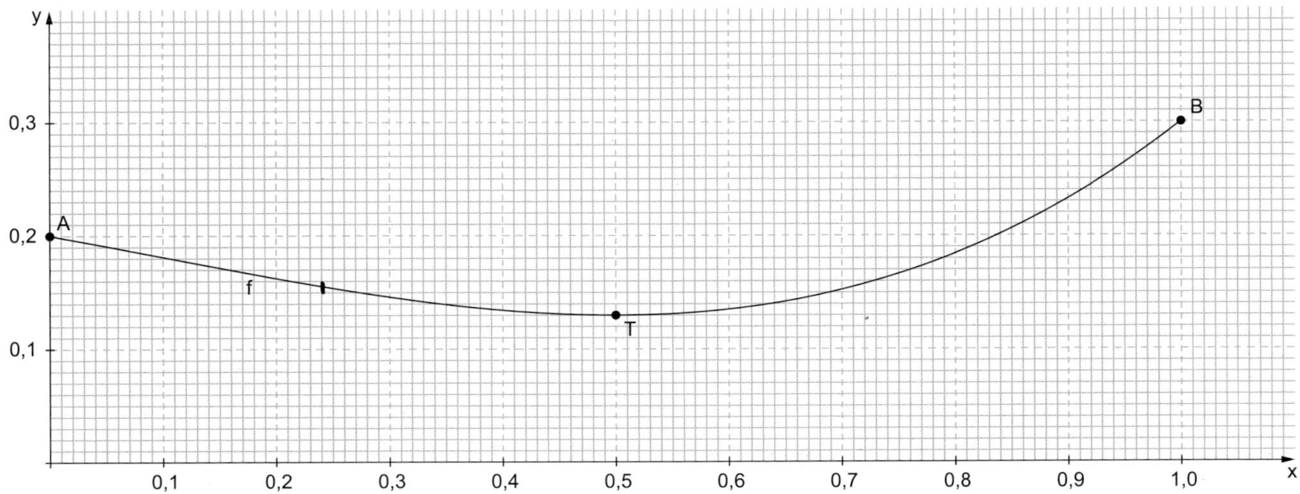

Abb. 2

Hinweise und Tipps

Teilaufgabe a1

- Die allgemeine Funktionsvorschrift für eine ganzrationale Funktion f dritten Grades lautet $f(x) = ax^3 + bx^2 + cx + d$ mit a, b, c, $d \in \mathbb{R}$. Es gilt hierbei, die noch unbekannten Parameter a, b, c und d zu bestimmen.
- Leiten Sie diese Funktion zunächst ab.
- Für die Ableitungsfunktion f' von f gilt nach den Ableitungsregeln: $f'(x) = 3ax^2 + 2bx + c$
- Suchen Sie nach Informationen über die Funktion f im Aufgabentext.
- Laut Aufgabenstellung sind folgende Informationen über die Funktionen f und f' gegeben: Der Graph der Funktion läuft durch die Punkte $A(0\,|\,0{,}2)$ und $B(1\,|\,0{,}3)$ sowie durch den Tiefpunkt T mit $T(0{,}5\,|\,0{,}13)$.
- Was folgt aus diesen Informationen für die Funktionsgleichung? Stellen Sie passende Gleichungen auf, also beispielsweise $f'(0{,}5) = 0$ und $f(0{,}5) = 0{,}13$.
- Aus den Informationen ergeben sich vier Gleichungen. Ermitteln Sie daraus die vier Unbekannten.

Teilaufgabe a2

- Drücken Sie die Bedingung des Textes in eine Gleichung von f aus.
- Es soll $f(x) = 0{,}24$ gelten. Mit dem Taschenrechner erhält man eine Lösung im Intervall [0; 1].
- Die Steigung an dieser Stelle erhält man durch den Wert der ersten Ableitung an dieser Stelle.

Teilaufgabe a3

- Die durchschnittliche Steigung d (bzw. das durchschnittliche Gefälle, denn offenbar geht es bergab) auf dem Weg einer von A nach T wandernden Person ermittelt man mit dem zugehörigen Differenzenquotienten.
- Setzen Sie die gegebene Funktionsgleichung ein.
- Um das maximale Gefälle auf dem Weg von A nach T zu ermitteln, benötigen Sie die erste Ableitungsfunktion f' und die zweite Ableitungsfunktion f''.
- Suchen Sie das globale Minimum der ersten Ableitung von f, also von f', im Intervall [0; 0,5].
- Notwendig für die Existenz eines solchen Minimums an einer Stelle x (im Inneren des Intervalls) ist $f''(x) = 0$.
- Kontrollieren Sie auch die Ränder des Intervalls.

Teilaufgabe b1

- Nutzen Sie für die Zeichnung möglichst viele Werte aus der Tabelle.

Teilaufgabe b2

- Die gesuchte Winkelgröße des Winkels im Punkt B zwischen den Graphen g (Hängebrücke) und f (Querschnitt des Tals) kann durch die jeweiligen Tangenten an g bzw. f im Punkt B berechnet werden.

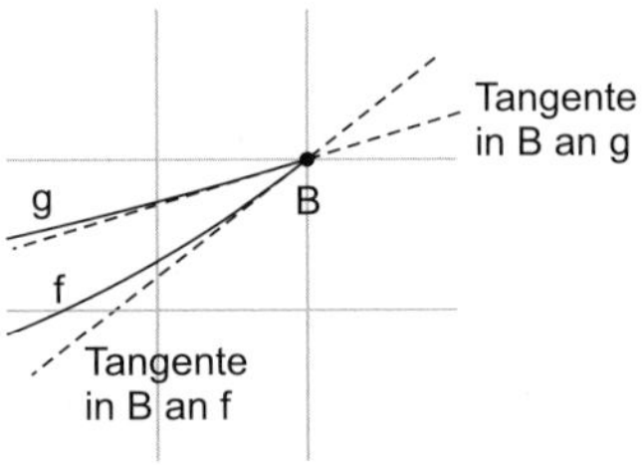

- Berechnen Sie die Steigungen der Graphen der Funktionen f und g.
- Für eine Funktion h lässt sich der Winkel α der Tangente mittels $h'(x) = \tan(\alpha)$ berechnen. Es gilt dann $f'(x) = \tan(\alpha_2)$ und $g'(x) = \tan(\alpha_1)$.
- Der gesuchte Winkel ergibt sich nun als Differenz $\alpha_2 - \alpha_1$ der errechneten Winkelgrößen.

Teilaufgabe c1

- Sie müssen die Koordinaten nicht berechnen, sondern nur die Punkte einzeichnen.

Teilaufgabe c2

- Die Funktionswerte der Funktion g sind offensichtlich im Inneren des Intervalls [0; 1] stets größer als die von f.
- Suchen Sie eine Funktion, die die gesuchte Differenz veranschaulicht.
- Bildet man zu jedem x aus dem Intervall die Differenz der Funktionswerte von g und f, so erhält man die sogenannte Differenzfunktion $d = g - f$ von g und f.
- Die maximale Höhe der Hängebrücke über dem Boden erhält man dann durch Auffinden einer Extremstelle von d.
- Stellen Sie die Funktionsgleichung von d auf.
- Stellen Sie die Ableitungsfunktion von d auf.
- Für die Extremstelle x muss gelten $d'(x) = 0$.
- Dies führt im Intervall [0; 1] auf eine Lösung, die auch mit der Abbildung übereinstimmt.
- Da die Brücke in den Punkten A und B endet, liegt tatsächlich an der obigen Stelle das Maximum vor (eine Überprüfung der zweiten Ableitung ist hier nicht notwendig).
- Vergessen Sie nicht, auch die Höhe der Brücke über dem Boden an dieser Stelle zu berechnen.

Teilaufgabe c3

- Die Länge der Hängebrücke kann durch folgende Formel berechnet werden:
$L = \int_0^1 \sqrt{1+(g'(x))^2}\,dx$

Teilaufgabe c4

- Der Wurzelausdruck auf der rechten Seite der Ungleichung erinnert an den Satz von Pythagoras; er gibt die Länge einer Strecke an.
- Betrachten Sie die Ecken des rechtwinkligen Dreiecks A, P und B, wobei der Punkt P die x-Koordinate 1 und die y-Koordinate g(0) hat, also P(1 | 0,2). Damit ergibt sich für die Streckenlänge $|\overline{AB}| = \sqrt{1^2 + (1-0,2)^2}$.
- Diese Streckenlänge gibt die direkte Verbindung der Orte A und B an. Die tatsächliche Länge der Hängebrücke wird durch den Wert von L angegeben.
- Natürlich gilt dafür $L > |\overline{AB}|$.
- Möchte man nun zu jedem Punkt B'(b | g(b)) mit $b \in [0;\ 1]$ auf dem Graphen von g (und zugehörigem Punkt P'(b | g(0))) diese Streckenlänge ausrechnen, so verallgemeinert sich die obige Gleichung zu $|\overline{AB'}| = \sqrt{b^2 + (g(b) - g(0))^2}$.
- Die für jedes $b \in [0;\ 1]$ entsprechende tatsächliche Länge der Hängebrücke wird nach der Formel durch die Gleichung $L_b = \int_0^b \sqrt{1+(g'(x))^2}\,dx$ angegeben.
- Welche Abschätzung erhalten Sie nun?

Teilaufgabe d1

- Denken Sie daran, dass stets $(e^x)' = e^x$ gilt.
- Berechnen Sie damit $h'(x)$.
- Die dritte binomische Formel kann bei der Berechnung von $(h(x))^2 - (h'(x))^2$ helfen.
- *Alternativ:* Berechnen Sie $(h(x))^2$ und $(h'(x))^2$ getrennt voneinander.

Teilaufgabe d2

- Denken Sie an die (nicht zu beweisende) Gleichung $h''(x) = h(x)$.
- Verwenden Sie für das Integral zunächst die Gleichung aus Teilaufgabe d1.

Lösung

a1) Der gekennzeichnete Querschnitt zwischen den Orten A und B soll durch eine ganzrationale Funktion f dritten Grades beschrieben werden. f(x) gibt dabei die Höhe über dem Meeresspiegel in Kilometern an, wobei eine Einheit im Koordinatensystem einem Kilometer in der Wirklichkeit entspricht. Der angegebene Definitionsbereich ist $[0;\ 1] \subseteq \mathbb{R}$. Laut Abbildung 1 sind folgende Punkte von f mit insgesamt vier Bedingungen gegeben:

- $A(0\,|\,0{,}2)$, also $f(0) = 0{,}2$
- $B(1\,|\,0{,}3)$, also $f(1) = 0{,}3$
- Tiefpunkt T mit $T(0{,}5\,|\,0{,}13)$, also $f'(0{,}5) = 0$ und $f(0{,}5) = 0{,}13$

Die allgemeine Funktionsvorschrift für eine solche Funktion f lautet:
$f(x) = ax^3 + bx^2 + cx + d$ mit $a, b, c, d \in \mathbb{R}$ und $a \neq 0$

Für die Ableitungsfunktion f' von f gilt nach den Ableitungsregeln:
$f'(x) = 3ax^2 + 2bx + c$

Nach oben ergeben sich nun folgende vier Gleichungen:

(1) $f(0) = 0{,}2 \quad \Rightarrow \quad a \cdot 0^3 + b \cdot 0^2 + c \cdot 0 + d = 0{,}2$

(2) $f(1) = 0{,}3 \quad \Rightarrow \quad a \cdot 1^3 + b \cdot 1^2 + c \cdot 1 + d = 0{,}3$

(3) $f(0{,}5) = 0{,}13 \quad \Rightarrow \quad a \cdot 0{,}5^3 + b \cdot 0{,}5^2 + c \cdot 0{,}5 + d = 0{,}13$

(4) $f'(0{,}5) = 0 \quad \Rightarrow \quad 3a \cdot 0{,}5^2 + 2b \cdot 0{,}5 + c = 0$

Hieraus ergibt sich das Gleichungssystem:

$$\left.\begin{array}{ll} (1) & d = 0{,}2 \\ (2) & a + b + c + d = 0{,}3 \\ (3) & 0{,}125a + 0{,}25b + 0{,}5c + d = 0{,}13 \\ (4) & 0{,}75a + b + c = 0 \end{array}\right\} \Leftrightarrow \left\{\begin{array}{r} d = 0{,}2 \\ a + \quad b + \quad c = 0{,}1 \\ 0{,}125a + 0{,}25b + 0{,}5c = -0{,}07 \\ 0{,}75a + \quad b + \quad c = 0 \end{array}\right.$$

Nach Bestimmung der Parameter a, b, c (als Lösung eines linearen Gleichungssystems mit drei Gleichungen und drei Unbekannten mithilfe des Taschenrechners) ergibt sich mit dem Wert für d die Funktionsgleichung zu:
$f(x) = 0{,}4x^3 - 0{,}12x^2 - 0{,}18x + 0{,}2$

a2) Nun soll die Stelle bestimmt werden, an der die Höhe des Tales 240 m über dem Meeresspiegel beträgt. Da die Werte der gegebenen Funktion f die Höhen in Kilometern angeben, müssen die Stellen $x \in [0;\ 1]$ bestimmt werden, für die $f(x) = 0{,}24$ gilt. Man erhält also die Gleichung:
$f(x) = 0{,}24 \quad \Leftrightarrow \quad 0{,}4x^3 - 0{,}12x^2 - 0{,}18x + 0{,}2 = 0{,}24$

Mit dem Taschenrechner erhält man als Lösung die Stelle $x \approx 0{,}9129 \in [0;\ 1]$.

Die Steigung an dieser Stelle erhält man durch den Wert der ersten Ableitung an dieser Stelle, also $f'(0{,}9129) \approx 0{,}601$, was einer prozentualen Steigung von etwa 60 % entspricht.

a3) Es ist nun die durchschnittliche Steigung d auf dem Weg einer von A nach T wandernden Person zu ermitteln. Dazu ermittelt man den zugehörigen Differenzenquotienten, also:

$$d = \frac{f(0,5) - f(0)}{0,5 - 0}$$

Durch das Einsetzen der Funktionsgleichung erhält man:

$$d = \frac{f(0,5) - f(0)}{0,5 - 0} = \frac{-0,07}{0,5} = -0,14$$

Damit ergibt sich ein durchschnittliches Gefälle auf dem Weg von A nach T von 14 %.

Um das maximale Gefälle auf dem Weg von A nach T zu ermitteln, benötigt man die in Teilaufgabe a1 verwendete Ableitungsfunktion f' und die zweite Ableitungsfunktion f''. Gesucht ist das globale Minimum von f' im Intervall [0; 0,5]. Notwendig für die Existenz eines solchen Minimums an einer Stelle x (im Inneren des Intervalls) ist $f''(x) = 0$. Es gilt für die zweite Ableitungsfunktion:

$$f''(x) = 2,4x - 0,24$$

Damit ergibt sich:

$$f''(x) = 0 \quad \Rightarrow \quad 2,4x - 0,24 = 0$$

Das führt auf $x = 0,1$.

Weiterhin gilt $f'(0,1) = -0,192$. An den Rändern des Intervalls gilt:
$f'(0) = -0,18$ und $f'(0,5) = 0$

Also beträgt das maximale Gefälle auf dem Weg von A nach T kurz nach dem Start der Wanderung etwa 19 %.

b1) Eine Hängebrücke von A nach B wird durch die Funktion g mit

$$g(x) = 0,2x^2 - 0,1x + 0,2$$

beschrieben.

Die Ergänzung der Wertetabelle erhält man durch Einsetzen der gegebenen Werte.

x	0	0,1	0,2	0,3	0,4	0,5	0,6	0,7	0,8	0,9	1
g(x)	0,2	0,192	0,188	0,188	0,192	0,2	0,212	0,228	0,248	0,272	0,3

Als Graph von g ergibt sich zur Ergänzung der Funktion f das folgende Bild:

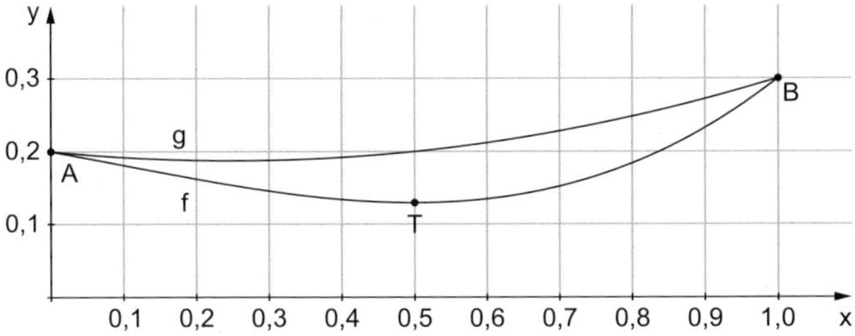

b2) Die gesuchte Winkelgröße des Winkels α im Punkt B zwischen den Graphen g (Hängebrücke) und f (Querschnitt des Tals) kann durch die jeweiligen Tangenten an g bzw. f im Punkt B berechnet werden. Nebenstehendes Bild veranschaulicht die Situation.

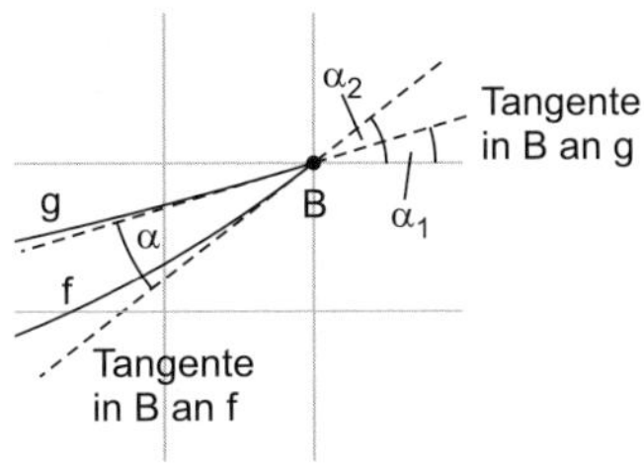

Die Steigungen der Graphen der Funktionen f und g an der x-Koordinate im Punkt B lassen sich mit der Ableitung berechnen. Es gilt für $x = 1$:

$f'(1) = 0{,}78$

Für die erste Ableitung von g gilt $g'(x) = 0{,}4x - 0{,}1$, also folgt:

$g'(1) = 0{,}4 - 0{,}1 = 0{,}3$

Da für Funktionen h mit dem Steigungswinkel α stets $h'(x) = \tan(\alpha)$ gilt, folgt unmittelbar:

$f'(1) = \tan(\alpha_2) = 0{,}78$ mit $\alpha_2 \approx 37{,}95°$ und $g'(1) = \tan(\alpha_1) = 0{,}3$ mit $\alpha_1 \approx 16{,}70°$

Der gesuchte Winkel α ergibt sich nun als Differenz der errechneten Winkelgrößen, also durch $\alpha_2 - \alpha_1 = \alpha$. Daher gilt: Die Winkelgröße zwischen Hängebrücke und Querschnitt des Tals beträgt etwa $37{,}95° - 16{,}70° = 21{,}25°$.

c1) Einzeichnen der Punkte:

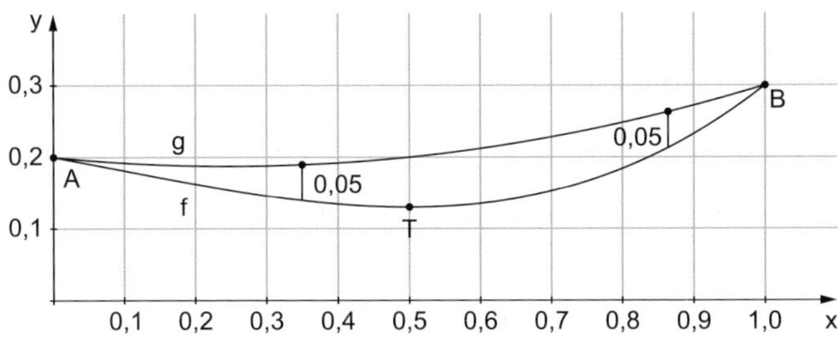

c2) Die Funktionswerte der Funktion g sind offensichtlich im Inneren des Intervalls [0; 1] stets größer als die von f (siehe obige Abbildung). Bildet man zu jedem x aus dem Intervall die Differenz der Funktionswerte von g und f, so erhält man die Differenzfunktion $d = g - f$ von g und f, welche die Höhe zwischen der Hängebrücke und dem Querschnitt zu jeder Stelle x aus dem Intervall angibt.

Die maximale Höhe der Hängebrücke über dem Boden erhält man dann durch Auffinden einer Extremstelle von d. Für die Funktion d gilt zunächst:

$$\begin{aligned} d(x) &= g(x) - f(x) = 0{,}2x^2 - 0{,}1x + 0{,}2 - (0{,}4x^3 - 0{,}12x^2 - 0{,}18x + 0{,}2) \\ &= -0{,}4x^3 + 0{,}32x^2 + 0{,}08x \end{aligned}$$

Damit ergibt sich für die erste Ableitung von d:

$$d'(x) = -1{,}2x^2 + 0{,}64x + 0{,}08$$

Für die Extremstelle x muss $d'(x) = 0$ gelten, also:

$$0 = -1{,}2x^2 + 0{,}64x + 0{,}08$$

Dies führt im Intervall [0; 1] auf $x \approx 0{,}638$, was auch mit der Abbildung übereinstimmt. Da die Brücke in den Punkten A und B endet, liegt tatsächlich an der obigen Stelle das Maximum vor (eine Überprüfung mit der zweiten Ableitung ist hier nicht notwendig). Die Höhe an dieser Stelle errechnet sich durch den Wert $d(0{,}638) \approx 0{,}0774$, was in etwa 77 m entspricht.

c3) Die Länge der Hängebrücke im Intervall [0; 1], gegeben durch die Funktion g, kann durch folgende Formel, wie angegeben, berechnet werden:

$$L = \int_0^1 \sqrt{1 + g'(x)^2}\, dx$$

Damit ergibt sich für die Länge L der Hängebrücke mit dem Taschenrechner:

$$L = \int_0^1 \sqrt{1 + (0{,}4x - 0{,}1)^2}\, dx \approx 1{,}01152$$

Die Länge der Brücke beträgt also ca. 1 012 m.

c4) Der Wurzelausdruck auf der rechten Seite der Ungleichung erinnert an den Satz von Pythagoras; er gibt die Länge einer Strecke an. In einem rechtwinkligen Dreieck mit den Seitenlängen a, b, c gilt $a^2 + b^2 = c^2$, woraus beispielsweise für die (nicht negative) Seitenlänge c folgt:

$$c = \sqrt{a^2 + b^2}$$

Hier betrachtet man zunächst die Ecken des rechtwinkligen Dreiecks APB, wobei der Punkt P die x-Koordinate 1 und die y-Koordinate g(0), also 0,2 hat. Es ist daher $P(1\,|\,0{,}2)$. Damit gilt $|\overline{AP}| = 1$ und $|\overline{BP}| = 1 - 0{,}2 = 0{,}8$, also ergibt sich für die Länge der Strecke $\overline{AB}$ (siehe Abbildung auf der nächsten Seite):

$$(*) \quad |\overline{AB}| = \sqrt{1^2 + (1 - 0{,}2)^2}$$

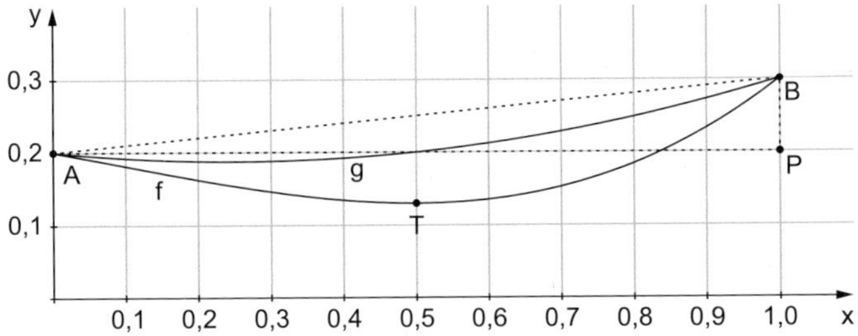

Diese Streckenlänge gibt die Länge der direkten Verbindung der Orte A und B an. Die tatsächliche Länge der Hängebrücke ist nach Teilaufgabe c3 durch

$$L = \int_0^1 \sqrt{1+g'(x)^2}\,dx$$

gegeben. Offenbar gilt dafür:

$$L > |\overline{AB}| = \sqrt{1^2 + (1-0{,}2)^2}$$

Möchte man nun zu jedem Punkt $B'(b\,|\,g(b))$ mit $0 < b \leq 1$ (und zugehörigem Punkt $P'(b\,|\,g(0))$) auf dem Graphen von g diese Streckenlänge ausrechnen, so verallgemeinert sich die obige Gleichung (∗) zu:

$$|\overline{AB'}| = \sqrt{b^2 + \left(g(b) - g(0)\right)^2}$$

Die für jedes b mit $0 < b \leq 1$ zugehörige tatsächliche Länge der Hängebrücke wird nach der Formel aus der Aufgabenstellung durch die Gleichung

$$L_b = \int_0^b \sqrt{1+g'(x)^2}\,dx$$

angegeben. Wiederum gilt dafür die Abschätzung

$$L_b > |\overline{AB'}| = \sqrt{b^2 + \left(g(b) - g(0)\right)^2},$$

was zu begründen war.

d1) Für die erste Ableitung von h(x) gilt mit den Ableitungsregeln und mit $(e^x)' = e^x$:

$$h'(x) = \left(\frac{1}{2}(e^x + e^{-x})\right)' = \frac{1}{2}(e^x + e^{-x})' = \frac{1}{2}(e^x + (-1)\cdot e^{-x}) = \frac{1}{2}(e^x - e^{-x})$$

Damit ergibt sich mithilfe der dritten binomischen Formel $a^2 - b^2 = (a-b)\cdot(a+b)$:

$$(h(x))^2 - (h'(x))^2 = \left(h(x) - h'(x)\right)\cdot\left(h(x) + h'(x)\right)$$

$$= \left(\frac{1}{2}(e^x + e^{-x}) - \frac{1}{2}(e^x - e^{-x})\right)\cdot\left(\frac{1}{2}(e^x + e^{-x}) + \frac{1}{2}(e^x - e^{-x})\right)$$

$$= \left(\frac{1}{2}e^{-x} + \frac{1}{2}e^{-x}\right)\cdot\left(\frac{1}{2}e^x + \frac{1}{2}e^x\right) = e^{-x}\cdot e^x = e^{-x+x} = e^0 = 1$$

Alternative: Es gilt

$$(h(x))^2 = \frac{1}{4}(e^x + e^{-x})^2$$

$$= \frac{1}{4}(e^{2x} + 2e^x \cdot e^{-x} + e^{-2x}) = \frac{1}{4}(e^{2x} + 2 + e^{-2x}) = \frac{1}{4}e^{2x} + \frac{1}{2} + \frac{1}{4}e^{-2x}$$

und entsprechend:

$$(h'(x))^2 = \frac{1}{4}(e^x - e^{-x})^2$$

$$= \frac{1}{4}(e^{2x} - 2e^x \cdot e^{-x} + e^{-2x}) = \frac{1}{4}(e^{2x} - 2 + e^{-2x}) = \frac{1}{4}e^{2x} - \frac{1}{2} + \frac{1}{4}e^{-2x}$$

Damit gilt:

$(h(x))^2 = 1 + (h'(x))^2$, also auch $(h(x))^2 - (h'(x))^2 = 1$

d2) Mit der gegebenen Gleichung $h'' = h$ folgt mit der in Teilaufgabe d1 bewiesenen Gleichung $(h(x))^2 = 1 + (h'(x))^2$:

$$\int_a^b \sqrt{1 + (h'(x))^2}\, dx = \int_a^b \sqrt{(h(x))^2}\, dx = \int_a^b |h(x)|\, dx = \int_a^b h(x)\, dx = \int_a^b h''(x)\, dx$$

$$= [h'(x)]_a^b = h'(b) - h'(a)$$

Schleswig-Holstein – Kernfach Mathematik
2019 – Aufgabe 2: Analysis

Der Graph einer ganzrationalen Funktion g dritten Grades mit Definitionsbereich $\mathbb{R}$ hat den Tiefpunkt $(0|0)$ und den Wendepunkt $\left(-\frac{1}{2}\,\middle|\,\frac{5}{4}\right)$.

Runden Sie im Folgenden alle Ergebnisse auf zwei Stellen nach dem Komma.

a) a1) Bestimmen Sie einen Funktionsterm von g.
[Zur Kontrolle: $g(x) = \frac{5}{2}x^2 \cdot (2x+3)$] 5 P

a2) Erstellen Sie für $-1{,}5 \leq x \leq 0{,}5$ eine Wertetabelle für die Funktion g mit der Schrittweite 0,25 und zeichnen Sie den Graphen. 4 P

a3) Betrachtet wird die Tangente an den Graphen von g in dessen Wendepunkt (die sogenannte Wendetangente). Berechnen Sie die Größe des Winkels, unter dem diese Tangente die x-Achse schneidet. 3 P

a4) Zeigen Sie, dass die Wendetangente von g und der Graph von g nur den Wendepunkt gemeinsam haben. 3 P

b) Die Abbildung 1 zeigt den Graphen der auf $\mathbb{R}$ definierten Funktion h mit $h(x) = 5x^2 \cdot e^{\frac{2}{3} \cdot x^3}$.

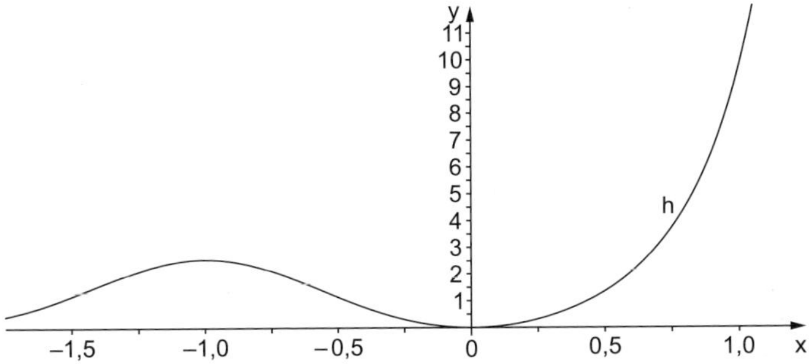

Abbildung 1

b1) Zeigen Sie, dass die Funktion h keine negativen Funktionswerte hat. 2 P

b2) Zeigen Sie, dass $h'(x) = 10x \cdot (1+x^3) \cdot e^{\frac{2}{3} \cdot x^3}$ ein Term der ersten Ableitungsfunktion von h ist. 2 P

b3) Die x-Achse ist eine waagerechte Tangente an den Graphen von h. Weisen Sie nach, dass neben der x-Achse die Gerade t mit $t(x) = 5 \cdot e^{-\frac{2}{3}}$ die einzige weitere waagerechte Tangente an den Graphen von h ist. 4 P b4) Die Tangente t und der Graph von h haben genau zwei Punkte gemeinsam. Berechnen Sie den Inhalt der Fläche, die von der Tangente t und dem Graphen von h vollständig eingeschlossen wird. 4 P

c) c1) Bestimmen Sie die prozentuale Abweichung der mittleren Steigung des Graphen von g von der mittleren Steigung des Graphen von h im Bereich $-1 \leq x \leq 0$. 3 P

c2) Es gilt $(h(1)-g(1)) \cdot (h(2)-g(2)) < 0$.
Geben Sie die Bedeutung dieser Tatsache hinsichtlich der gegenseitigen Lage der Graphen von g und h im Bereich $1 < x < 2$ an. Begründen Sie Ihre Angabe. 4 P

d) d1) Beurteilen Sie mithilfe der Abbildung 1 die folgende Aussage:
„Für $-1{,}5 \leq x \leq 1$ ändert sich beim Graphen jeder Stammfunktion von h genau einmal das Krümmungsverhalten." 3 P

d2) Einer der in Abbildung 2 abgebildeten Graphen I, II oder III ist der Graph der in $\mathbb{R}$ definierten Funktion H mit

$$H(x) = \int_0^x h(t)\,dt.$$

Entscheiden Sie, welcher dies ist, und begründen Sie Ihre Entscheidung.

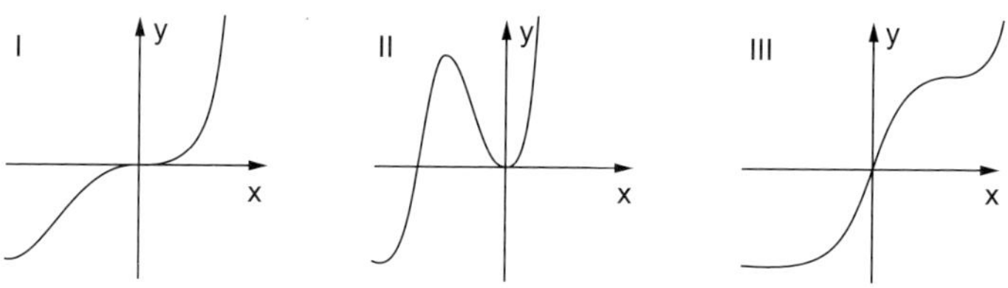

Abbildung 2 3 P

Hinweise und Tipps

Teilaufgabe a1

Die allgemeine Funktionsvorschrift für eine ganzrationale Funktion g dritten Grades lautet $g(x) = ax^3 + bx^2 + cx + d$ mit $a, b, c, d \in \mathbb{R}$.

Es sind also vier Unbekannte konkret zu bestimmen. Welche Informationen aus dem Aufgabentext können dabei helfen, die Funktion g zu konkretisieren?

Benutzen Sie: Tiefpunkt in $(0\,|\,0)$ und Wendepunkt in $\left(-\frac{1}{2}\,\middle|\,\frac{5}{4}\right)$. Welche Gleichungen ergeben sich aus diesen Informationen? Sie benötigen die ersten beiden Ableitungsfunktionen von g.

Aus den Informationen ergeben sich vier Gleichungen. Ermitteln Sie daraus die vier Unbekannten.

Stellen Sie die Funktionsgleichung auf. Manchmal kann es praktisch sein, wenn man ein Polynom als Produkt schreibt.

Teilaufgabe a2

Durch Einsetzten der x-Werte für den Bereich $-1{,}5 \le x \le 0{,}5$ in die Funktionsgleichung von g erhält man die entsprechenden Werte, die dann in eine Wertetabelle einzutragen sind.

Zeichnen Sie anschließend den Graphen der Funktion g in ein Koordinatensystem und verbinden Sie die ermittelten Punkte aus der Wertetabelle.

Teilaufgabe a3

Erstellen Sie eine Skizze mit dem Graphen von g und der Wendetangente an der Stelle $x = -\frac{1}{2}$ sowie dem gesuchten Winkel α. Welche Möglichkeiten sehen Sie, diese Winkelgröße zu bestimmen? Denken Sie z. B. an die Bedeutung der ersten Ableitung und daran, dass eine Tangente eine Gerade ist.

Für eine Funktion h lässt sich der Winkel α der Tangente mittels $h'(x) = \tan(\alpha)$ berechnen.

Teilaufgabe a4

Aus der Abbildung erkennt man schon, dass die Wendetangente und der Graph von g nur einen Punkt gemeinsam haben. Welche Bedingung erfüllen gemeinsame Punkte zweier Funktionen?

Um gemeinsame Punkte zweier Funktionen f und h zu ermitteln, setzt man diese Funktionen einander gleich und ermittelt so die übereinstimmenden Werte.

Stellen Sie einen Funktionsterm in der Form $t(x) = mx + b$ für die Wendetangente auf.

Setzen Sie diesen Term mit g(x) gleich. Mit dem Taschenrechner oder durch geeignetes Umformen des Polynoms ergibt sich als einzige gemeinsame Stelle $x = -\frac{1}{2}$, also ist der einzige gemeinsame Punkt der Wendepunkt.

Teilaufgabe b1

- Bedenken Sie, dass die Funktion h multiplikativ aus zwei Funktionen zusammengesetzt ist.
- Welche Werte nehmen die beiden Funktionen an?

Teilaufgabe b2

- Für das Aufstellen der ersten Ableitungsfunktion von h benötigen Sie die Produktregel.
- Bedenken Sie, dass $(e^x)' = e^x$ für reelle Zahlen x gilt.
- Wenden Sie bei der gegebenen e-Funktion die Kettenregel an.

Teilaufgabe b3

- Eine notwendige Bedingung dafür, dass an einem Punkt $P(x \mid h(x))$ des Graphen von h eine waagerechte Tangente vorliegt, ist $h'(x) = 0$.
- Berechnen Sie die Nullstellen von h'. Bedenken Sie auch hier, dass die e-Funktion stets positive Funktionswerte hat.
- Für die Untersuchung bleibt nur die Gleichung $10x \cdot (1 + x^3) = 0$ zu untersuchen.
- Diese Gleichung hat zwei Lösungen. Für die eine ergibt sich die x-Achse als waagerechte Tangente. Mithilfe der zweiten Lösung kann man die geforderte zweite Gerade t aufstellen.

Teilaufgabe b4

- Um den weiteren gemeinsamem Punkt zu bestimmen, setzen Sie $t(x) = h(x)$.
- Diese Gleichung führt mithilfe des Taschenrechners zu den beiden einzigen Lösungen.
- Erstellen Sie eine Skizze mit der betrachteten Fläche.
- Der Flächeninhalt lässt sich über die Differenz der Funktionen t und h über einem geeigneten Intervall berechnen.

Teilaufgabe c1

- Die mittlere Steigung des Graphen einer Funktion f in einem reellen Intervall [a; b] wird durch den Differenzenquotienten berechnet:
  $$\frac{f(b) - f(a)}{b - a}$$
- Berechnen Sie die mittleren Steigungen m_1 und m_2 der Graphen von g und h.
- Die prozentuale Abweichung beträgt dann:
  $$\left| \frac{m_1 - m_2}{m_2} \right|$$

Teilaufgabe c2

- Skizzieren Sie die beiden Graphen über dem Intervall [1; 2].
- Welchen Verlauf nehmen die beiden Funktionen g und h?
- Was bedeutet es, wenn ein Produkt aus zwei Werten negativ ist?

Teilaufgabe d1

- Die Abbildung 1 zeigt den Graphen der Funktion h mit $h(x) = 5x^2 \cdot e^{\frac{2}{3} \cdot x^3}$.
- Bedenken Sie, dass für alle reellen Zahlen x gilt: $h(x) \geq 0$
- Das Krümmungsverhalten des Graphen einer Stammfunktion von h ändert sich an den Extremstellen von h. Wie viele Extremstellen besitzt h? Passt dies mit „genau einmal" in der Aussage überein?

Teilaufgabe d2

- Unter den Voraussetzungen gilt $H'(x) = h(x)$.
- Was lässt sich über den Verlauf der Integralfunktion H sagen?
- Betrachten Sie zur Analyse auch die Stelle $x = 0$. Wie unterscheiden sich hier die Graphen von I und III?

Lösung

a1) Die allgemeine Funktionsvorschrift für eine ganzrationale Funktion dritten Grades g mit Definitionsbereich $\mathbb{R}$ lautet:

$g(x) = ax^3 + bx^2 + cx + d$ mit $a, b, c, d \in \mathbb{R}$ und $a \neq 0$

Für die Ableitungsfunktionen g' und g'' von g gilt nach den Ableitungsregeln:

$g'(x) = 3ax^2 + 2bx + c$ und $g''(x) = 6ax + 2b$

Laut Aufgabenstellung sind folgende Punkte von g mit insgesamt vier Bedingungen gegeben:

- Tiefpunkt T mit $T(0\,|\,0)$, also $g(0) = 0$ und $g'(0) = 0$
- Wendepunkt W mit $W\left(-\frac{1}{2}\,\middle|\,\frac{5}{4}\right)$, also $g\left(-\frac{1}{2}\right) = \frac{5}{4}$ und $g''\left(-\frac{1}{2}\right) = 0$

Nach diesen Angaben ergeben sich nun folgende vier Gleichungen:

(1) $g(0) = 0 \quad \Rightarrow \quad a \cdot 0^3 + b \cdot 0^2 + c \cdot 0 + d = 0$

(2) $g'(0) = 0 \quad \Rightarrow \quad 3a \cdot 0^2 + 2b \cdot 0 + c = 0$

(3) $g\left(-\frac{1}{2}\right) = \frac{5}{4} \quad \Rightarrow \quad a \cdot \left(-\frac{1}{2}\right)^3 + b \cdot \left(-\frac{1}{2}\right)^2 + c \cdot \left(-\frac{1}{2}\right) + d = \frac{5}{4}$

(4) $g''\left(-\frac{1}{2}\right) = 0 \quad \Rightarrow \quad 6a \cdot \left(-\frac{1}{2}\right) + 2b = 0$

Hieraus ergibt sich das Gleichungssystem:

(1) $d = 0$

(2) $c = 0$

(3) $-\frac{1}{8}a + \frac{1}{4}b - \frac{1}{2}c + d = \frac{5}{4}$

(4) $-3a + 2b = 0$

Aufgrund der Gleichungen (1) und (2) kann Gleichung (3) umgeformt werden:

(3') $-a + 2b = 10$

Subtrahiert man Gleichung (4) von Gleichung (3'), erhält man $2a = 10$, also $a = 5$ und damit folgt $b = \frac{15}{2}$. Das führt auf die Funktionsgleichung von g:

$$g(x) = 5x^3 + \frac{15}{2}x^2 = \frac{5}{2}x^2 \cdot (2x + 3)$$

a2) Durch Einsetzen der x-Werte für den Bereich $x \in [-1{,}5;\, 0{,}5]$ in die Funktionsgleichung von g ergibt sich folgende Wertetabelle:

x	−1,5	−1,25	−1	−0,75	−0,5	−0,25	0	0,25	0,5
g(x)	0	1,95	2,5	2,11	1,25	0,39	0	0,55	2,5

Man erhält damit den auf der nächsten Seite dargestellten Graphen von g.

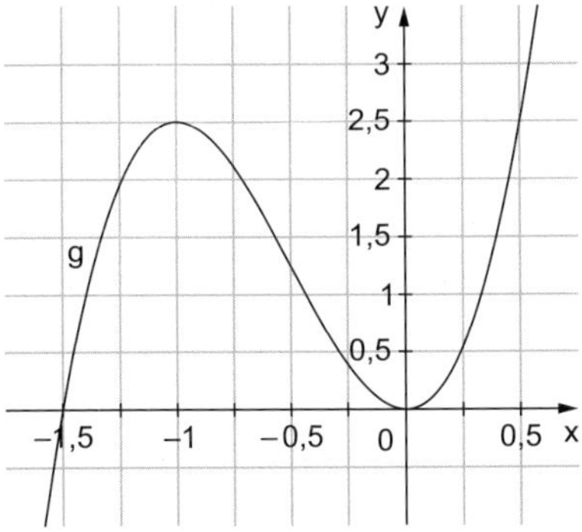

a3) Nebenstehendes Bild zeigt den Graphen von g mit der zu betrachtenden Wendetangente an der Stelle $x = -\frac{1}{2}$ mit dem Winkel α.

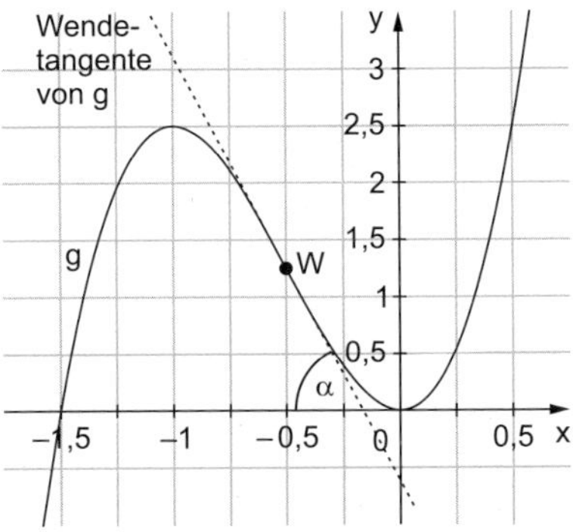

Da für Funktionen h mit dem Steigungswinkel α stets $h'(x) = \tan(\alpha)$ gilt, folgt unmittelbar:

$$g'\left(-\frac{1}{2}\right) = \tan(\alpha)$$

Nun gilt $g'(x) = 15x^2 + 15x$, also:

$$g'\left(-\frac{1}{2}\right) = \frac{15}{4} - \frac{15}{2} = -\frac{15}{4}$$

$$\Rightarrow \quad \tan(\alpha) = -\frac{15}{4} \quad \Rightarrow \quad \alpha \approx -75{,}07°$$

Damit beträgt die gesuchte Winkelgröße zwischen x-Achse und Wendetangente etwa 75°.

a4) Eine Geradengleichung t für die Wendetangente wird aufgestellt und diese mit der Funktionsgleichung von g gleichgesetzt, um so alle gemeinsamen Punkte von t und g zu ermitteln.

Die allgemeine Geradengleichung lautet $t(x) = mx + b$, wobei m die Steigung von t ist. Diese Steigung wurde bereits in Teilaufgabe a3 bestimmt; es gilt:

$$m = g'\left(-\frac{1}{2}\right) = -\frac{15}{4}$$

Für einen Punkt von t kann man den Wendepunkt W mit seinen Koordinaten $\left(-\frac{1}{2} \,\middle|\, \frac{5}{4}\right)$ wählen. Damit gilt:

$$t\left(-\frac{1}{2}\right) = -\frac{15}{4} \cdot \left(-\frac{1}{2}\right) + b \text{ und } t\left(-\frac{1}{2}\right) = \frac{5}{4} \quad \Rightarrow \quad b = \frac{5}{4} - \frac{15}{8} = -\frac{5}{8}$$

Somit gilt für die Gleichung der Wendetangente:

$$t(x) = -\frac{15}{4}x - \frac{5}{8}$$

Gleichsetzen mit g(x):

$$t(x) = g(x) \quad \Leftrightarrow \quad -\frac{15}{4}x - \frac{5}{8} = 5x^3 + \frac{15}{2}x^2 \quad \Leftrightarrow \quad 8x^3 + 12x^2 + 6x + 1 = 0$$

Die Wendestelle $x = -\frac{1}{2}$ ist eine Lösung dieser Gleichung, sodass die Polynomdivision mit $\left(x + \frac{1}{2}\right)$ aufgehen muss. Es ergibt sich:

$$\left(8x^3 + 12x^2 + 6x + 1\right) : \left(x + \frac{1}{2}\right) = 8x^2 + 8x + 2$$

Also ist die ursprüngliche Gleichung gleichwertig zu:

$$(8x^2 + 8x + 2) \cdot \left(x + \frac{1}{2}\right) = 0$$

Das führt neben $x = -\frac{1}{2}$ auf mögliche weitere Nullstellen (also gemeinsame Punkte von t und g):

$$8x^2 + 8x + 2 = 0 \quad \Leftrightarrow \quad x^2 + x + \frac{1}{4} = 0 \quad \Leftrightarrow \quad \left(x + \frac{1}{2}\right)^2 = 0$$

Aber auch die letzte Gleichung hat nur die Lösung $x = -\frac{1}{2}$.

Alternative: Die Gleichung t(x) = g(x) kann auch direkt mit dem Taschenrechner gelöst werden. Dieser gibt als einzige Lösung $x = -\frac{1}{2}$ aus.

Insgesamt haben die Wendetangente t und der Graph von g also nur einen einzigen gemeinsamen Punkt, nämlich den Wendepunkt.

b1) Es ist die Funktion h mit

$$h(x) = 5x^2 \cdot e^{\frac{2}{3} \cdot x^3}$$

und der Graph von h wie abgebildet gegeben. Die Funktion h besteht aus dem Produkt zweier stets nicht negativer Terme, denn für alle $x \in \mathbb{R}$ gilt $x^2 \geq 0$ und damit auch $5x^2 \geq 0$. Ebenso liefert die e-Funktion für alle reellen Zahlen im Exponenten stets positive Werte, d. h., es gilt $e^{\frac{2}{3} \cdot x^3} > 0$.
Damit besitzt die Funktion keine negativen Werte, ist also nicht negativ.

b2) Da h wie oben erwähnt als ein Produkt aus zwei Termen gesehen werden kann, kann man zur Bestimmung der ersten Ableitung die Produktregel verwenden, $(uv)' = u'v + uv'$. Damit gilt:

$$h'(x) = 10x \cdot e^{\frac{2}{3} \cdot x^3} + 5x^2 \cdot (2x^2) \cdot e^{\frac{2}{3} \cdot x^3}$$

Nach einer Vereinfachung ergibt sich das Verlangte:

$$h'(x) = \left(10x + 5x^2 \cdot (2x^2)\right) \cdot e^{\frac{2}{3} \cdot x^3} = (10x + 10x^4) \cdot e^{\frac{2}{3} \cdot x^3} = 10x \cdot (1 + x^3) \cdot e^{\frac{2}{3} \cdot x^3}$$

b3) Eine notwendige Bedingung dafür, dass an einem Punkt $P(x \mid h(x))$ des Graphen von h eine waagerechte Tangente vorliegt, ist $h'(x)=0$. Es gilt dafür:

$$\begin{aligned} & h'(x)=0 \\ \Leftrightarrow\ & 10x\cdot(1+x^3)\cdot e^{\frac{2}{3}\cdot x^3}=0 \\ \Leftrightarrow\ & 10x\cdot(1+x^3)=0 \qquad (\text{da } e^{\frac{2}{3}\cdot x^3}>0) \\ \Leftrightarrow\ & 10x=0 \quad \text{oder} \quad 1+x^3=0 \\ \Leftrightarrow\ & x=0 \quad \text{oder} \quad x^3=-1 \\ \Leftrightarrow\ & x=0 \quad \text{oder} \quad x=-1 \end{aligned}$$

Eine waagrechte Tangente existiert damit nur an den Punkten $P_1(0 \mid 0)$ (nämlich die x-Achse) und $P_2(-1 \mid h(-1))=(-1 \mid 5\cdot e^{-\frac{2}{3}})$ (nämlich $t(x)=5\cdot e^{-\frac{2}{3}}\neq 0$).

b4) Der erste gemeinsame Punkt ist der eben errechnete Punkt P_2. Um den weiteren gemeinsamem Punkt P_3 zu bestimmen, setzt man $t(x)=h(x)$, also:

$5\cdot e^{-\frac{2}{3}}=5x^2\cdot e^{\frac{2}{3}\cdot x^3}$

Diese Gleichung führt mithilfe des Taschenrechners zu den beiden einzigen Lösungen $x=-1$ und $x\approx 0{,}653$. Damit ergibt sich für den zweiten Punkt:

$P_3(0{,}653 \mid h(0{,}653))\approx(0{,}653 \mid 2{,}567)$

Der Inhalt F der in der nebenstehenden Abbildung grau getönten Fläche ist zu bestimmen.

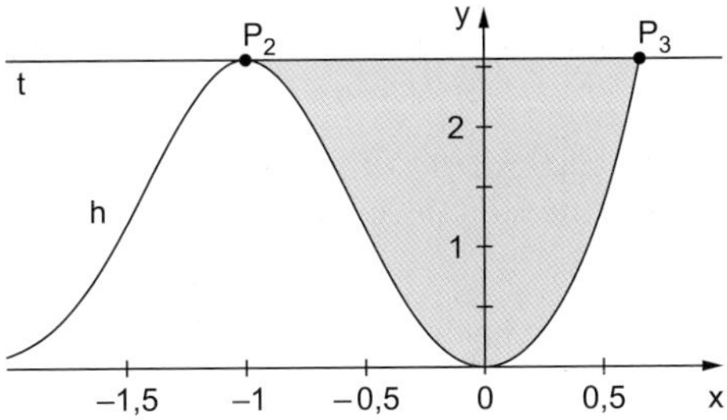

Dieser lässt sich über die Differenz der Funktionen t und h über dem Intervall [–1; 0,653] berechnen. Es ergibt sich mit dem Taschenrechner:

$$F=\int_{-1}^{0{,}653}\big(t(x)-h(x)\big)\,dx=\int_{-1}^{0{,}653}\left(5e^{-\frac{2}{3}}-5x^2\cdot e^{\frac{2}{3}x^3}\right)dx\approx 2{,}52$$

c1) Die mittlere Steigung des Graphen einer Funktion f in einem reellen Intervall [a; b] wird durch folgenden Term berechnet:

$$\frac{f(b)-f(a)}{b-a}$$

Für die beiden Funktionen g und h ergeben sich für das Intervall [–1; 0] mittlere Steigungen von:

$$\frac{g(0)-g(-1)}{0-(-1)}=\frac{0-\frac{5}{2}}{1}=-\frac{5}{2}=-2{,}5 \quad \text{und}$$

$$\frac{h(0)-h(-1)}{0-(-1)} = \frac{0-5\cdot e^{-\frac{2}{3}}}{1} = -5\cdot e^{-\frac{2}{3}} \approx -2{,}567$$

Die prozentuale Abweichung beträgt damit ungefähr

$$\left|\frac{-2{,}5-(-2{,}567)}{-2{,}567}\right| \approx 0{,}0261,$$

also etwa 2,61 %.

Zur Veranschaulichung der sehr kleinen Abweichung dient die nebenstehende Abbildung mit den Geraden $\overline{P_2Q}$ und $\overline{P_4Q}$, die jeweils die berechnete mittlere Steigung haben.

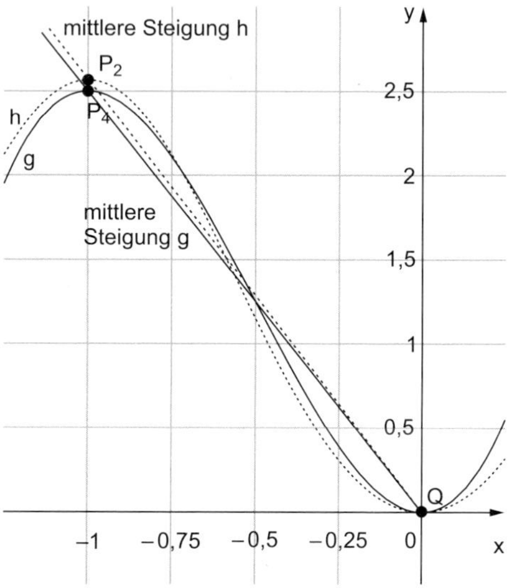

c2) Das Produkt an den beiden Intervallgrenzen x = 1 und x = 2 der beiden Differenzen ((1) – g(1) und h(2) – g(2) ist nach Voraussetzung kleiner null. Daher ist genau eine dieser beiden Differenzen negativ und die andere positiv. Im Intervall [1; 2] muss es daher eine Stelle x_0 geben, für die die Differenz $h(x_0) - g(x_0)$ null ist, d. h., die beiden Graphen von g und h müssen sich im Intervall [1; 2] mindestens einmal schneiden. Sie könnten auch eine ungerade Anzahl von Schnittpunkten haben, was aber aufgrund der strengen Monotonie nicht der Fall sein kann.

Die Abbildung veranschaulicht den Sachzusammenhang.

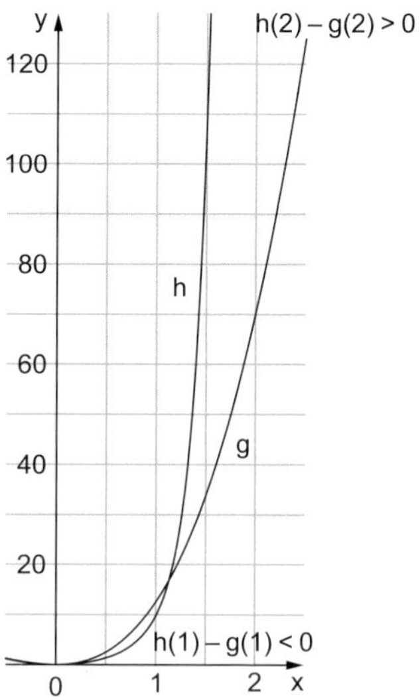

d1) Die Abbildung 1 zeigt den Graphen der Funktion h mit:

$h(x) = 5x^2 \cdot e^{\frac{2}{3} \cdot x^3}$

Wie in Teilaufgabe b1 begründet, ist die Funktion stets nicht negativ, es gilt also für alle reellen Zahlen $h(x) \geq 0$. Zudem besitzt die Funktion laut Abbildung 1 zwei Extremstellen, nämlich (vgl. Teilaufgabe b3) an den Stellen $x = -1$ und $x = 0$. Das Krümmungsverhalten des Graphen einer möglichen Stammfunktion ändert sich an den beiden Extremstellen, daher ist die Aussage „genau einmal" im gegebenen Text falsch.

d2) Für die gegebene auf $\mathbb{R}$ definierte Integralfunktion H(x) gilt $H'(x) = h(x)$. Da h(x) nach Teilaufgabe b1 stets größer oder gleich null ist, muss die Integralfunktion (streng) monoton wachsend sein, was gegen den Graphen II spricht. An der Stelle $x = 0$ hat der Graph III eine Steigung größer als null, was aber wegen $H'(0) = h(0) = 0$ nicht auf die Funktion H zutrifft.

So bleibt nur Graph I übrig, welcher auch tatsächlich alle (bekannten) Eigenschaften der Integralfunktion H aufweist, also die Monotonie $(H'(x) \geq 0)$ und $H'(0) = 0$.

Schleswig-Holstein – Kernfach Mathematik
2019 – Aufgabe 3: Analytische Geometrie

Die Abbildung zeigt den Würfel EFGHPQRS mit E(0 | 0 | 0) und R(5 | 5 | 5) in einem kartesischen Koordinatensystem. Die Ebene T schneidet die Kanten des Würfels unter anderem in den Punkten A(5 | 0 | 1), B(2 | 5 | 0), C(0 | 5 | 2) und D(1 | 0 | 5).

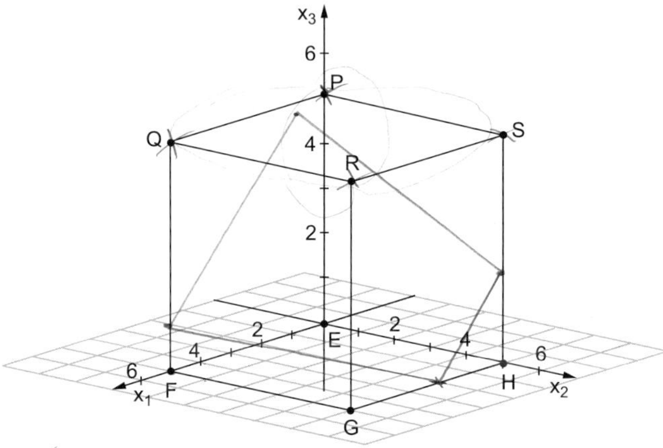

a) a1) Geben Sie die Koordinaten der Punkte G und S an. 2 P

a2) Zeichnen Sie das Viereck ABCD in die Abbildung ein. 2 P

a3) Zeigen Sie, dass das Viereck ABCD ein Trapez ist, bei dem zwei gegenüberliegende Seiten gleich lang sind. 3 P

a4) Bestimmen Sie den Flächeninhalt des Vierecks ABCD. 4 P

b) b1) Ermitteln Sie eine Gleichung der Ebene T in Koordinatenform.
[zur Kontrolle: T: $5x_1 + 4x_2 + 5x_3 - 30 = 0$] 4 P

b2) Die Ebene T schneidet die Kante $\overline{PS}$ des Würfels im Punkt Z. Bestimmen Sie die Koordinaten des Punktes Z. 4 P

c) Die Ebene T' wird durch die Gleichung $-5x_1 + 4x_2 + 5x_3 - 5 = 0$ beschrieben.

c1) Berechnen Sie die Größe des Winkels, unter dem sich T und T' schneiden. 3 P

c2) Es gibt eine reelle Zahl a, sodass die Ebene T' aus der Ebene T durch Spiegelung an der Ebene mit der Gleichung $x_1 = a$ hervorgeht. Bestimmen Sie diese Zahl a. 4 P

Betrachtet wird die Schar der Geraden

$$g_b\colon \vec{x} = \begin{pmatrix} 2{,}5 \\ 0 \\ 3{,}5 \end{pmatrix} + r \cdot \begin{pmatrix} 0 \\ -10b \\ \frac{2}{b} \end{pmatrix} \text{ mit } b \in \mathbb{R}^+ \text{ und } r \in \mathbb{R}.$$

c3) Begründen Sie, dass keine Gerade der Schar in der Ebene mit der Gleichung $x_3 = 3{,}5$ liegt. 2 P

c4) Untersuchen Sie, ob die Schnittgerade von T und T' zur betrachteten Schar gehört. 4 P

d) Bestimmen Sie die Gleichung einer Kugel mit dem Radius $\sqrt{\frac{33}{2}}$, auf deren Oberfläche die Punkte P, Q, R und S liegen. 4 P

e) Die Spitze einer Pyramide mit der Grundfläche ABCD liegt auf der Strecke $\overline{QR}$. Untersuchen Sie, ob die Höhe dieser Pyramide 2 sein kann. 4 P

Hinweise und Tipps

Teilaufgabe a1

- Bedenken Sie, dass durch die gegebenen Eckpunkte E und R ein Körper in der Form eines Würfels gegeben ist.
- Bei einem Würfel haben alle Kanten dieselbe Länge.
- Die Koordinaten der Punkte G und S erhält man durch einfaches Ablesen an den Koordinatenachsen x_1, x_2 und x_3.

Teilaufgabe a2

- Die Punkte A, B, C und D liegen auf den Kanten des Würfels.

Teilaufgabe a3

- Ein Trapez ist ein Viereck, bei dem ein Paar gegenüberliegender Seiten parallel ist. Welche Seiten sind parallel?
- Für die Länge einer Strecke $\overline{XY}$ mit $X(x_1|x_2|x_3)$ und $Y(y_1|y_2|y_3)$ oder gleichwertig eines Vektors $\overrightarrow{XY} = \begin{pmatrix} y_1 - x_1 \\ y_2 - x_2 \\ y_3 - x_3 \end{pmatrix} = \begin{pmatrix} z_1 \\ z_2 \\ z_3 \end{pmatrix}$ gilt:

$$|\overline{XY}| = |\overrightarrow{XY}| = \sqrt{(y_1 - x_1)^2 + (y_2 - x_2)^2 + (y_3 - x_3)^2} = \sqrt{z_1^2 + z_2^2 + z_3^2}$$

- Laut Zeichnung können nur die beiden gegenüberliegenden Seiten $\overline{AB}$ und $\overline{CD}$ dieselbe Länge haben.

Teilaufgabe a4

- Es gibt viele Formeln zur Berechnung des Flächeninhalts eines Trapezes.
- Geeignet erscheint die Zerlegung des Trapezes in zwei Dreiecke.
- Ein Dreieck ABC kann stets zum „doppelt so großen" Parallelogramm ergänzt werden (siehe Abbildung).

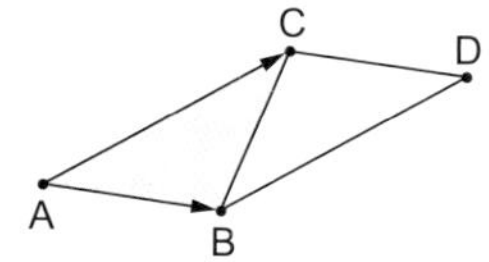

- Es gilt mit $\overrightarrow{AB} = \begin{pmatrix} x_1 \\ x_2 \\ x_3 \end{pmatrix}$ und $\overrightarrow{AC} = \begin{pmatrix} y_1 \\ y_2 \\ y_3 \end{pmatrix}$ für den Flächeninhalt des Dreiecks ABC mithilfe des Vektorprodukts:

$$A_{ABC} = \frac{1}{2} |\overrightarrow{AB} \times \overrightarrow{AC}| = \frac{1}{2} \cdot \left| \begin{pmatrix} x_2 y_3 - x_3 y_2 \\ x_3 y_1 - x_1 y_3 \\ x_1 y_2 - x_2 y_1 \end{pmatrix} \right|$$

$$= \frac{1}{2} \sqrt{(x_2 y_3 - x_3 y_2)^2 + (x_3 y_1 - x_1 y_3)^2 + (x_1 y_2 - x_2 y_1)^2}$$

- Zerlegen Sie das gegebene Trapez ABCD in die Teildreiecke DAB und BCD und berechnen Sie die Flächeninhalte der beiden Teildreiecke.

Teilaufgabe b1

- Die Ebene T enthält unter anderem die Punkte A, B, C und D.
- Versuchen Sie, einen Normalenvektor der Ebene T zu finden.
- Einen Normalenvektor $\vec{n}$ enthält man durch Anwendung des Vektorprodukts.
- Für zwei linear unabhängige Vektoren $\vec{a}$ und $\vec{b}$ erhält man allgemein:

$$\vec{n} = \vec{a} \times \vec{b} = \begin{pmatrix} a_1 \\ a_2 \\ a_3 \end{pmatrix} \times \begin{pmatrix} b_1 \\ b_2 \\ b_3 \end{pmatrix} = \begin{pmatrix} a_2 b_3 - a_3 b_2 \\ a_3 b_1 - a_1 b_3 \\ a_1 b_2 - a_2 b_1 \end{pmatrix}$$

- Berechnen Sie den Wert a für einen beliebigen Punkt der Ebene T, z. B. A, durch die Gleichung $n_1 \cdot a_1 + n_2 \cdot a_2 + n_3 \cdot a_3 = a$.
- Eine Koordinatenform ergibt sich dann mithilfe des Normalenvektors $\vec{n}$.

Teilaufgabe b2

- Die Kante $\overline{PS}$ des Würfels liegt „in“ der Geraden durch die Punkte P und S.
- Stellen Sie eine Geradengleichung mit einem reellen Parameter λ auf.
- Sie erhalten $\vec{x} = \overrightarrow{OP} + \lambda \cdot \overrightarrow{PS}$.
- Um den Schnittpunkt Z der Kante mit der Ebene T zu ermitteln, setzen Sie die zu $\vec{x}$ gehörenden Koordinaten in die Koordinatenform der Ebene T ein.
- Es ergibt sich eine Gleichung für die eine Unbekannte λ.
- Berechnen Sie den Wert des reellen Parameters λ.
- Setzen Sie diesen Wert in die Geradengleichung von oben ein. Sie erhalten damit den gesuchten Schnittpunkt Z.

Teilaufgabe c1

- Für den Schnittwinkel α zwischen zwei sich schneidenden Ebenen T und T' mit den Normalenvektoren $\vec{n}$ und $\vec{m}$ gilt allgemein:

$$\cos(\alpha) = \frac{|\vec{n} \circ \vec{m}|}{|\vec{n}| \cdot |\vec{m}|}$$

- Finden Sie Normalenvektoren $\vec{n}$ und $\vec{m}$ für die beiden Ebenen.
- In der Ebenengleichung T' kann man direkt einen Normalenvektor $\vec{m}$ ablesen.
- Einen Normalenvektor $\vec{n}$ der Ebene T haben Sie in Teilaufgabe b1 bestimmt.

Teilaufgabe c2

- Die Punkte der Spiegelebene S erfüllen laut Aufgabenstellung die Gleichung S: $x_1 = a$, wobei a eine reelle Zahl ist, die es zu bestimmen gilt.
- Welche Lage hat diese Ebene?
- Die Ebene ist parallel zur Würfelebene QFGR (bzw. zur x_2-x_3-Ebene) und schneidet die x_1-Achse an der Stelle a.

- Wählen Sie einen Punkt der Ebene T, z. B. B, und spiegeln Sie ihn an der Ebene S. Sie erhalten einen Punkt B' der Ebene T'.
- Weil der Punkt B' in der Ebene T' liegt und seine Koordinaten die gesuchte reelle Zahl a enthalten, können Sie eine Gleichung für a aufstellen und nach a auflösen.

Teilaufgabe c3

- Alle Punkte der gegebenen Ebene erfüllen die Gleichung $x_3 = 3{,}5$.
- Wenn alle Geradenpunkte der Schar in dieser Ebene liegen sollen, dann muss die dritte Koordinate der Schar für alle reellen Zahlen r stets den Wert 3,5 haben.
- Das führt auf eine Gleichung, die $r \in \mathbb{R}$ und $b \in \mathbb{R}^+$ enthält.
- Was bedeutet diese Gleichung für die Zahl r?

Teilaufgabe c4

- Bestimmen Sie zunächst die Schnittgerade der Ebenen T und T'.
- Formen Sie T' in die Parameterform um. Sie brauchen dafür drei Punkte X, Y und Z, die in dieser Ebene liegen.
- Damit ergibt sich eine Parameterform mit reellen λ, μ zu T': $\vec{x} = \overrightarrow{OX} + \lambda\overrightarrow{XY} + \mu\overrightarrow{XZ}$.
- Um die Schnittgerade der beiden Ebenen zu bestimmen, setzen Sie die Koordinaten von T' in die Koordinatenform der Ebene T ein (siehe Teilaufgabe b1).
- Dies führt auf eine Gleichung für μ in Abhängigkeit von λ.
- Eingesetzt in T' ergibt sich die Schnittgerade g von T' und T.
- Es ist nun zu untersuchen, ob es eine positive reelle Zahl b gibt, sodass $g_b = g$ gilt.
- Wählen Sie zwei Punkte von g_b, z. B. für $r = 0$ und $r = 1$.
- Damit beide Punkte auch auf g liegen, müssen zwei Bedingungen erfüllt sein. Die eine ist offensichtlich erfüllt, die andere führt auf ein Gleichungssystem mit zwei Gleichungen und den beiden Unbekannten λ und b.
- Sie erhalten eine Gleichung für λ in Abhängigkeit von b, die Sie in die andere Gleichung einsetzen können.
- Achten Sie bei der Berechnung von b auf die Einschränkung $b > 0$.

Teilaufgabe d

- Die Kugel soll die „oberen" Eckpunkte des Würfels, also die Punkte P, Q, R und S enthalten.
- Erstellen Sie eine Skizze.
- Die ersten beiden Koordinaten des Mittelpunkts M der Kugel erhält man durch Ablesen.
- Mit dem Satz von Pythagoras kann man nun die dritte Koordinate von M bestimmen.
- Dies führt auf zwei mögliche Mittelpunkte.

Teilaufgabe e

- Stellen Sie zunächst eine Gerade durch die Punkte Q und R auf.
- Schreiben Sie die Gleichung mit einem reellen Parameter t so, dass sich für $t = 0$ der eine Eckpunkt Q und für $t = 5$ der andere Eckpunkt R ergibt.
- Für alle weiteren reellen t mit $0 < t < 5$ ergeben sich alle weiteren Punkte der Kante „innerhalb“ der Punkte Q und R (sie sind mögliche Spitzen S der Pyramide). Somit gilt $0 < t < 5$.
- Für alle Punkte S muss man nun den Abstand zur Ebene T (Grundfläche der Pyramide) bestimmen (in Abhängigkeit des Parameters t).
- Eine Koordinatenform der Ebene T wurde in Teilaufgabe b1 bestimmt.
- Einen Normalenvektor von T haben Sie ebenfalls in Teilaufgabe b1 aufgestellt.
- Mit der Hesseform können Sie nun den Abstand der Spitze S von der Grundfläche T bestimmen.
- Nehmen Sie an, es gäbe einen Punkt S, der einen Abstand 2 von der Ebene T hat. Was folgt daraus für t?

Lösung

a1) Die Koordinaten der Punkte G und S erhält man durch Ablesen an den Koordinatenachsen x_1, x_2 und x_3. Damit ergibt sich G(5 | 5 | 0) und S(0 | 5 | 5).

a2)

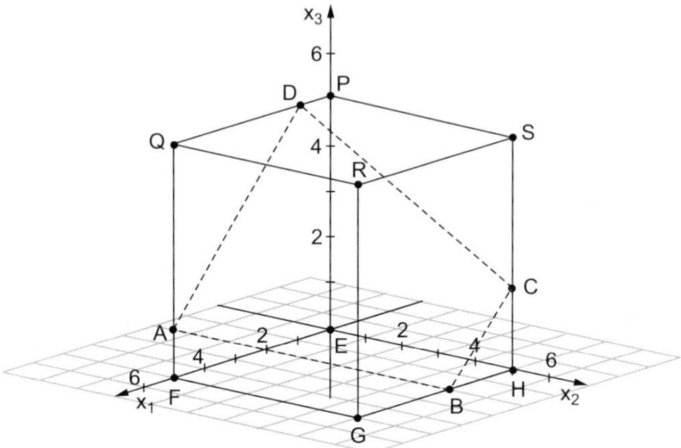

a3) Im Viereck ABCD liegen die Seitenlinien $\overline{AD}$ und $\overline{BC}$ in den zueinander parallelen Würfelebenen EFQP bzw. HGRS und sind damit (als Schnitte mit der Ebene T) auch parallel zueinander. Damit ist gezeigt, dass ABCD ein Trapez ist.

Alternativ: Es gilt für die Vektoren $\overrightarrow{AD}$ und $\overrightarrow{BC}$:

$$\overrightarrow{AD} = \overrightarrow{OD} - \overrightarrow{OA} = \begin{pmatrix} 1 \\ 0 \\ 5 \end{pmatrix} - \begin{pmatrix} 5 \\ 0 \\ 1 \end{pmatrix} = \begin{pmatrix} -4 \\ 0 \\ 4 \end{pmatrix} \text{ und } \overrightarrow{BC} = \overrightarrow{OC} - \overrightarrow{OB} = \begin{pmatrix} 0 \\ 5 \\ 2 \end{pmatrix} - \begin{pmatrix} 2 \\ 5 \\ 0 \end{pmatrix} = \begin{pmatrix} -2 \\ 0 \\ 2 \end{pmatrix}$$

Offensichtlich ist der Vektor $\overrightarrow{AD}$ ein Vielfaches von $\overrightarrow{BC}$ und damit sind die gegenüberliegenden Seitenlinien $\overline{AD}$ und $\overline{BC}$ des Vierecks ABCD parallel zueinander, also ist ABCD ein Trapez.

Für die Länge einer Strecke $\overline{XY}$ oder gleichwertig eines Vektors

$$\overrightarrow{XY} = \begin{pmatrix} y_1 - x_1 \\ y_2 - x_2 \\ y_3 - x_3 \end{pmatrix} = \begin{pmatrix} z_1 \\ z_2 \\ z_3 \end{pmatrix} \text{ gilt:}$$

$$|\overline{XY}| = |\overrightarrow{XY}| = \sqrt{(y_1 - x_1)^2 + (y_2 - x_2)^2 + (y_3 - x_3)^2} = \sqrt{z_1^2 + z_2^2 + z_3^2}$$

Im Fall des Vierecks ABCD ergibt sich damit:

$$|\overline{AB}| = \sqrt{(b_1 - a_1)^2 + (b_2 - a_2)^2 + (b_3 - a_3)^2} = \sqrt{(-3)^2 + 5^2 + (-1)^2} = \sqrt{35} \text{ und}$$

$$|\overline{DC}| = \sqrt{(c_1 - d_1)^2 + (c_2 - d_2)^2 + (c_3 - d_3)^2} = \sqrt{(-1)^2 + 5^2 + (-3)^2} = \sqrt{35}$$

Also sind die gegenüberliegenden Strecken $\overline{AB}$ und $\overline{DC}$ gleichlang.

a4) Es gibt viele Formeln zur Berechnung des Flächeninhalts eines Trapezes. Besonders geeignet erscheint die Zerlegung des Trapezes in zwei Dreiecke, deren Fläche jeweils mit dem Vektorprodukt berechnet werden kann.

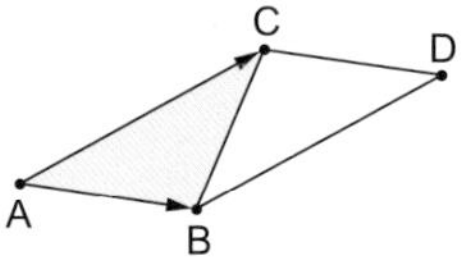

Da ein Dreieck ABC stets zum „doppelt so großen“ Parallelogramm ergänzt werden kann (siehe Abbildung), gilt mit $\overrightarrow{AB} = \begin{pmatrix} x_1 \\ x_2 \\ x_3 \end{pmatrix}$ und $\overrightarrow{AC} = \begin{pmatrix} y_1 \\ y_2 \\ y_3 \end{pmatrix}$ für den Flächeninhalt des Dreiecks ABC mithilfe des Vektorprodukts:

$$A_{ABC} = \frac{1}{2} |\overrightarrow{AB} \times \overrightarrow{AC}| = \frac{1}{2} \left| \begin{pmatrix} x_2 y_3 - x_3 y_2 \\ x_3 y_1 - x_1 y_3 \\ x_1 y_2 - x_2 y_1 \end{pmatrix} \right|$$

$$= \frac{1}{2} \sqrt{(x_2 y_3 - x_3 y_2)^2 + (x_3 y_1 - x_1 y_3)^2 + (x_1 y_2 - x_2 y_1)^2}$$

Hier kann man das Trapez ABCD in die Teildreiecke DAB und BCD zerlegen. Für das Dreieck DAB ergibt sich ein Flächeninhalt von:

$$A_{DAB} = \frac{1}{2} |\overrightarrow{AB} \times \overrightarrow{AD}| = \frac{1}{2} \left| \begin{pmatrix} -3 \\ 5 \\ -1 \end{pmatrix} \times \begin{pmatrix} -4 \\ 0 \\ 4 \end{pmatrix} \right| = \frac{1}{2} \left| \begin{pmatrix} 20 \\ 16 \\ 20 \end{pmatrix} \right| = \frac{1}{2} \cdot \sqrt{1\,056} = 2 \cdot \sqrt{66}$$

Für das Dreieck BCD ergibt sich ein Flächeninhalt von:

$$A_{BCD} = \frac{1}{2} |\overrightarrow{CB} \times \overrightarrow{CD}| = \frac{1}{2} \left| \begin{pmatrix} 2 \\ 0 \\ -2 \end{pmatrix} \times \begin{pmatrix} 1 \\ -5 \\ 3 \end{pmatrix} \right| = \frac{1}{2} \left| \begin{pmatrix} -10 \\ -8 \\ -10 \end{pmatrix} \right| = \frac{1}{2} \cdot \sqrt{264} = \sqrt{66}$$

Also hat das Trapez ABCD einen Flächeninhalt von $2 \cdot \sqrt{66} + \sqrt{66} = 3 \cdot \sqrt{66}$.

b1) Die Ebene T, in der auch das Trapez ABCD liegt, wird zum Beispiel durch die beiden linear unabhängigen Vektoren $\overrightarrow{AB}$ und $\overrightarrow{AD}$ erzeugt bzw. aufgespannt. Einen auf diesen beiden Vektoren senkrecht stehenden Normalenvektor erhält man durch Anwendung des Vektorprodukts:

$$\overrightarrow{AB} \times \overrightarrow{AD} = \begin{pmatrix} -3 \\ 5 \\ -1 \end{pmatrix} \times \begin{pmatrix} -4 \\ 0 \\ 4 \end{pmatrix} = \begin{pmatrix} 20 \\ 16 \\ 20 \end{pmatrix}$$

Vereinfacht ergibt sich als Normalenvektor der Ebene T:

$$\vec{n} = \begin{pmatrix} 5 \\ 4 \\ 5 \end{pmatrix}$$

Für einen beliebigen Punkt, zum Beispiel A, der Ebene T und den Normalenvektor von oben gilt die Gleichheit

$n_1 \cdot a_1 + n_2 \cdot a_2 + n_3 \cdot a_3 = 5 \cdot 5 + 4 \cdot 0 + 5 \cdot 1 = 30$,

also ist eine Koordinatenform der Ebene T gegeben durch:

$5 \cdot x_1 + 4 \cdot x_2 + 5 \cdot x_3 = 30$ oder $5 \cdot x_1 + 4 \cdot x_2 + 5 \cdot x_3 - 30 = 0$

b2) Die Kante $\overline{PS}$ des Würfels liegt „in" der Geraden durch die Punkte P und S, also folgt mit der allgemeinen Geradengleichung und mit dem reellen Parameter λ:

$$\vec{x} = \overrightarrow{OP} + \lambda \cdot \overrightarrow{PS} = \begin{pmatrix} 0 \\ 0 \\ 5 \end{pmatrix} + \lambda \cdot \begin{pmatrix} 0 \\ 5 \\ 0 \end{pmatrix}$$

Um den Schnittpunkt Z der Kante mit der Ebene T zu ermitteln, setzt man die eben ermittelte Gerade bzw. die zu $\vec{x}$ gehörenden Koordinaten in die Koordinatenform der Ebene T ein. Es ergibt sich dann für die Koordinaten

$x_1 = 0 + \lambda \cdot 0 = 0,\ \ x_2 = 0 + \lambda \cdot 5 = 5\lambda$ und $x_3 = 5 + \lambda \cdot 0 = 5$

die Gleichung

$0 = 5 \cdot 0 + 4 \cdot 5\lambda + 5 \cdot 5 - 30 = 20\lambda - 5,$

was auf $\lambda = \frac{1}{4}$ führt. Eingesetzt in die Geradengleichung liefert dies:

$$\begin{pmatrix} 0 \\ 0 \\ 5 \end{pmatrix} + \frac{1}{4} \cdot \begin{pmatrix} 0 \\ 5 \\ 0 \end{pmatrix} = \begin{pmatrix} 0 \\ \frac{5}{4} \\ 5 \end{pmatrix}$$

Damit gilt für den Schnittpunkt $Z\left(0 \,\middle|\, \frac{5}{4} \,\middle|\, 5\right)$.

c1) Sind die Normalenvektoren $\vec{n}$ und $\vec{m}$ von zwei Ebenen gegeben, dann lässt sich der Winkel α zwischen diesen beiden Ebenen durch die folgende Gleichung ermitteln:

$$\cos(\alpha) = \frac{|\vec{n} \circ \vec{m}|}{|\vec{n}| \cdot |\vec{m}|}$$

In der gegebenen Ebenengleichung T' liest man direkt einen Normalenvektor $\vec{m}$ ab:

$$\vec{m} = \begin{pmatrix} -5 \\ 4 \\ 5 \end{pmatrix}$$

Mit dem Normalenvektor $\vec{n}$ der Ebene T von Teilaufgabe b1 ergibt sich:

$$\cos(\alpha) = \frac{\left|\begin{pmatrix} 5 \\ 4 \\ 5 \end{pmatrix} \circ \begin{pmatrix} -5 \\ 4 \\ 5 \end{pmatrix}\right|}{\left|\begin{pmatrix} 5 \\ 4 \\ 5 \end{pmatrix}\right| \cdot \left|\begin{pmatrix} -5 \\ 4 \\ 5 \end{pmatrix}\right|} = \frac{-25 + 16 + 25}{\sqrt{66} \cdot \sqrt{66}} = \frac{8}{33} \quad \Rightarrow \quad \alpha = \arccos\left(\frac{8}{33}\right) \approx 75{,}97°$$

Der Schnittwinkel α von T und T' beträgt also etwa 76°.

c2) Die Punkte der Spiegelebene S erfüllen laut Aufgabenstellung die Gleichung S: $x_1 = a$, wobei a eine reelle Zahl ist. Diese Ebene ist parallel zur Würfelebene QFGR (bzw. zur x_2-x_3-Ebene) und schneidet die x_1-Achse an der Stelle a. Wird zum Beispiel der Punkt $B(2\,|\,5\,|\,0)$ von der Ebene T an dieser Ebene S gespiegelt, so erhält man den Punkt B' der Ebene T' mit $B'(2a - 2\,|\,5\,|\,0)$.

Begründung: Die zweite und dritte Koordinate von B verändern sich bei der Spiegelung an S nicht, da die Ebene parallel zur x_2-x_3-Ebene ist. Die x_1-Koordinate $2a-2$ ergibt sich dadurch, dass durch die Spiegelung an S die Koordinate a der Mittelwert von 2 und der x_1-Koordinate b des neuen Punkts B' sein muss, was auf die Gleichung $\frac{2+b}{2}=a$ führt.

Der Punkt B' liegt in der Ebene T', was auf die folgende Gleichung führt:
$-5\cdot(2a-2)+4\cdot 5+5\cdot 0-5=0$

Es folgt:
$-10a+10+20+0-5=0 \;\Rightarrow\; a=2{,}5$

Die Ebene S hat also die Gleichung S: $x_1=2{,}5$.

c3) Alle Punkte der gegebenen Ebene erfüllen die Gleichung $x_3=3{,}5$. Wenn alle Geradenpunkte einer gegebenen Gerade g_b in der Ebene liegen sollen, dann muss die dritte Koordinate von g_b den Wert 3,5 haben. Für jede reelle Zahl r muss also folgende Gleichung erfüllt sein:

$$x_3=3{,}5=3{,}5+r\cdot\frac{2}{b} \;\Rightarrow\; 0=r\cdot\frac{2}{b}$$

Da $b>0$ gilt, muss $r=0$ sein. Daher erfüllt nicht jede reelle Zahl r die Gleichung und deshalb liegt die Gerade g_b nicht in der Ebene mit der Gleichung $x_3=3{,}5$.

c4) Man bestimmt zunächst die Schnittgerade der Ebenen T und T'. Dazu wird T' in die Parameterform umgeformt.

Offenbar liegen folgende Punkte X, Y, Z in T':

$X(-1\,|\,0\,|\,0)$, $Y(0\,|\,0\,|\,1)$ und $Z\left(0\,\middle|\,\frac{5}{4}\,\middle|\,0\right)$

Damit ergibt sich eine Parameterform mit reellen λ, μ zu:

$$T':\vec{x}=\overrightarrow{OX}+\lambda\overrightarrow{XY}+\mu\overrightarrow{XZ}=\begin{pmatrix}-1\\0\\0\end{pmatrix}+\lambda\begin{pmatrix}1\\0\\1\end{pmatrix}+\mu\begin{pmatrix}1\\\frac{5}{4}\\0\end{pmatrix}$$

Einsetzen der Koordinaten in die Koordinatenform $5\cdot x_1+4\cdot x_2+5\cdot x_3-30=0$ der Ebene T liefert:

$$5\cdot(-1+\lambda+\mu)+4\cdot\left(\frac{5}{4}\mu\right)+5\cdot\lambda-30=0$$

Vereinfacht ergibt dies:

$$10\lambda+10\mu=35 \;\Rightarrow\; \mu=\frac{7}{2}-\lambda$$

Eingesetzt in T' ergibt sich die Schnittgerade von T' und T:

$$g:\ \vec{x}=\begin{pmatrix}-1\\0\\0\end{pmatrix}+\lambda\begin{pmatrix}1\\0\\1\end{pmatrix}+\left(\frac{7}{2}-\lambda\right)\cdot\begin{pmatrix}1\\\frac{5}{4}\\0\end{pmatrix}=\begin{pmatrix}\frac{5}{2}\\\frac{35}{8}\\0\end{pmatrix}+\lambda\begin{pmatrix}0\\-\frac{5}{4}\\1\end{pmatrix}$$

Schleswig-Holstein – Kernfach Mathematik
2019 – Aufgabe 4: Stochastik

Vorbemerkung: Alle in Ihren Lösungen verwendeten Zufallsgrößen müssen explizit eingeführt werden. Machen Sie auch Angaben über die Verteilung der jeweiligen Zufallsgrößen.

In der Kundendatei eines Reisebüros befinden sich tausende Kundendaten. Dieses Reisebüro bietet auch Fahrten mit einem Ausflugsschiff an.

a) 6 % aller Kunden haben bisher schon einmal eine solche Fahrt gebucht und wurden in der Datei mit einem „S" markiert. Es werden nun 550 Kunden zufällig aus der Kundendatei ausgewählt. Verwenden Sie bei den folgenden Berechnungen die Binomialverteilung.

a1) Berechnen Sie die Wahrscheinlichkeit dafür, dass mehr als 40, aber höchstens 50 der ausgewählten Kunden mit einem „S" gekennzeichnet sind. 4 P

a2) Berechnen Sie die Wahrscheinlichkeit dafür, dass unter den ausgewählten Kunden weniger mit einem „S" gekennzeichnet sind, als es zu erwarten ist. 3 P

a3) Geben Sie im Sachzusammenhang ein Ereignis A an, dessen Wahrscheinlichkeit $0{,}94^{550}$ beträgt. 1 P

b) Betrachtet wird nun eine Fahrt mit dem Ausflugsschiff, bei der das Schiff mit 60 Fahrgästen voll besetzt ist. Zu Beginn der Fahrt werden vier Fahrgäste zufällig ausgelost, die jeweils eine Stofftasche mit Werbegeschenken als Preis erhalten. An der Fahrt nimmt eine Familie mit Vater, Mutter und zwei Kindern teil.

b1) Geben Sie an, mit welcher Wahrscheinlichkeit der Vater einen Preis gewinnt. 1 P

b2) Berechnen Sie die Wahrscheinlichkeit, mit der die Familie genau zwei Preise gewinnt. 3 P

b3) Zusätzlich befindet sich in einer der Stofftaschen ein Gutscheinheft (Hauptpreis).
Bestimmen Sie die Wahrscheinlichkeit, mit der die Familie genau zwei Preise, aber nicht den Hauptpreis gewinnt. 3 P

c) Möchte man an einer Fahrt teilnehmen, so muss man dafür im Voraus eine Reservierung vornehmen. Nach der Erfahrung des Reisebüros treten nur 90 % der Personen, die eine Fahrt reserviert haben, auch zur Fahrt an. Das Reisebüro nimmt für jede Fahrt immer 64 Reservierungen an, obwohl nur 60 Plätze auf dem Schiff vorhanden sind. Erscheinen mehr als 60 Personen mit Reservierung zur Fahrt, so müssen die überzähligen Personen abgewiesen werden.

Die Zufallsgröße X beschreibt die Anzahl der Personen mit Reservierung, die zu der Fahrt erscheinen.

c1) Geben Sie im Sachzusammenhang einen Grund dafür an, dass die Zufallsgröße X im Allgemeinen nicht binomialverteilt ist. 1 P

Im Folgenden wird dennoch vereinfachend angenommen, dass die Zufallsgröße X binomialverteilt ist. Außerdem wird vorausgesetzt, dass für jede Fahrt 64 Reservierungen vorliegen.

c2) Bestimmen Sie die Wahrscheinlichkeit dafür, dass bei einer Fahrt mindestens eine Person mit Reservierung abgewiesen werden muss. 3 P

Der Fahrpreis beträgt 60 Euro. Bei der Reservierung ist eine Anzahlung von 20 Euro zu entrichten, die beim Nichtantreten der Fahrt verfällt. Wenn eine Person mit Reservierung abgewiesen werden muss, bekommt sie vom Reisebüro nicht nur die Anzahlung zurück, sondern zusätzlich eine Entschädigung in Höhe von 100 Euro ausgezahlt.

c3) Das Reisebüro geht davon aus, dass die Summe der fälligen Rück- und Entschädigungszahlungen durchschnittlich weniger als 20 Euro pro Fahrt beträgt.
Begründen Sie, dass man unter dieser Annahme mit dem Überbuchungsverfahren einen zusätzlichen Gewinn von über 60 Euro pro Fahrt gegenüber der Beschränkung auf 60 Reservierungen erwarten kann. 2 P

c4) Bei 64 Personen mit Reservierung beschreibt die Zufallsgröße Y die Anzahl der Personen, die zu einer Fahrt nicht antreten.

Berechnen Sie den Term $\sum_{i=0}^{3} \left(P(Y=i)\cdot(4-i)\cdot 120\right)$ und erläutern Sie seine Bedeutung im Sachzusammenhang. 4 P

d) Die Geschäftsführerin des Reisebüros vermutet, dass die Wahrscheinlichkeit dafür, dass eine Person eine reservierte Fahrt antritt, kleiner als 90 % ist. Sie beauftragt daher einen Mitarbeiter, einen Test mit einem Signifikanzniveau von 2,5 % zu erstellen, der geeignet ist, ihre Vermutung zu stützen.

d1) Der Mitarbeiter wählt eine Stichprobe von 64 zu einer Fahrt angemeldeten Personen.
Erstellen Sie den geforderten Signifikanztest, und geben Sie die entsprechende Entscheidungsregel an. 7 P

d2) Der Mitarbeiter wählt vier Fahrten zufällig aus. Er führt für jede dieser Fahrten seinen Test durch. Aufgrund von 54, 56, 54 bzw. 55 zur jeweiligen Fahrt angetretenen Personen kann er in keinem der vier Fälle seine Nullhypothese verwerfen.
Zeigen Sie, dass bei einem Test mit gleichem Signifikanzniveau und gleicher Nullhypothese, der aber die insgesamt ausgewählten 256 Personen als Stichprobe verwendet, das ermittelte Ergebnis im Verwerfungsbereich der Nullhypothese liegt. 3 P

d3) Es ist c eine positive ganze Zahl.
Die Zufallsgröße X_c ist binomialverteilt mit den Parametern $c \cdot n$ und p.
Entscheiden Sie, ob die folgenden Aussagen für alle n und p wahr sind.
(1) Für alle $c \geq 2$ gilt $E(X_c) = c \cdot E(X_1)$.
(2) Für alle $c \geq 2$ und $k \in \{1; \ldots; n\}$ gilt $P(X_1 \leq k) = P(X_c \leq c \cdot k)$.
Führen Sie jeweils einen entsprechenden Nachweis. 5 P

Hinweise und Tipps

Teilaufgabe a1

- Betrachten Sie die Zufallsgröße X, die die Anzahl der Kunden mit der Kennzeichnung „S“ beschreibt.
- X ist binomialverteilt mit den Parametern $n = 550$ und $p = 0{,}06$.
- Es gilt $P(a < X \leq b) = P(X \leq b) - P(X \leq a)$.

Teilaufgabe a2

- Berechnen Sie den Erwartungswert der Zufallsgröße X.
- Es gilt $E(X) = \mu = n \cdot p$.

Teilaufgabe a3

- Interpretieren Sie den Term für die Wahrscheinlichkeit als Pfadwahrscheinlichkeit in einem 550-stufigen Baumdiagramm.

Teilaufgabe b1

- Stellen Sie sich die Preisverteilung als Ziehen aus einer Urne vor.

Teilaufgabe b2

- Betrachten Sie die Zufallsgröße X, die die Anzahl der von der Familie erhaltenen Preise beschreibt.
- Stellen Sie sich die Preisverteilung als Ziehen aus einer Urne ohne Zurücklegen vor.

Teilaufgabe b3

- Überlegen Sie, wie viele Möglichkeiten es gibt, die drei Preise, den Hauptpreis und die 56 Nieten auf die 4 Personen zu verteilen.
- Günstig davon sind die, bei denen 2 von den drei Preisen und 2 von den 56 Nieten verteilt werden.

Teilaufgabe c1

- Machen Sie sich klar, welche Bedingungen erfüllt sein müssen, damit man den Vorgang mithilfe einer Bernoulli-Kette modellieren kann.

Teilaufgabe c2

- Betrachten Sie die Zufallsgröße X, die die Anzahl der Personen mit Reservierung, die zur Fahrt antreten, beschreibt.
- Überlegen Sie, welche Werte diese Zufallsgröße hat und bei welchen Werten eine Abweisung erfolgen muss.

Teilaufgabe c3

- Erstellen Sie eine Bilanz, indem Sie die Differenz aus Mehreinnahmen und überbuchungsbedingten Ausgaben abschätzen.

Teilaufgabe c4

- Die Zufallsgröße Y ist binomialverteilt mit $n = 64$ und $p = 0{,}1$.
- Bestimmen Sie die Werte $P(Y = 0)$, $P(Y = 1)$, $P(Y = 2)$, und $P(Y = 3)$ und berechnen Sie die Summe aus vier Summanden.
- Interpretieren Sie die Summe als Erwartungswert.

Teilaufgabe d1

- Betrachten Sie die Zufallsgröße X_p, die die Anzahl der die Fahrt antretenden Personen mit einer Reservierung beschreibt.
- Wählen Sie die Nullhypothese so, dass deren Verwerfung eine Stützung der Hypothese H_1: $p < 0{,}9$ bedeutet.
- Überlegen Sie, ob ein links- oder ein rechtsseitiger Test durchgeführt werden muss.
- Bestimmen Sie die Grenzen des Verwerfungsbereichs der Nullhypothese auf Basis des vorgegebenen Signifikanzniveaus.

Teilaufgabe d2

- Prüfen Sie, ob das Testergebnis im Verwerfungsbereich der Nullhypothese liegt.
- Jetzt ist die Zufallsgröße X zu betrachten, die mit den Parametern $n = 256$ und $p = 0{,}9$ binomialverteilt ist.

Teilaufgabe d3

- Zeigen Sie die Gültigkeit von Aussage (1) durch eine Berechnung des Erwartungswertes der Zufallsgröße X_c.
- Zur Beurteilung von Aussage (2) können Sie Ergebnisse aus Teilaufgabe d2 nutzen.

Lösung

a1) Die Zufallsgröße X beschreibt die Anzahl der Kunden mit der Kennzeichnung „S". Sie ist binomialverteilt mit den Parametern $n=550$ und $p=0{,}06$.
$P(40 < X \le 50) = P(X \le 50) - P(X \le 40) \approx 0{,}9984 - 0{,}9080 = 0{,}0904 = 9{,}04\ \%$

Mit der Wahrscheinlichkeit 9,04 % sind mehr als 40, aber höchstens 50 der ausgewählten Kunden mit einem „S" gekennzeichnet.

a2) Es ist $E(X) = 550 \cdot 0{,}06 = 33$. Es ist also zu erwarten, dass 33 der ausgewählten Kunden mit einem „S" gekennzeichnet sind.
$P(X < 33) = P(X \le 32) \approx 0{,}4747 = 47{,}47\ \%$

Mit der Wahrscheinlichkeit 47,47 % sind weniger Kunden mit einem „S" gekennzeichnet, als es zu erwarten ist.

a3) Ein mögliches Ereignis ist das Ereignis A: „Von den 550 ausgewählten Kunden ist keiner mit einem „S" gekennzeichnet."

b1) Der Vater gewinnt mit der Wahrscheinlichkeit $p = \frac{4}{60} = \frac{1}{15}$ einen Preis.

b2) Die Zufallsgröße X beschreibt die Anzahl der von der Familie erhaltenen Preise. X ist hypergeometrisch verteilt und es ist:

$$P(X=2) = \frac{\binom{4}{2} \cdot \binom{56}{2}}{\binom{60}{4}} \approx 0{,}0189 = 1{,}89\ \%$$

Die Wahrscheinlichkeit, dass die Familie genau zwei Preise gewinnt, beträgt ungefähr 1,89 %.

b3) Es gibt $\binom{60}{4}$ Möglichkeiten, die drei Preise, den Hauptpreis und die 56 Nieten auf die 4 Personen zu verteilen. Günstig davon sind die, bei denen zwei von den drei Preisen und zwei von den 56 Nieten verteilt werden. Es ist:

$$\frac{\binom{3}{2} \cdot \binom{56}{2}}{\binom{60}{4}} \approx 0{,}0095 = 0{,}95\ \%$$

Die Wahrscheinlichkeit, mit der die Familie genau zwei Preise, aber nicht den Hauptpreis gewinnt, beträgt ungefähr 0,95 %.

c1) Das Erscheinen bzw. Nichterscheinen erfolgt in der Regel für einige Personen mit Reservierung (z. B. befreundete Personen) nicht unabhängig voneinander.

c2) Die Zufallsgröße X beschreibt die Anzahl der Personen mit Reservierung, die zur Fahrt antreten. Sie ist binomialverteilt mit den Parametern $n=64$ und $p=0{,}9$.
$P(X > 60) = 1 - P(X \le 60) \approx 1 - 0{,}8937 = 0{,}1063 = 10{,}63\ \%$

Die Wahrscheinlichkeit, dass mindestens eine Person mit Reservierung abgewiesen werden muss, beträgt ungefähr 10,63 %.

c3) Werden 64 statt der 60 Reservierungen vom Reisebüro angenommen, so werden $4 \cdot 20$ Euro $= 80$ Euro mehr eingenommen. Geht man davon aus, dass die durchschnittlichen Zahlungen weniger als 20 Euro betragen, ergibt sich ein zusätzlicher Gewinn von über 60 Euro pro Fahrt.

c4) Die Zufallsgröße Y ist binomialverteilt mit $n = 64$ und $p = 0{,}1$. Es sind:
$P(Y = 0) \approx 0{,}0012$, $P(Y = 1) \approx 0{,}0084$, $P(Y = 2) \approx 0{,}0293$ und $P(Y = 3) \approx 0{,}0674$

Damit folgt:

$$\sum_{i=0}^{3} (P(Y = i) \cdot (4 - i) \cdot 120) \approx 0{,}0012 \cdot 480 + 0{,}0084 \cdot 360 + 0{,}0293 \cdot 240 + 0{,}0674 \cdot 120$$
$$= 18{,}72$$

Der Term gibt die zu erwartende durchschnittliche Summe der Rück- und Entschädigungszahlungen des Reisebüros pro Fahrt in Euro an.

d1) Die Zufallsgröße X_p beschreibt die Anzahl der antretenden Personen mit einer Reservierung. X_p ist binomialverteilt mit den Parametern $n = 64$ und p.

Weil die Hypothese H_1: $p < 0{,}9$ gestützt werden soll, wird H_0: $p \geq 0{,}9$ als Nullhypothese gewählt. Wenn die Hypothese H: $p = 0{,}9$ linksseitig verworfen werden kann, so auch die Nullhypothese H_0.

Zu bestimmen ist das größte k mit $P(X_{0,9} \leq k) \leq 0{,}025$.

Es ist $P(X_{0,9} \leq 52) \approx 0{,}0236$ und $P(X_{0,9} \leq 53) \approx 0{,}0516$.

Erscheinen also höchstens 52 Personen mit Reservierung zur Fahrt, so wird die Nullhypothese abgelehnt und die Vermutung der Geschäftsführerin wird gestützt.

d2) Von den betrachteten 256 Personen sind 219 zur Fahrt erschienen.

Ist X binomialverteilt mit den Parametern $n = 256$ und $p = 0{,}9$, so gilt:
$P(X \leq 219) \approx 0{,}0148 \leq 0{,}025$

Daher läge das Ergebnis mit den 219 Personen im Verwerfungsbereich der Nullhypothese.

d3) Die Aussage (1) ist wahr, denn es gilt:
$E(X_c) = (c \cdot n) \cdot p = c \cdot (1 \cdot n \cdot p) = c \cdot E(X_1)$

Die Aussage (2) ist falsch, denn es gibt Gegenbeispiele, siehe z. B. d2:
Die Zufallsgröße X_1 ist binomialverteilt mit den Parametern $n = 64$ und $p = 0{,}9$.
Mit $k = 52$ gilt $P(X_1 \leq k) = P(X_1 \leq 52) \approx 0{,}0236$.
Die Zufallsgröße X_4 ist binomialverteilt mit den Parametern $4 \cdot 64 = 256$ und $p = 0{,}9$. Es gilt $P(X_4 \leq 4 \cdot 52) = P(X_4 \leq 208) \approx 0{,}00002 \neq 0{,}0236 \approx P(X_1 \leq 52)$.

Schleswig-Holstein – Kernfach Mathematik
2019 – Aufgabe 1: Analysis (CAS)

Trinkt man ein koffeinhaltiges Getränk (z. B. Kaffee, Cola, Energydrink), so wird darin enthaltenes Koffein vom Körper ins Blut aufgenommen und dort kontinuierlich wieder abgebaut.

a) Eine Person, in deren Körper kein Koffein enthalten ist, trinkt ein koffeinhaltiges Getränk. Berücksichtigt man sowohl den Aufnahme- als auch den Abbauvorgang, so wird die zeitliche Entwicklung der Koffeinkonzentration im Blut mithilfe der in $\mathbb{R}$ definierten Funktion h mit $h(t) = 0{,}01 \cdot e^{-0{,}003 \cdot t} \cdot (1 - e^{-0{,}07 \cdot t})$ für $t \geq 0$ beschrieben.
Dabei ist h(t) die Koffeinkonzentration in $\frac{mg}{m\ell}$ und t die Zeit in Minuten, die seit dem Einsetzen des Aufnahmevorgangs vergangen ist.

a1) Berechnen Sie den Zeitpunkt, zu dem die höchste Koffeinkonzentration erreicht wird, und geben Sie diese Konzentration an. — 4 P

a2) Zeichnen Sie den Graphen von h über dem Intervall [0; 400] in ein Koordinatensystem und wählen Sie hierfür folgenden Maßstab: 5 cm auf der t-Achse entsprechen 100 min und 1 cm auf der y-Achse entspricht $0{,}001 \frac{mg}{m\ell}$. — 3 P

a3) Bestimmen Sie mithilfe Ihrer Zeichnung die größte momentane Abnahmerate der Koffeinkonzentration. — 3 P

a4) Untersuchen Sie rechnerisch, zu welchem Zeitpunkt die momentane Änderungsrate der Koffeinkonzentration maximal ist, und geben Sie das Maximum an. — 4 P

a5) Bestimmen Sie mithilfe einer Rechnung die Zeiträume ab dem Einsetzen des Aufnahmevorgangs, in denen die Koffeinkonzentration höchstens $0{,}007 \frac{mg}{m\ell}$ beträgt. — 3 P

a6) Berechnen Sie denjenigen Wert von $a \in \mathbb{R}^+$, für den der Inhalt der Fläche, die der Graph von h mit der t-Achse und der Geraden mit der Gleichung $t = a$ einschließt, 0,7 beträgt. Beurteilen Sie die folgende Aussage:
„Der Inhalt der betrachteten Fläche entspricht der Koffeinmenge, die im zugehörigen Zeitraum insgesamt ins Blut aufgenommen wird." — 4 P

b) **Untersuchung des Abbauvorgangs**
Zur gesonderten Untersuchung des Abbauvorgangs soll nun davon ausgegangen werden, dass die Aufnahme von Koffein ins Blut bereits abgeschlossen ist und die Konzentration des Koffeins im Blut innerhalb von jeweils 240 Minuten um die Hälfte abnimmt.

b1) Geben Sie die Zeitdauer an, innerhalb derer die Koffeinkonzentration um 75 % abnimmt. — 2 P

b2) Unter diesen Voraussetzungen lässt sich die zeitliche Entwicklung der Koffeinkonzentration mithilfe einer in $\mathbb{R}$ definierten Funktion f mit $f(t) = c \cdot e^{a \cdot t}$ mit $a \in \mathbb{R}$ und $c \in \mathbb{R}^+$ beschreiben. Dabei ist f(t) die Koffeinkonzentration in $\frac{mg}{m\ell}$ und t die Zeit in Minuten, die seit Beginn der Beobachtung dieser Konzentration vergangen ist.
Begründen Sie, dass c die Koffeinkonzentration zu Beginn der Beobachtung angibt, und bestimmen Sie den passenden Wert von a. 3 P

c) **Untersuchung des Aufnahmevorgangs**
Berücksichtigt man nur den Aufnahmevorgang, lässt also den gleichzeitig erfolgenden Abbau von Koffein außer Acht, so kann die zeitliche Entwicklung der Koffeinkonzentration mithilfe einer in $\mathbb{R}$ definierten Funktion $g_{b;\,k}$ mit $g_{b;\,k}(t) = k \cdot (1 - e^{b \cdot t})$ mit $b \in \mathbb{R}$ und $k \in \mathbb{R}^+$ beschrieben werden. Dabei ist $g_{b;\,k}(t)$ die Koffeinkonzentration in $\frac{mg}{m\ell}$ und t die Zeit in Minuten, die seit Beginn der Beobachtung dieser Konzentration vergangen ist.
Im Folgenden soll angenommen werden, dass die Blutmenge konstant 5 Liter beträgt und insgesamt 100 mg Koffein ins Blut aufgenommen werden.

c1) Begründen Sie unter Berücksichtigung des Sachzusammenhangs, dass $b < 0$ gilt. 2 P

c2) Geben Sie die Bedeutung von k im Sachzusammenhang an und zeigen Sie, dass $k = 0{,}02$ gilt. 2 P

Der folgenden Tabelle können Koffeinkonzentrationen entnommen werden, die sich aus einer Messung ergeben, wenn man den Abbauvorgang außer Acht lässt:

seit Beginn der Beobachtung vergangene Zeit in Minuten	0	15	30	45
Koffeinkonzentration in $\frac{mg}{m\ell}$	0	0,0127	0,0173	0,0190

Sollen Messwerte mithilfe einer Funktion eines bestimmten Funktionstyps möglichst gut beschrieben werden, so wird diese Funktion so gewählt, dass die Summe der quadrierten Differenzen der Funktionswerte und der Messwerte möglichst klein ist. In der Abbildung sind Differenzen von Funktionswerten und Messwerten beispielhaft in Form von Strecken veranschaulicht.

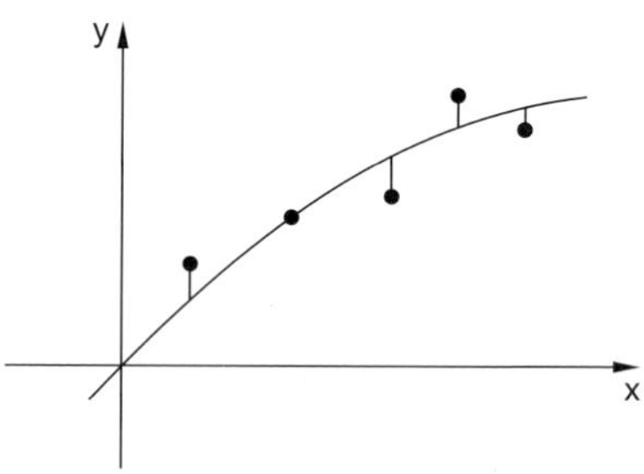

c3) Berechnen Sie die Summe der quadrierten Differenzen der Funktionswerte der Funktion $g_{b;\,k}$ mit $b=-0{,}07$ und $k=0{,}02$ und der in der Tabelle gegebenen Messwerte. 4 P

c4) Geben Sie einen Grund dafür an, dass es bei dieser Methode nicht sinnvoll ist, die Differenzen selbst anstelle ihrer Quadrate zu verwenden. 2 P

c5) Bestimmen Sie b so, dass die angegebenen Messwerte mithilfe der Funktion $g_{b;\,0{,}02}$ möglichst gut beschrieben werden. 4 P

Hinweise und Tipps

Teilaufgabe a1

- Bestimmen Sie zunächst die lokalen Extremstellen der Funktion h.
- Eine notwendige Bedingung für eine lokale Extremstelle t von h(t) ist $h'(t)=0$. Prüfen Sie, ob an der ermittelten Extremstelle ein lokales Maximum vorliegt.
- Untersuchen Sie, ob das lokale Maximum auch das globale Maximum von h auf dem Definitionsbereich ist.
- Betrachten Sie dazu u. a. das Verhalten der Funktion h für $t \to \infty$.

Teilaufgabe a2

- Nutzen Sie Ihr CAS und achten Sie auf den Maßstab.

Teilaufgabe a3

- Die momentane Abnahmerate zur Zeit t entspricht dem Betrag der (negativen) Steigung der Tangente an den Graphen von h an der Stelle t.
- Zeichnen Sie in Ihre Grafik aus a2 die Tangente mit der kleinsten Steigung ein. Die Steigung muss also negativ und betragsmäßig möglichst groß sein.
- Bestimmen Sie die Steigung dieser Tangenten mithilfe eines Steigungsdreiecks.

Teilaufgabe a4

- Zu bestimmen ist das globale Maximum von h' auf dem Definitionsbereich.
- Eine notwendige Bedingung für eine lokale Maximalstelle t von h' ist $h''(t)=0$.
- Prüfen Sie, ob an der lokalen Maximalstelle von h' auch das globale Maximum von h' auf dem Definitionsbereich vorliegt.
- Bestimmen Sie den Wert des globalen Maximums von h' als Funktionswert von h' an der globalen Maximalstelle.

Teilaufgabe a5

- Bestimmen Sie die Zeitpunkte t, für die die Koffeinkonzentration genau $0{,}007\ \frac{\text{mg}}{m\ell}$ beträgt.
- Überlegen Sie dann, in welchem Zeitintervall die Koffeinkonzentration höchstens $0{,}007\ \frac{\text{mg}}{m\ell}$ beträgt.

Teilaufgabe a6

- Der Inhalt der beschriebenen Fläche lässt sich durch das Integral $\int_0^a h(t)\,dt$ berechnen.
- Überlegen Sie, welche Entsprechung eine Flächeneinheit in der Grafik im Sachzusammenhang hat, indem Sie deren Dimension bestimmen.

Teilaufgabe b1

Eine Abnahme um 75 % entspricht einer Abnahme auf 25 %, also einer Abnahme auf ein Viertel des ursprünglichen Wertes.

Teilaufgabe b2

Berechnen Sie f(0) und interpretieren Sie das Ergebnis.

Aus der Gleichung $f(240) = \frac{1}{2} f(0)$ können Sie den Parameter a bestimmen.

Teilaufgabe c1

Überlegen Sie, unter welchen Bedingungen an b die Funktion $g_{b;\,k}(t)$ monoton wächst.

Dazu muss der Wert des Terms $-k \cdot e^{b \cdot t}$ bei Vergrößerung von t zunehmen.

Teilaufgabe c2

Zeichnen Sie den Graphen von $g_{b;\,k}(t)$ für ein selbst gewähltes $k > 0$ und $b < 0$.

Zeigen Sie, dass $g_{b;\,k}(t) \to k$ für $t \to \infty$ gilt, und interpretieren Sie das Ergebnis.

k gibt den Wert an, dem sich die Koffeinkonzentration nähert, wenn man den Abbauvorgang außer Acht lässt. Geben Sie diesen Wert aus dem Sachzusammenhang heraus an.

Teilaufgabe c3

Mit $g(t) = g_{-0,07;\,0,02}(t)$ berechnen Sie die geforderte Summe wie folgt:
$(g(0)-0)^2 + (g(15)-0{,}0127)^2 + (g(30)-0{,}0173)^2 + (g(45)-0{,}0190)^2$

Teilaufgabe c4

Begründen Sie, dass die Differenzen auch negativ sein können und inwiefern dies ein Problem darstellen könnte.

Teilaufgabe c5

Stellen Sie eine Funktion q auf, die jedem Parameterwert b die Summe der quadrierten Differenzen der Funktionswerte der Funktion $g_{b;\,k}$ und der in der Tabelle gegebenen Messwerte zuordnet.

Es ist:

$$q(b) = (g_{b;\,0,02}(0) - 0)^2 + (g_{b;\,0,02}(15) - 0{,}0127)^2 + (g_{b;\,0,02}(30) - 0{,}0173)^2 + (g_{b;\,0,02}(45) - 0{,}0190)^2$$

Zu bestimmen ist dann das globale Minimum der Funktion q.

Notwendig für eine lokale Extremstelle b von q ist $q'(b) = 0$.

Begründen Sie, dass an der ermittelten lokalen Extremstelle das globale Minimum der Funktion q vorliegt.

Lösung

a1) Notwendig für eine lokale Extremstelle t von h ist h'(t) = 0.
h'(t) = 0 $\Leftrightarrow$ t ≈ 45,5978

Weil zusätzlich
h"(45,5978) ≈ −0,000002 < 0,

h(0) = 0 sowie h(t) → 0 für t → ∞ gilt und h(45,5978) ≈ 0,008363 ist, ist die Koffeinkonzentration etwa 46 Minuten nach dem Einsetzen des Aufnahmevorgangs mit etwa 0,0084 $\frac{\text{mg}}{m\ell}$ am höchsten.

$h(t):=0.01\cdot e^{-0.003\cdot t}\cdot\left(1-e^{-0.07\cdot t}\right)$	*Fertig*
$h1(t):=\frac{d}{dt}\left(h(t)\right)$	*Fertig*
$h2(t):=\frac{d}{dt}\left(h1(t)\right)$	*Fertig*
solve(h1(t)=0,t)	t=45.5978
h2(t)|t=45.597816464003	-0.000002
h(0)	0.
$\lim_{t\to\infty}\left(h(t)\right)$	0.
h(t)|t=45.597816464003	0.008363

a2)
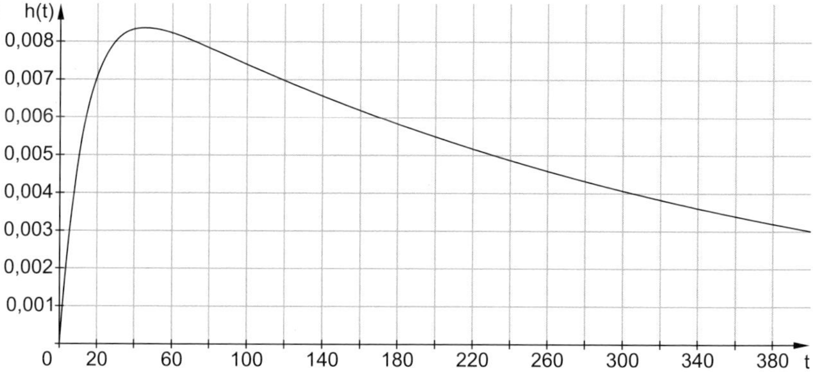

a3)
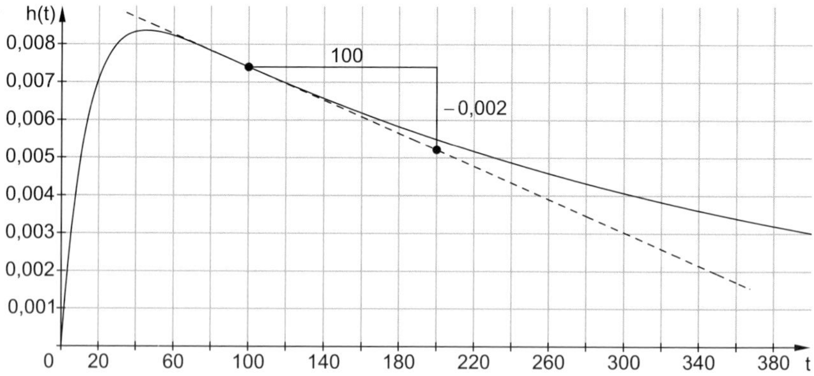

$$\frac{-0{,}002}{100} = -0{,}00002$$

Die Abnahmerate beträgt etwa

$0{,}00002 \, \frac{\text{mg}}{m\ell \cdot \text{min}}$.

$\frac{-0.002}{100}$	-0.00002

a4) Eine notwendige Bedingung für eine lokale Maximalstelle t von h' ist h''(t) = 0.
$h''(t) = 0 \;\Leftrightarrow\; t \approx 91{,}1956$

Weil zusätzlich
$h'(0) = 0{,}0007$, $h'(91{,}1956) \approx -0{,}00002$
und $h'(t) \rightarrow 0$ für $t \rightarrow \infty$ gilt, ist die Änderungsrate zum Zeitpunkt des Einsetzens des Aufnahmevorgangs maximal. Sie beträgt $0{,}0007 \, \frac{\text{mg}}{m\ell \cdot \text{min}}$.

solve(h2(t)=0,t)	t=91.1956
h1(0)	0.0007
h1(91.1956)	-0.000022
$\lim_{t \to \infty} (h1(t))$	0.

a5) $h(t) = 0{,}007 \;\Leftrightarrow\; t \approx 19{,}3446$ oder $t \approx 118{,}81$

Mithilfe des Graphen ergibt sich, dass die Koffeinkonzentration in den ersten etwa 19 Minuten nach dem Einsetzen des Aufnahmevorgangs sowie ab einem Zeitpunkt, der etwa 119 Minuten nach dem Einsetzen des Aufnahmevorgangs liegt, höchstens $0{,}007 \, \frac{\text{mg}}{m\ell}$ beträgt.

⚠ solve(h(t)=0.007,t)	t=19.3446 or t=118.81

a6) Für $a > 0$ liefert $\int_0^a h(t)\,dt = 0{,}7$ den Wert $a \approx 96{,}3653$.

⚠ solve$\left(\int_0^a h(t)\,dt=0.7,a\right)$	a=-29.0297 or a=96.3653

Die Aussage ist falsch: Eine Flächeneinheit entspricht im Sachzusammenhang $1 \, \frac{\text{mg}}{m\ell} \cdot \text{min}$, beschreibt also keine Koffeinmenge.

b1) 480 Minuten (Erforderlich sind zwei Zeitspannen à 240 Minuten, in denen die Koffeinkonzentration jeweils halbiert wird.)

b2) Wegen $f(0) = c \cdot e^{a \cdot 0} = c$ ist c die Koffeinkonzentration zu Beginn der Beobachtung.

Für $c > 0$ ergibt sich:

$$f(240) = \frac{1}{2}c \;\Leftrightarrow\; a = -\frac{\ln 2}{240} \approx -0{,}0029$$

$f(t):=c \cdot e^{a \cdot t}$	Fertig
solve$\left(f(240)=\frac{1}{2} \cdot f(0),a\right)$	$a=\frac{-\ln(2)}{240}$
solve$\left(f(240)=\frac{1}{2} \cdot f(0),a\right)$	a=-0.002888

c1) Die Aufnahme von Koffein ins Blut führt zu einer Zunahme der Koffeinkonzentration. Die Werte von $g_{b;\,k}(t) = k - k \cdot e^{b \cdot t}$ nehmen mit wachsenden Werten von t genau dann zu, wenn $b < 0$ gilt.

c2) k gibt den Wert an, dem sich die Koffeinkonzentration nähert, wenn man den Abbauvorgang außer Acht lässt.
Wegen $\frac{100 \text{ mg}}{5\,000 \, m\ell} = 0{,}02 \, \frac{\text{mg}}{m\ell}$ ist $k = 0{,}02$.

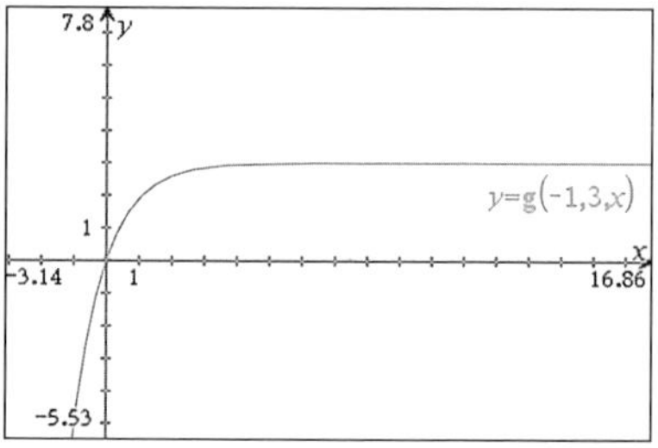

c3) Mit $g(t) = g_{-0{,}07;\,0{,}02}(t)$ gilt:
$(g(0) - 0)^2 + (g(15) - 0{,}0127)^2$
$+ (g(30) - 0{,}0173)^2 + (g(45) - 0{,}0190)^2$
$\approx 1{,}74 \cdot 10^{-7}$

g(b,k,t):=k·(1−e^(b·t))	Fertig
g1(t):=g(−0.07,0.02,t)	Fertig
(g1(0)−0)^2+(g1(15)−0.0127)^2+(g1(30)−0.0▸	
	1.74122E-7

c4) Verwendet man anstelle der Quadrate der Differenzen die Differenzen selbst, so können sich positive und negative Differenzen teilweise gegenseitig aufheben. Damit könnte die Summe der Differenzen trotz großer Beträge gering sein.

c5) Zu bestimmen ist das globale Minimum der Funktion q mit:
$q(b) = (g_{b;\,0{,}02}(0) - 0)^2$
$+ (g_{b;\,0{,}02}(15) - 0{,}0127)^2$
$+ (g_{b;\,0{,}02}(30) - 0{,}0173)^2$
$+ (g_{b;\,0{,}02}(45) - 0{,}0190)^2$

q(b):=(g(b,0.02,0)−0)^2+(g(b,0.02,15)−0.012▸	
	Fertig
q1(b):=d/db(q(b))	Fertig
q2(b):=d/db(q1(b))	Fertig
solve(q1(b)=0,b)	b=−0.066991
q2(b)|b=−0.066991473995007	0.04086

Notwendig für eine lokale Extremstelle b von q ist $q'(b) = 0$.
$q'(b) = 0 \;\Leftrightarrow\; b \approx -0{,}0670$
Da zusätzlich $q''(-0{,}0670) \approx 0{,}041 > 0$ gilt und keine weiteren Extremstellen existieren, liegt für $b \approx -0{,}0670$ das globale Minimum der Funktion q vor.

Schleswig-Holstein – Kernfach Mathematik
2019 – Aufgabe 2: Analysis (CAS)

Gegeben ist die Schar der in $\mathbb{R}$ definierten Funktionen f_k mit $f_k(x) = (x-3) \cdot \left(x^2 - k \cdot x - \frac{k}{2}\right)$ und $k \in \mathbb{R}$. Der Graph von f_k wird mit G_k bezeichnet. Die Abbildung zeigt G_1.

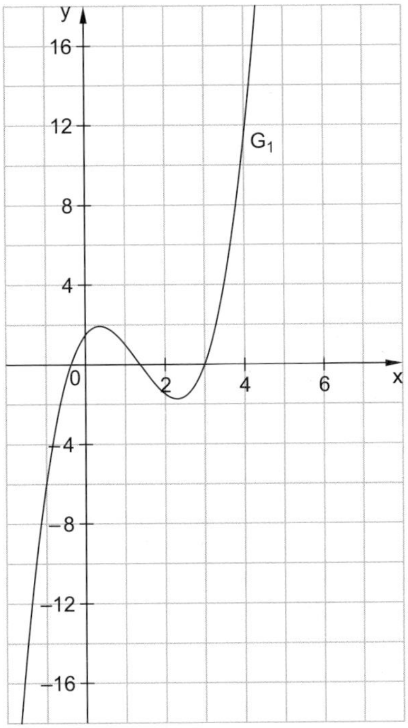

a) a1) Bestimmen Sie für G_6 die Koordinaten der Schnittpunkte mit den Koordinatenachsen sowie die Koordinaten der Extrempunkte. Skizzieren Sie G_6 in der Abbildung. 8 P

a2) Ermitteln Sie die Koordinaten der Punkte, durch die alle Graphen der Schar verlaufen. 4 P

a3) Zeigen Sie, dass G_k für jeden Wert von k genau zwei Extrempunkte hat. 5 P

a4) Jeder Graph G_k hat einen Wendepunkt. Ermitteln Sie alle Werte von k, für die der Wendepunkt von G_k auf einer Koordinatenachse liegt. 4 P

a5) Für alle Graphen der Schar wird jeweils die Tangente im Wendepunkt betrachtet. Jede dieser Tangenten schließt mit der x-Achse einen Winkel ein. Bestimmen Sie die Größe des kleinsten dieser Winkel. 5 P

a6) G_6 schließt für $0 \leq x \leq 3$ ein Flächenstück mit der x-Achse und der Geraden $x = 0$ ein. Für $3 \leq x \leq 6$ schließt G_6 ein zweites Flächenstück mit der x-Achse und der Geraden $x = 6$ ein. Rotieren diese beiden Flächenstücke um die x-Achse, so entstehen zwei Körper. Bestimmen Sie die Volumina der beiden Körper. 2 P

a7) Beurteilen Sie die folgende Aussage:
„Rotieren zwei Flächenstücke gleichen Inhalts um die x-Achse, so stimmen die Volumina der beiden entstehenden Körper überein." 3 P

b) Die Funktion f_1 beschreibt nun für $0 \leq x \leq 3$ die momentane Änderungsrate der Wassermenge in einer großen Regentonne. Dabei steht x für die Zeit in Stunden nach Beobachtungsbeginn um 12:00 Uhr und $f_1(x)$ für die momentane Änderungsrate in $\frac{m^3}{h}$.

b1) Berechnen Sie das Integral $\int_0^3 f_1(x)\,dx$ und interpretieren Sie den Integralwert im Sachzusammenhang. 2 P

b2) Um 12:15 Uhr enthält die Regentonne 0,8 m^3 Wasser. Bestimmen Sie die maximale Wassermenge, die sich in der Zeit zwischen 12:00 Uhr und 15:00 Uhr in der Regentonne befindet. 4 P

c) Betrachtet werden nun zwei zu Beginn der Beobachtung leere Regentonnen T_1 und T_2. Die Funktionen f_{k_1} und f_{k_2} mit $k_1 < k_2$ beschreiben für $0 \leq x \leq 3$ die momentanen Änderungsraten der Wassermenge der Tonne T_1 bzw. T_2.
Bestimmen Sie den Zeitpunkt, für den der Füllmengenunterschied zwischen den beiden Tonnen maximal ist. 3 P

Hinweise und Tipps

Teilaufgabe a1

- Die Schnittstellen des Graphen von f_6 mit der x-Achse sind die Nullstellen von f_6.
- Lösen Sie die Gleichung $f_6(x)=0$.
- Beachten Sie, dass ein Punkt durch zwei Koordinaten bestimmt ist. Berechnen Sie $f_6(0)$ und geben Sie dann den Schnittpunkt mit der y-Achse an.
- Notwendig für eine Extremstelle x von f_6 ist $f_6'(x)=0$.
- Bestimmen Sie die Art der Extrema, indem Sie an den lokalen Extremstellen die zweite Ableitung von f_6 berechnen.
- Berechnen Sie die Extremwerte und geben Sie die Extrempunkte an.

Teilaufgabe a2

- Bestimmen Sie die Schnittstellen der Graphen von f_{k_1} und f_{k_2} mit $k_1 \neq k_2$.
- Die Schnittstellen sind die Lösungen der Gleichung $f_{k_1}(x)=f_{k_2}(x)$.
- Berechnen Sie die y-Koordinaten der Schnittpunkte.
- Sollten Sie bisher mit konkreten Werten für k_1 und k_2 gearbeitet haben, so müssen Sie noch prüfen, ob die Schnittpunkte auch auf allen anderen Graphen der Schar liegen.

Teilaufgabe a3

- Notwendig für eine Extremstelle x von f_k ist $f_k'(x)=0$.
- Zeigen Sie, dass die Gleichung $f_k'(x)=0$ für alle k jeweils zwei verschiedene Lösungen hat.
- Zeigen Sie mit der zweiten Ableitung von f_k, dass an diesen Stellen tatsächlich Extremstellen vorliegen.

Teilaufgabe a4

- Bestimmen Sie für jedes k die Koordinaten des Wendepunktes von G_k.
- Notwendig für eine Wendestelle x von f_k ist $f_k''(x)=0$.
- Untersuchen Sie, für welche k dieser Wendepunkt auf der x-Achse bzw. auf der y-Achse liegt.

Teilaufgabe a5

- Die Größe des Winkels, den die Wendetangente von G_k mit der x-Achse einschließt, ist genau für den Wert von k minimal, für den der Wert der Steigung der Wendetangente von G_k betragsmäßig minimal ist.
- Die Steigung der Wendetangente hat den Wert $f_k'(x_W)$, wenn x_W die Wendestelle ist.

- Zu bestimmen ist das globale Minimum von $s(k) = |f_k'(x_W)|$.
- Für den Steigungswinkel α der Tangente an der Stelle x gilt $\tan(\alpha) = f_k'(x)$.

Teilaufgabe a6

- Rotiert über dem Intervall [a; b] der Graph der Funktion f um die x-Achse, so berechnet sich das Volumen des dabei erzeugten Rotationskörpers zu:

$$V = \pi \int_a^b (f(x))^2 \, dx$$

Teilaufgabe a7

- Zeigen Sie, dass die Aussage im Allgemeinen falsch ist, indem Sie ein (einfaches) Gegenbeispiel angeben.
- Sie können dabei mit zwei flächeninhaltsgleichen Rechtecken argumentieren.

Teilaufgabe b1

- Das bestimmte Integral über die Änderungsrate einer Größe über einem Intervall gibt die Gesamtänderung der Größe im betrachteten Intervall an.
- Das hier berechnete Integral gibt also die Gesamtänderung der Wassermenge im Behälter zwischen 12:00 Uhr und 15:00 Uhr an.
- Interpretieren Sie den Integralwert entsprechend.

Teilaufgabe b2

- Überlegen Sie, wie man anhand des Graphen von f_1 auf den Zeitpunkt schließen kann, zu dem die maximale Füllmenge der Regentonne vorliegt.
- Begründen Sie, dass die maximale Füllmenge der Regentonne zu der durch die mittlere Nullstelle x_m von f_1 gegebenen Zeit vorliegt. Bestimmen Sie diese Zeit.
- Die in der Zeit zwischen 12:15 Uhr und der Zeit, zu der die maximale Füllung vorliegt, zugeflossene Wassermenge berechnet sich zu $\int_{0,25}^{x_m} f_1(x) \, dx$.
- Die Anfangsfüllmenge (Füllmenge um 12:15 Uhr) muss nun noch berücksichtigt werden.
- Alternativ können Sie auch die Funktion V bestimmen, die die Füllmenge der Tonne zur Zeit x beschreibt, und von dieser dann das globale Maximum im Intervall [0; 3] bestimmen.
- Für diese Alternative gilt $V(x) = 0{,}8 + \int_{0,25}^{x} f_1(t) \, dt$.

Teilaufgabe c

- Überlegen Sie, was $f_{k_2}(x) - f_{k_1}(x) > 0$ (bzw. < 0 oder $= 0$) für den Füllmengenunterschied der beiden Tonnen bedeutet.
- Notwendig dafür, dass zur Zeit x mit $0 \le x \le 3$ ein lokales Maximum des Füllmengenunterschiedes vorliegt, ist, dass die Änderungsrate des Füllmengenunterschiedes zu dieser Zeit den Wert null hat.
- Nutzen Sie die Ergebnisse von Aufgabe a2.
- Alternativ können Sie auch die Funktionen V_1 und V_2 bestimmen, die die Füllmengen der Tonnen zur Zeit x beschreiben.
- Für diese Alternative gilt $V_1(x) = \int_0^x f_{k_1}(t)\,dt$ und $V_2(x) = \int_0^x f_{k_2}(t)\,dt$.
- Bestimmen Sie dann von der Differenzfunktion D mit $D(x) = V_1(x) - V_2(x)$ die Stelle, an der der Funktionswert betragsmäßig maximal ist.

Lösung

a1) $f_6(x) = 0 \Leftrightarrow x = 3 - 2\sqrt{3} \vee x = 3 \vee x = 3 + 2\sqrt{3}$

Schnittpunkte mit der x-Achse:
$(3 - 2\sqrt{3} \mid 0)$, $(3 \mid 0)$, $(3 + 2\sqrt{3} \mid 0)$

$f_6(0) = 9$

Schnittpunkt mit der y-Achse:
$(0 \mid 9)$

$f(k,x) := (x-3)\cdot\left(x^2 - k\cdot x - \frac{k}{2}\right)$	*Fertig*
solve$(f(6,x)=0,x)$	
	$x=-(2\cdot\sqrt{3}-3)$ or $x=3$ or $x=2\cdot\sqrt{3}+3$
solve$(f(6,x)=0,x)$	
	$x=-0.464102$ or $x=3.$ or $x=6.4641$
$f(6,0)$	9

Notwendig für eine Extremstelle x von f_6 ist $f_6'(x) = 0$.

$f_6'(x) = 0 \Leftrightarrow x = 1$ oder $x = 5$

Wegen $f_6''(1) = -12 \neq 0$ und $f_6''(5) = 12 \neq 0$ sowie $f_6(1) = 16$ und $f_6(5) = -16$ lauten die Koordinaten der Extrempunkte von G_6:
$(1 \mid 16)$ und $(5 \mid -16)$

$f1(k,x) := \frac{d}{dx}(f(k,x))$	*Fertig*
$f2(k,x) := \frac{d}{dx}(f1(k,x))$	*Fertig*
solve$(f1(6,x)=0,x)$	$x=1$ or $x=5$
$f2(6,1)$	-12
$f2(6,5)$	12
$f(6,1)$	16
$f(6,5)$	-16

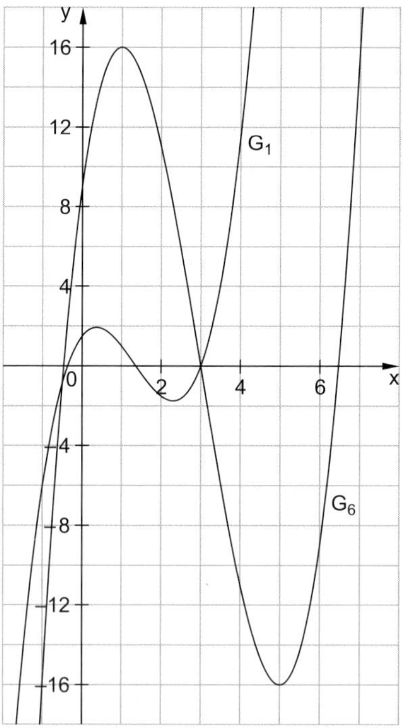

a2) Für $k_1 \neq k_2$ gilt:

$$f_{k_1}(x) = f_{k_2}(x) \Leftrightarrow x = -0{,}5 \text{ oder } x = 3$$

Es ist $f_k(-0{,}5) = -0{,}875$ und $f_k(3) = 0$ für alle $k \in \mathbb{R}$.

Damit verlaufen alle Graphen G_k durch die Punkte $(-0{,}5 \mid -0{,}875)$ und $(3 \mid 0)$.

$\text{solve}(f(k1,x)=f(k2,x),x)$	$x=\frac{-1}{2} \text{ or } x=3 \text{ or } k1-k2=0$
$f(k,-0.5)$	-0.875
$f(k,3)$	0

a3) Notwendig für eine Extremstelle x von f_k ist $f_k'(x) = 0$.
Wegen $2k^2 - 3k + 18 > 0$ für alle k hat die Gleichung $f_k'(x) = 0$ für alle k jeweils die beiden verschiedenen Lösungen:

$$x_1 = \frac{2(k+3) - \sqrt{2(2k^2 - 3k + 18)}}{6} \text{ und}$$

$$x_2 = \frac{2(k+3) + \sqrt{2(2k^2 - 3k + 18)}}{6}$$

Weil zusätzlich

$$f_k''(x_1) = -\sqrt{2(2k^2 - 3k + 18)} \neq 0 \text{ und}$$

$$f_k''(x_2) = \sqrt{2(2k^2 - 3k + 18)} \neq 0$$

für alle k gilt, liegen an den Stellen x_1 und x_2 Extrempunkte von G_k vor.

Damit hat G_k für jeden Wert von k genau zwei Extrempunkte.

$\text{solve}(f1(k,x)=0,x)$	$x=\frac{-\left(\sqrt{2\cdot(2\cdot k^2-3\cdot k+18)}-2\cdot(k+3)\right)}{6} \text{ or } x=\frac{\sqrt{2}}{}$ ▸
$\text{solve}(2\cdot k^2-3\cdot k+18>0,k)$	true
$f2\left(k,\frac{-\left(\sqrt{2\cdot(2\cdot k^2-3\cdot k+18)}-2\cdot(k+3)\right)}{6}\right)$	$-\sqrt{2\cdot(2\cdot k^2-3\cdot k+18)}$
$f2\left(k,\frac{\sqrt{2\cdot(2\cdot k^2-3\cdot k+18)}+2\cdot(k+3)}{6}\right)$	$\sqrt{2\cdot(2\cdot k^2-3\cdot k+18)}$

a4) Notwendig für eine Wendestelle x von f_k ist $f_k''(x) = 0$.

$$f_k''(x) = 0 \Leftrightarrow x = \frac{k+3}{3}$$

Damit liegt an der Stelle $x = \frac{k+3}{3}$ der Wendepunkt von G_k.

$$\frac{k+3}{3} = 0 \Leftrightarrow k = -3$$

$$f_k\left(\frac{k+3}{3}\right) = 0 \Leftrightarrow k = 6 \;\vee\; k = -\frac{3}{8}(\sqrt{57}+5) \;\vee\; k = \frac{3}{8}(\sqrt{57}-5)$$

Für genau diese vier Werte von k liegt der Wendepunkt von G_k auf einer Koordinatenachse.

$\text{solve}(f2(k,x)=0,x)$	$x=\frac{k+3}{3}$
$\text{solve}\left(\frac{k+3}{3}=0,k\right)$	$k=-3$
$\text{solve}\left(f\left(k,\frac{k+3}{3}\right)=0,k\right)$	$k=\frac{-3\cdot(\sqrt{57}+5)}{8} \text{ or } k=\frac{3\cdot(\sqrt{57}-5)}{8} \text{ or } k=6$
$\text{solve}\left(f\left(k,\frac{k+3}{3}\right)=0,k\right)$	$k=-4.70619 \text{ or } k=0.956188 \text{ or } k=6.$

a5) Die Größe des Winkels, den die Wendetangente von G_k mit der x-Achse einschließt, ist genau für den Wert von k minimal, für den der Wert der Steigung der Wendetangente von G_k betragsmäßig minimal ist.

Die Steigung der Wendetangente hat den Wert:

$$f_k'\left(\frac{k+3}{3}\right) = \frac{-k^2}{3} + \frac{k}{2} - 3$$

Zu bestimmen ist das globale Minimum von:

$$s(k) = \left| \frac{-k^2}{3} + \frac{k}{2} - 3 \right|$$

Wegen $s'(k) = 0 \iff k = \frac{3}{4}$ und $s''(k) = \frac{2}{3} > 0$ für alle k liegt für $k = \frac{3}{4}$ die betragsmäßig kleinste Steigung der Wendetangente vor.

Der entsprechende Schnittwinkel beträgt:

$$\arctan\left(s\left(\frac{3}{4}\right)\right) \approx 70{,}4°$$

$f1\left(k, \frac{k+3}{3}\right)$	$\frac{-k^2}{3} + \frac{k}{2} - 3$
$s(k) := \left\| \frac{-k^2}{3} + \frac{k}{2} - 3 \right\|$	*Fertig*
$s1(k) := \frac{d}{dk}(s(k))$	*Fertig*
$s2(k) := \frac{d}{dk}(s1(k))$	*Fertig*
solve$(s1(k)=0, k)$	$k = \frac{3}{4}$
$s2(k)$	$\frac{2}{3}$
$\left(\tan^{-1}\left(s\left(\frac{3}{4}\right)\right)\right)$ ▸DD	70.4269°

a6) $V_1 = \pi \int_0^3 (f_6(x))^2 \, dx = \frac{15\,471}{35}\pi$

$\approx 1\,388{,}67$

$\pi \cdot \int_0^3 (f(6,x))^2 \, dx$	$\frac{15471 \cdot \pi}{35}$
$\pi \cdot \int_0^3 (f(6,x))^2 \, dx$	1388.67

$V_2 = \pi \int_3^6 (f_6(x))^2 \, dx = \frac{15\,471}{35}\pi$

$\approx 1\,388{,}67$

$\pi \cdot \int_3^6 (f(6,x))^2 \, dx$	$\frac{15471 \cdot \pi}{35}$
$\pi \cdot \int_3^6 (f(6,x))^2 \, dx$	1388.67

a7) Die Aussage ist im Allgemeinen falsch.

Mögliche Begründung: Das Rechteck I mit den Eckpunkten $(0|0)$, $(2|0)$, $(2|1)$ und $(0|1)$ und das Rechteck II mit den Eckpunkten $(0|0)$, $(1|0)$, $(1|2)$ und $(0|2)$ haben den gleichen Flächeninhalt 2.

Die Volumina der zugehörigen Rotationskörper sind mit $\pi \cdot 1^2 \cdot 2 = 2\pi$ bzw. $\pi \cdot 2^2 \cdot 1 = 4\pi$ jedoch verschieden.

b1) $\int\limits_0^3 f_1(x)\,dx = 0$

$$\int_0^3 f(1,x)\,dx \qquad 0$$

Interpretation: In den ersten 3 Stunden nach Beobachtungsbeginn fließt genauso viel Wasser zu wie ab.

Alternativ: Die Füllmenge in der Tonne ist um 12:00 Uhr genauso groß wie um 15:00 Uhr.

b2) Die maximale Füllmenge der Regentonne liegt zu der durch die mittlere Nullstelle von f_1 gegebenen Zeit vor. Vorher fließt Wasser zu, nachher fließt Wasser ab.

$f_1(x) = 0 \;\Leftrightarrow\; x \approx -0{,}3660 \;\vee$
$x \approx 1{,}3660 \;\vee\; x = 3$

Mit

$$0{,}8 + \int\limits_{0,25}^{1,3660} f_1(x)\,dx \approx 2{,}2201$$

ergibt sich für die Füllmenge zu dieser Zeit ein Wert von etwa 2,2 m^3.

solve(f(1,x)=0,x)
$$x=\frac{-(\sqrt{3}-1)}{2} \text{ or } x=\frac{\sqrt{3}+1}{2} \text{ or } x=3$$

solve(f(1,x)=0,x)
x=-0.366025 or x=1.36603 or x=3.

$$0.8+\int_{0.25}^{1.36603} f(1,x)\,dx \qquad 2.2201$$

Alternativ: Die zur Zeit x in der Tonne befindliche Wassermenge V(x) berechnet sich zu:

$$V(x) = 0{,}8 + \int\limits_{0,25}^{x} f_1(t)\,dt$$

Notwendig für eine lokale Maximalstelle x von V ist $V'(x)=0$.

$V'(x) = 0 \;\Leftrightarrow\; f_1(x) = 0 \;\Leftrightarrow$
$x \approx -0{,}3660 \;\vee\; x \approx 1{,}3660 \;\vee\; x = 3$

Wegen $V''(1{,}3660) < 0$ und $V''(3) > 0$ liegt zur Zeit $x \approx 1{,}3660$ ein lokales Maximum der Wassermenge vor.

Wegen

$$V(1{,}3660) = 0{,}8 + \int\limits_{0,25}^{1,3660} f_1(x)\,dx \approx 2{,}2201 > V(3)$$

ist dies auch das globale Maximum auf dem betrachteten Intervall.

$v(x):=0.8+\int_{0.25}^{x} f(1,t)\,dt$	*Fertig*
$v1(x):=\frac{d}{dx}(v(x))$	*Fertig*
$v2(x):=\frac{d}{dx}(v1(x))$	*Fertig*
solve(v1(x)=0,x)	x=-0.366025 or x=1.36603 or x=3.
v2(1.36603)	-2.83013
v2(3)	5.5
v(0)	0.366732
v(1.36603)	2.2201
v(3)	0.366732

c) Notwendig dafür, dass zur Zeit x mit $0 \le x \le 3$ ein lokales Maximum des Füllmengenunterschiedes vorliegt, ist, dass die Änderungsrate des Füllmengenunterschiedes zu dieser Zeit den Wert null hat.

Es gilt

$$f_{k_2}(x) - f_{k_1}(x) = 0 \iff x = 3,$$

denn für $0 \le x \le 3$ ist 3 die einzige Schnittstelle der Graphen G_{k_2} und G_{k_1} (siehe Aufgabe a2).

```
solve(f(k1,x)-f(k2,x)=0,x)
                         x=-1/2 or x=3 or k1-k2=0
```

Da der Füllmengenunterschied zu Beobachtungsbeginn (12:00 Uhr) gleich null war, liegt zur Zeit 15:00 Uhr auch das globale Maximum des Füllmengenunterschieds vor.

Alternativ: Die zur Zeit x in der Tonne 1 befindliche Wassermenge berechnet sich zu:

$$V_1(x) = \int_0^x f_{k_1}(t)\,dt$$

Die zur Zeit x in der Tonne 2 befindliche Wassermenge berechnet sich zu:

$$V_2(x) = \int_0^x f_{k_2}(t)\,dt$$

Der (orientierte) Füllmengenunterschied D wird dann beschrieben durch die Funktion D mit $D(x) = V_1(x) - V_2(x)$.

Notwendig für eine lokale Extremstelle x von D ist $D'(x) = 0$.

```
v1(x):=∫_0^x f(k1,t) dt                Fertig
v2(x):=∫_0^x f(k2,t) dt                Fertig
d(x):=v1(x)-v2(x)                      Fertig
d1(x):=d/dx(d(x))                      Fertig
solve(d1(x)=0,x)      x=-1/2 or x=3 or k1-k2=0
d(0)                                        0
```

$$D'(x) = 0 \iff V_1'(x) - V_2'(x) = 0 \iff f_{k_1}(x) - f_{k_2}(x) = 0 \iff x = 3$$

Wegen $D(0) = 0$ liegt zur Zeit 15:00 Uhr der betragsmäßig größte Unterschied der Füllmengen vor.

Schleswig-Holstein – Kernfach Mathematik
2020 – hilfsmittelfreier Teil

1 **Stochastik (Pool 1)**
Für ein Zufallsexperiment mit den beiden Ereignissen A und B gilt $P(A) = 0{,}6$ und $P(\overline{B}) = 0{,}3$ sowie $P(A \cap \overline{B}) = 0{,}2$.

1.1 Erstellen Sie für die beschriebene Situation eine vollständige Vierfeldertafel. 3 P

1.2 Bestimmen Sie die Wahrscheinlichkeit $P_A(\overline{B})$. 2 P

2 **Stochastik (Pool 1)**
Die Abbildung zeigt das Netz eines Würfels.

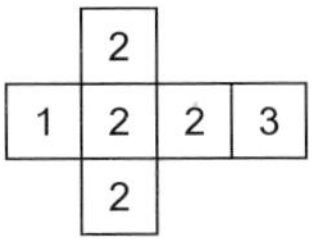

2.1 Der Würfel wird zweimal geworfen. Berechnen Sie die Wahrscheinlichkeit dafür, dass die Summe der beiden geworfenen Zahlen 4 ist. 2 P

2.2 Die Zahlen „1" und „3" werden jeweils durch eine neue Zahl ersetzt. Das Verhältnis der beiden neuen Zahlen ist ebenfalls 1 : 3. Betrachtet man bei einmaligem Werfen des geänderten Würfels die geworfene Zahl, so ist der zugehörige Erwartungswert 4.
Ermitteln Sie die beiden neuen Zahlen. 3 P

3 **Analytische Geometrie (Pool 1)**
Gegeben ist eine Kugel K mit
$K\colon (x_1 - 4)^2 + (x_2 - 4)^2 + (x_3 - 1)^2 = 1$.

3.1 Geben Sie die Koordinaten des Mittelpunktes M und den Radius r der Kugel K sowie die Koordinaten eines Punktes P auf dieser Kugel an. 2 P

3.2 Gegeben sind die Punkte $A(4|4|0)$ und $B(0|8|0)$.
Zeigen Sie, dass die Gerade durch A und B die Kugel K in genau einem Punkt berührt. 3 P

4 **Analytische Geometrie (Pool 1)**
In einem Koordinatensystem ist ein gerader Zylinder mit dem Radius 5 und der Höhe 10 gegeben, dessen Grundfläche in der x_1x_2-Ebene liegt. $M(8|5|10)$ ist der Mittelpunkt der Deckfläche.

4.1 Weisen Sie nach, dass der Punkt $P(5|1|0)$ auf dem Rand der Grundfläche des Zylinders liegt. 2 P

4.2 Unter allen Punkten auf dem Rand der Deckfläche hat der Punkt S den kleinsten Abstand von P, der Punkt T den größten.
Geben Sie die Koordinaten von S an und bestimmen Sie die Koordinaten von T. 3 P

5 **Analytische Geometrie (Pool 2)**

Für jedes $a \in \mathbb{R}$ sind die Geraden g_a und h_a gegeben durch

$$g_a: \vec{x} = \begin{pmatrix} 1 \\ 1 \\ 1 \end{pmatrix} + r \cdot \begin{pmatrix} a \\ 4 \\ 1 \end{pmatrix} \text{ und } h_a: \vec{x} = \begin{pmatrix} 1 \\ 1 \\ 1 \end{pmatrix} + s \cdot \begin{pmatrix} 2a \\ a \\ 2 \end{pmatrix}.$$

Die Geraden g_a und h_a haben den gemeinsamen Punkt $P(1\,|\,1\,|\,1)$.

5.1 Untersuchen Sie, ob es ein $a \in \mathbb{R}$ gibt, für das g_a und h_a sogar identisch sind. 2 P

5.2 Zeigen Sie, dass es genau ein $a \in \mathbb{R}$ derart gibt, sodass g_a und h_a orthogonal zueinander sind. 3 P

6 **Analysis (Pool 1)**

Gegeben ist die Funktion f mit $f(x) = \frac{1}{5}x^5 + x^4 - \frac{8}{3}x^3$ mit $x \in \mathbb{R}$.

6.1 Berechnen Sie die lokale Änderungsrate der Funktion an der Stelle $x = -1$. 2 P

6.2 Die Funktion f hat drei Wendestellen. Bestimmen Sie diese Stellen. 3 P

7 **Analysis (Pool 1)**

Die Abbildung zeigt den Graphen der Funktion f mit $f(x) = x \cdot e^{-x}$ und $x \in \mathbb{R}$. Betrachtet werden die Dreiecke mit den Eckpunkten $O(0\,|\,0)$, $P(a\,|\,0)$ und $Q(a\,|\,f(a))$ mit $a > 0$.

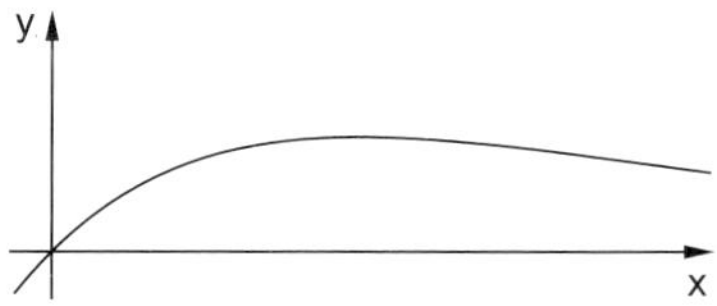

7.1 Begründen Sie, dass der Flächeninhalt jedes dieser Dreiecke mit dem Term $\frac{1}{2}a^2e^{-a}$ bestimmt werden kann. 2 P

7.2 Unter den betrachteten Dreiecken hat eines den größten Flächeninhalt. Bestimmen Sie den zugehörigen Wert a. 3 P

8 **Analysis (Pool 2)**

Für jeden Wert von $a \in \mathbb{R} \setminus \{0\}$ ist eine Funktion f_a gegeben mit $f_a(x) = a \cdot (x-2)^3$ und $x \in \mathbb{R}$.

8.1 Zeigen Sie, dass die in $\mathbb{R}$ definierte Funktion F mit $F(x) = \frac{1}{2} \cdot (x-2)^4 + 3$ eine Stammfunktion von f_2 ist. 1 P

8.2 Untersuchen Sie mithilfe von Skizzen, für welche Werte von a sich unter den Stammfunktionen von f_a solche befinden, die nur negative Funktionswerte haben. 4 P

Hinweise und Tipps

Teilaufgabe 1.1

Die Vierfeldertafel hat die folgende Form:

	A	$\overline{A}$	
B			
$\overline{B}$			

Sie können mit den gegebenen Werten zwei der äußeren Felder und eines der inneren Felder ausfüllen.

Ergänzen Sie danach zunächst die äußeren Felder.

Teilaufgabe 1.2

Die zu bestimmende bedingte Wahrscheinlichkeit berechnet sich als Quotient zweier Wahrscheinlichkeiten aus der Vierfeldertafel.

Es ist: $P_A(\overline{B}) = \frac{P(A \cap \overline{B})}{P(A)}$

Teilaufgabe 2.1

Überlegen Sie, bei welchen Ergebnissen die Summe der Zahlen gleich 4 ist.

Zeichnen Sie ggf. ein reduziertes Baumdiagramm.

Ermitteln Sie die gesuchte Wahrscheinlichkeit über die günstigen Pfade des Baumdiagramms.

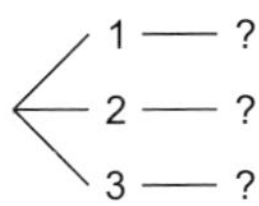

Teilaufgabe 2.2

Benennen Sie eine der gesuchten Zahlen z. B. mit x.

Stellen Sie einen Term für den Erwartungswert in Abhängigkeit von x auf.

Untersuchen Sie, für welchen Wert von x dieser Term den Wert 4 annimmt.

Teilaufgabe 3.1

Die allgemeine Gleichung einer Kugel mit Mittelpunkt $M(m_1 | m_2 | m_3)$ und Radius r lautet K: $(x_1 - m_1)^2 + (x_2 - m_2)^2 + (x_3 - m_3)^2 = r^2$.

„Bewegen" Sie sich gedanklich vom Mittelpunkt M aus um eine Längeneinheit in eine Koordinatenrichtung.

Teilaufgabe 3.2

- Stellen Sie eine Gleichung in Parameterform für die Gerade g durch die Punkte A und B auf.
- Zeigen Sie mittels einer Schnittpunktberechnung, dass die Gerade g nur einen gemeinsamen Punkt mit der Kugel K hat.
- Oder: Zeigen Sie, dass der Punkt A(4|4|0), der auf der Geraden g liegt, auch auf der Kugel K liegt und dass g orthogonal zu $\overline{MA}$ ist. Dann ist g nämlich eine Tangente an K mit Berührpunkt A.
- Die Orthogonalität lässt sich mit dem Skalarprodukt der Vektoren $\overrightarrow{MA}$ und $\overrightarrow{AB}$ nachweisen.

Teilaufgabe 4.1

- P liegt in einer Koordinatenebene.
- Bestimmen Sie die Koordinaten des Mittelpunktes N der Grundfläche.
- Zeigen Sie, dass der Punkt P fünf Längeneinheiten von N entfernt ist.

Teilaufgabe 4.2

- Erstellen Sie eine Skizze des Zylinders.
- Tragen Sie die Punkte M, P, S und T in die Skizze ein.
- „Bewegt" man sich von P aus um 10 Längeneinheiten in die positive x_3-Richtung, so gelangt man zu S.
- Der Ortsvektor $\overrightarrow{OT}$ lässt sich als Summe des Ortsvektors $\overrightarrow{OM}$ bzw. $\overrightarrow{OS}$ und einem weiteren Vektor (siehe Skizze) ermitteln.

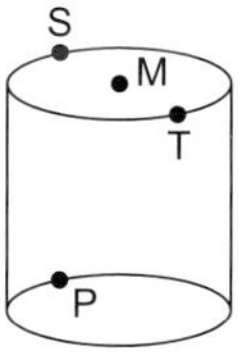

Teilaufgabe 5.1

- Da die Geraden einen gemeinsamen Punkt enthalten, reicht es, die Richtungen der Geraden zu betrachten.
- Zwei Geraden sind parallel zueinander, wenn ihre Richtungsvektoren linear abhängig (kollinear) sind.

Teilaufgabe 5.2

- Zwei sich schneidende Geraden sind orthogonal zueinander, wenn ihre Richtungsvektoren orthogonal zueinander sind.
- Die Orthogonalität zweier Vektoren, die jeweils nicht der Nullvektor sind, lässt sich mit deren Skalarprodukt prüfen.
- Das Skalarprodukt der Richtungsvektoren muss den Wert null haben. Aus dieser Bedingung folgt eine Gleichung mit der Variablen a.
- Lösen Sie diese Gleichung.

Teilaufgabe 6.1

Die lokale Änderungsrate einer Funktion f an der Stelle x wird durch die erste Ableitung von f an dieser Stelle gegeben.

Berechnen Sie also $f'(-1)$.

Teilaufgabe 6.2

Notwendig für eine Wendestelle x der Funktion f ist $f''(x)=0$.

Bilden Sie die zweite Ableitung von f und setzen Sie diese gleich null.

Lösen Sie die dadurch entstehende Gleichung dritten Grades, indem Sie faktorisieren.

Sie können die Variable x ausklammern und die Nullstellen des quadratischen Faktors bestimmen, indem Sie die entsprechende quadratische Gleichung lösen.

Teilaufgabe 7.1

Tragen Sie die Punkte O, P und Q in die Abbildung ein.

Das betrachtete Dreieck ist immer rechtwinklig.

Betrachten Sie $\overline{OP}$ als Grundseite des Dreiecks und $\overline{PQ}$ als zugehörige Höhe.

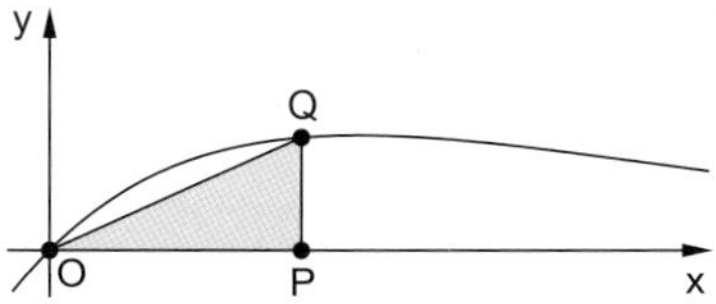

Teilaufgabe 7.2

Betrachten Sie die Funktion A, die jedem a den zugehörigen Flächeninhalt des Dreiecks zuordnet.

Der Funktionsterm dieser Funktion ergibt sich aus Teilaufgabe 7.1.

Bestimmen Sie das globale Maximum von A für $a>0$.

Bestimmen Sie die lokalen Extremstellen von A für $a>0$. Eine notwendige Bedingung dafür ist $A'(a)=0$.

Beachten Sie bei der Begründung dafür, dass an einer der bestimmten Stellen das globale Maximum vorliegt, dass die Existenz eines globalen Maximums in der Aufgabe vorausgesetzt ist.

Teilaufgabe 8.1

Zeigen Sie, dass $F'(x)=f_2(x)$ ist.

Teilaufgabe 8.2

Bestimmen Sie die Menge aller Stammfunktionen von f_a.

Beachten Sie, dass man zu einer Stammfunktion eine beliebige Konstante addieren kann und damit eine weitere Stammfunktion erhält.

Die Menge der Stammfunktionen zu f_a ist gegeben durch die Schar $F_{a,b}$ mit $F_{a,b}(x)=\frac{a}{4}\cdot(x-2)^4+b$ mit $b\in\mathbb{R}$.

- Interpretieren Sie die Parameter a und b geometrisch. Der Graph von $F_{a,b}$ lässt sich durch Verschiebungen und Streckspiegelungen aus dem Graphen der Funktion y mit $y(x) = x^4$ erzeugen.
- Untersuchen Sie jetzt die Fälle $a > 0$ und $a < 0$ getrennt.
- Zeichnen Sie für die Fälle jeweils einen Graphen. Interpretieren Sie die Parameter a und b und begründen Sie so, dass es für jedes $a < 0$ stets eine Stammfunktion von f_a gibt, die nur negative Funktionswerte hat.
- Begründen Sie, dass für jedes $a > 0$ jede Stammfunktion $F_{a,b}$ auch positive Funktionswerte hat.

Lösung

1.1

	A	$\overline{A}$	
B	0,4	0,3	0,7
$\overline{B}$	0,2	0,1	0,3
	0,6	0,4	1

1.2 $P_A(\overline{B}) = \dfrac{P(A \cap \overline{B})}{P(A)} = \dfrac{0,2}{0,6} = \dfrac{1}{3}$

2.1 $2 \cdot \dfrac{1}{6} \cdot \dfrac{1}{6} + \dfrac{4}{6} \cdot \dfrac{4}{6} = \dfrac{2}{36} + \dfrac{16}{36} = \dfrac{18}{36} = \dfrac{1}{2}$

2.2 $\dfrac{1}{6} \cdot x + \dfrac{4}{6} \cdot 2 + \dfrac{1}{6} \cdot 3x = 4 \quad \Leftrightarrow \quad \dfrac{4}{6} \cdot x = \dfrac{8}{3} \quad \Leftrightarrow \quad x = 4$

Die neuen Zahlen sind 4 und 12.

3.1 Mittelpunkt $M(4\,|\,4\,|\,1)$ und Radius $r = 1$

Beispielsweise liegt der Punkt $P(4\,|\,4\,|\,2)$ auf der Kugel.

3.2 Die Gerade g mit g: $\vec{x} = \begin{pmatrix} 4 \\ 4 \\ 0 \end{pmatrix} + s \cdot \begin{pmatrix} -4 \\ 4 \\ 0 \end{pmatrix}$ verläuft durch die Punkte A und B. Das Einsetzen der Koordinaten in die Kugelgleichung liefert:

$$(4 - 4s - 4)^2 + (4 + 4s - 4)^2 + (0 - 1)^2 = 1 \quad \Leftrightarrow \quad (-4s)^2 + (4s)^2 = 0 \quad \Leftrightarrow \quad 32s^2 = 0 \quad \Leftrightarrow \quad s = 0$$

Da die Gleichung genau eine Lösung hat, berührt die Gerade g die Kugel in genau einem Punkt.

4.1 P liegt in der x_1x_2-Ebene. Der Mittelpunkt der Grundfläche ist $N(8\,|\,5\,|\,0)$.

Wegen $|\overrightarrow{NP}| = \left| \begin{pmatrix} -3 \\ -4 \\ 0 \end{pmatrix} \right| = \sqrt{(-3)^2 + (-4)^2} = 5$ liegt P auf dem Rand der Grundfläche des Zylinders.

4.2 $S(5\,|\,1\,|\,10)$

$$\overrightarrow{OT} = \overrightarrow{OM} + \overrightarrow{SM} = \begin{pmatrix} 8 \\ 5 \\ 10 \end{pmatrix} + \begin{pmatrix} 3 \\ 4 \\ 0 \end{pmatrix} = \begin{pmatrix} 11 \\ 9 \\ 10 \end{pmatrix}$$

Der Punkt T hat die Koordinaten $T(11\,|\,9\,|\,10)$.

5.1 Die Geraden g_a und h_a sind identisch, wenn es ein k gibt, sodass $k \cdot \begin{pmatrix} a \\ 4 \\ 1 \end{pmatrix} = \begin{pmatrix} 2a \\ a \\ 2 \end{pmatrix}$ ist. Für $a = 8$ und $k = 2$ ist dies wegen $2 \cdot \begin{pmatrix} 8 \\ 4 \\ 1 \end{pmatrix} = \begin{pmatrix} 16 \\ 8 \\ 2 \end{pmatrix}$ erfüllt.

5.2 Wegen

$$\begin{pmatrix} a \\ 4 \\ 1 \end{pmatrix} \circ \begin{pmatrix} 2a \\ a \\ 2 \end{pmatrix} = 0 \quad \Leftrightarrow \quad 2a^2 + 4a + 2 = 0 \quad \Leftrightarrow \quad 2(a+1)^2 = 0 \quad \Leftrightarrow \quad a = -1$$

sind die Geraden g_a und h_a nur für $a = -1$ orthogonal zueinander.

6.1 $f'(x) = x^4 + 4x^3 - 8x^2$

$f'(-1) = (-1)^4 + 4 \cdot (-1)^3 - 8 \cdot (-1)^2 = 1 - 4 - 8 = -11$

6.2 $f''(x) = 4x^3 + 12x^2 - 16x$

$$\begin{aligned} f''(x) = 0 \quad &\Leftrightarrow \quad 4x^3 + 12x^2 - 16x = 0 \\ &\Leftrightarrow \quad 4x \cdot (x^2 + 3x - 4) = 0 \\ &\Leftrightarrow \quad 4x \cdot (x-1) \cdot (x+4) = 0 \\ &\Leftrightarrow \quad x = 0 \ \vee \ x = 1 \ \vee \ x = -4 \end{aligned}$$

7.1 Mit der Grundseite a und der Höhe f(a) ergibt sich für den Flächeninhalt des Dreiecks:

$$\frac{1}{2} \cdot a \cdot f(a) = \frac{1}{2} \cdot a \cdot a \cdot e^{-a} = \frac{1}{2} a^2 e^{-a}$$

7.2 Betrachtet man $\frac{1}{2} a^2 e^{-a}$ als Term einer Funktion A, so gilt:

$$A'(a) = ae^{-a} - \frac{1}{2} a^2 e^{-a} = a \cdot e^{-a} \cdot \left(1 - \frac{a}{2}\right) = 0 \quad \Leftrightarrow \quad a = 0 \ \vee \ a = 2$$

Wegen $a > 0$ ist 2 der gesuchte Wert für a.

8.1 $F'(x) = 2 \cdot (x-2)^3 = f_2(x)$

8.2 Die Terme aller Stammfunktionen von f_a lassen sich durch $F_{a,b}(x) = \frac{a}{4} \cdot (x-2)^4 + b$ mit $b \in \mathbb{R}$ darstellen.

Für $a > 0$ hat $F_{a,b}$ stets Funktionswerte, die nicht negativ sind (vgl. Graph 1).

Für $a < 0$ gibt es stets Werte von b, sodass $F_{a,b}$ nur negative Funktionswerte hat (vgl. Graph 2).

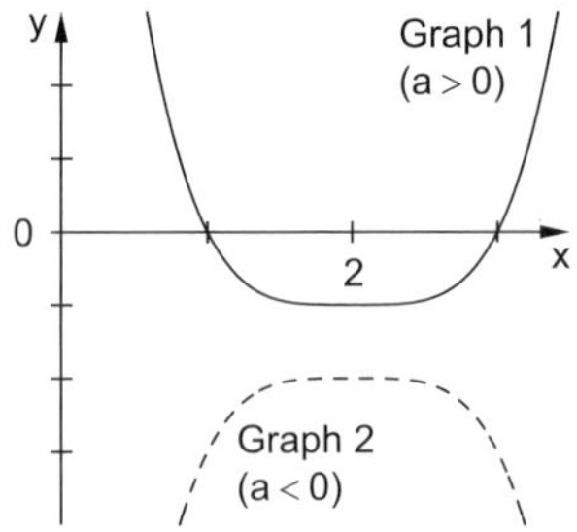

Schleswig-Holstein – Kernfach Mathematik
2020 – Aufgabe 1: Analysis

Für den Beginn des Jahres 2020 modelliert der Graph der Funktion f mit
$f(x) = 5x \cdot e^{-x} + 1$ und $x \in [0; 8]$
einen Teil einer Küstenlinie, die das Land vom Meer trennt. Die x-Achse beschreibt eine Straße in West-Ost-Richtung. Die Fläche zwischen dem Graphen und der x-Achse stellt das Land nördlich der Straße dar. Bei L(0,5 | 1,5) steht ein Leuchtturm.
Eine Längeneinheit entspricht 100 m in der Wirklichkeit.

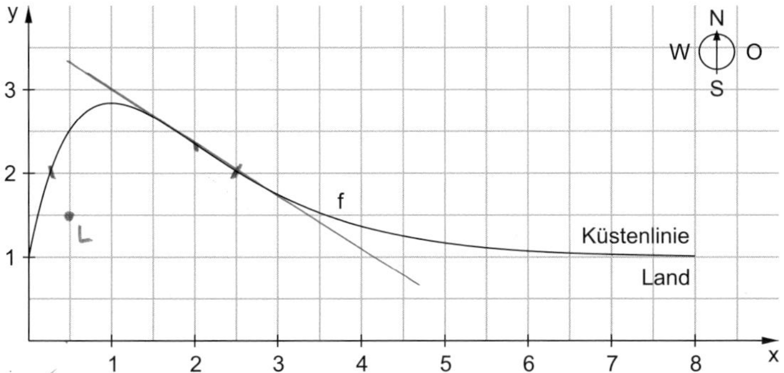

a) a1) Zeichnen Sie den Punkt L in die Abbildung ein.
Berechnen Sie die y-Koordinate des Punkts der Küstenlinie an der Stelle $x = 0{,}5$. 2 P

a2) Zeichnen Sie die Tangente an den Graphen von f an der Stelle $x = 2$ in die Abbildung ein, und bestimmen Sie deren Steigung. 2 P

a3) Es gibt auf dem betrachteten Teil der Küstenlinie Punkte, deren Abstand von der Straße 200 Meter beträgt.
Zeichnen Sie die entsprechenden Punkte in die Abbildung ein.
Berechnen Sie die Koordinaten dieser Punkte. 3 P

b) b1) Berechnen Sie die Koordinaten des nördlichsten Punkts auf dem betrachteten Teil der Küstenlinie. 5 P
[Zur Kontrolle: $f'(x) = 5e^{-x} \cdot (1 - x)$]

b2) Bestimmen Sie alle Stellen $x \in [0; 8]$, für die $f''(x) = 0$ gilt. 3 P

b3) Berechnen Sie den mittleren Abstand der Punkte des betrachteten Teils der Küstenlinie zur Straße in Metern. 3 P

b4) Bestimmen Sie mittels Integration einen Funktionsterm für eine Stammfunktion F von f. 4 P

Der betrachtete Teil der Küstenlinie wird sich im Laufe der Jahre verändern. In einem Rechenmodell wird der künftige Verlauf für $a \geq 20$ durch die Funktionen f_a mit

$f_a(x) = 5x \cdot e^{-0{,}05a \cdot x} + 1$ und $x \in [0; 8]$

modelliert. Der Wert von a gibt an, wie viele Jahre seit Beginn des Jahres 2000 vergangen sind. Also entspricht $a = 20$ dem Beginn des Jahres 2020.

c) c1) Berechnen Sie, in welchem Jahr der Leuchtturm auf der Küstenlinie stehen wird. 3 P

Für jedes a hat der Graph der Funktion f_a einen Hochpunkt an der Stelle $x = \frac{20}{a}$. Dieser Hochpunkt beschreibt den nördlichsten Punkt der jeweiligen Küstenlinie.

c2) Bestimmen Sie eine Gleichung der Ortskurve, auf der die Hochpunkte liegen. 3 P

c3) Vom Leuchtturm aus führt ein Weg genau in Nordrichtung. Zu einem bestimmten Zeitpunkt endet dieser Weg am nördlichsten Punkt der Küstenlinie.
Bestimmen Sie die Länge des Weges zu diesem Zeitpunkt. 3 P

d) d1) Berechnen Sie den Inhalt der Landfläche zwischen der Küstenlinie und der Straße im Intervall [0; 8] zu Beginn des Jahres 2150.
Begründen Sie, dass der Inhalt der Landfläche auch in allen Jahren nach 2150 größer als 8 Hektar sein wird. 4 P

d2) Es gibt genau einen Wert $a \geq 20$, der die folgende Gleichung erfüllt:

$$\int_0^8 (5x \cdot e^{-0{,}05a \cdot x} + 1)\,dx = 0{,}8 \cdot \int_0^8 (5x \cdot e^{-x} + 1)\,dx$$

Interpretieren Sie die Bedeutung dieses Wertes a im Sachzusammenhang. 2 P

d3) Bestimmen Sie alle reellen Zahlen a, für die $f_a(x) < f(x)$ für $0 < x \leq 8$ gilt. 3 P

Hinweise und Tipps

Teilaufgabe a1

- Im Aufgabentext sind für den Punkt L die beiden Koordinaten für die x-Achse und die y-Achse gegeben.
- Für die Berechnung der zugehörigen y-Koordinate an der Stelle $x = 0{,}5$ gilt $y = f(0{,}5)$.

Teilaufgabe a2

- Die Tangente an der Stelle $x = 2$ an den Graphen von f ist die beste Approximation im Punkt $(2 \mid f(2))$.
- Die Steigung der Tangente ergibt sich durch die Berechnung des Wertes $f'(2)$ oder durch Bilden des Differenzenquotienten.
- Für eine Tangente mit der zugehörigen linearen Funktion t ergibt sich als Differenzenquotient: $m = \frac{t(x) - t(y)}{x - y}$
- Die Steigung kann grafisch mit dem obigen Differenzenquotienten oder mithilfe der Ableitungsfunktion von f an der Stelle $x = 2$ bestimmt werden.

Teilaufgabe a3

- Auf der y-Achse liest man den Abstand der Straße von der Küstenlinie ab.
- Welche Bedeutung hat eine Parallele zur x-Achse durch den Punkt $(0 \mid 2)$?
- Die Koordinaten der gesuchten Punkte erhält man durch die Bedingung $f(x) = 2$.

Teilaufgabe b1

- Offenbar erahnt man aufgrund der Skizze den nördlichsten Punkt der Küstenlinie: Man liest etwa als x-Koordinate den Wert 1 und als y-Koordinate den Wert 2,8 ab.
- Der nördlichste Punkt ergibt sich als Maximum der Funktion.
- Bestimmen Sie die Ableitungsfunktion f' von f.
- Verwenden Sie dazu die bekannten Regeln, wie Summen-, Produkt- und Kettenregel.
- Es gilt für die Ableitung der e-Funktion: $(e^x)' = e^x$
- Bedenken Sie die innere Ableitung bei der Funktion e^{-x}.
- Es gilt: $(e^{-x})' = (-1) \cdot e^{-x}$
- Bedenken Sie die Äquivalenz: $0 = a \cdot b \;\Leftrightarrow\; a = 0$ oder $b = 0$
- Für alle reellen Zahlen x gilt für die e-Funktion stets: $e^x > 0$
- Es ergibt sich aus der notwendigen Bedingung $f'(x) = 0$ nur eine einzige mögliche lokale Extremstelle.
- Beachten und vergleichen Sie die Werte an den Rändern des Intervalls, also die Werte an den Stellen $x = 0$ und $x = 8$.
- *Hinweis:* Offenbar liegt an der gefundenen Stelle $x = 1$ laut Abbildung der nördlichste Punkt, trotzdem sollte man stets die Randwerte berücksichtigen.

Teilaufgabe b2

- Verwenden Sie zur Bestimmung von f'' wieder die Produkt- und die Kettenregel.
- Zur Bestimmung der Nullstellen faktorisieren Sie den Funktionsterm: Sie müssen „aus der Summe ein Produkt machen".
- Beim Faktorisieren hilft häufig ausklammern, etwa $a \cdot b + a \cdot c = a \cdot (b + c)$.
- Es ergibt sich für die zweite Ableitung schließlich $f''(x) = 5e^{-x} \cdot (x - 2)$.

Teilaufgabe b3

- Zur Bestimmung des mittleren Abstandes m zwischen Küstenlinie und Straße kann man sich der Integralrechnung bedienen.
- Das bestimmte Integral von f im Intervall [0; 8] „misst" den Flächeninhalt zwischen Küstenlinie und Straße.
- Wenn man diesen Flächeninhalt durch die Straßenlänge (also in diesem Fall 8) dividiert, erhält man den gesuchten mittleren Abstand von Straße und Küstenlinie.
- Es gilt also für den mittleren Abstand: $m = \frac{1}{8} \cdot \int_0^8 f(x)\,dx$

Teilaufgabe b4

- Zur Bestimmung einer Stammfunktion von f verwendet man die Regel zur partiellen Integration.
- Betrachten Sie zur Vereinfachung die „Teilfunktion" g von f mit $g(x) = \frac{1}{5}(f(x) - 1)$ und bestimmen Sie eine Stammfunktion G von g.
- Für die Funktion g gilt $g(x) = x \cdot e^{-x}$.
- Für die Regel zur partiellen Integration gilt in Kurzform mit geeignet zu wählenden Funktionen u und v: $\int u \cdot v' = u \cdot v - \int u' \cdot v$
- Man wähle $u(x) = x$ und $v'(x) = e^{-x}$.
- Für eine Stammfunktion F von f gilt dann: $F(x) = 5 \cdot \int g(x)\,dx + \int 1\,dx$

Teilaufgabe c1

- Es wird nun ein reeller Parameter a, der die Anzahl der vergangenen Jahre seit 2000 angibt, in die Küstenlinienfunktion f_a integriert, und zwar im Exponenten der e-Funktion. Für das aktuelle Jahr 2020 ist also die Küstenlinienfunktion f_{20} gegeben.
- Stellen Sie eine Bedingung dafür auf, dass der Leuchtturm auf der Küstenlinie steht.
- Die Koordinaten des Leuchtturms sind laut Aufgabenstellung $(0{,}5 \mid 1{,}5)$.
- Für den Parameter a muss also die Gleichung $f_a(0{,}5) = 1{,}5$ gelten.
- Lösen Sie die sich daraus ergebene Gleichung mittels Äquivalenzumformungen.
- Bedenken Sie beim Lösen von Exponentialgleichungen die Äquivalenz: $e^x = b \;\Leftrightarrow\; x = \ln(b)$

Teilaufgabe c2

- Nach Aufgabenstellung besitzt die Funktion f_a einen Hochpunkt an der Stelle $x = \frac{20}{a}$. Dieser Hochpunkt beschreibt den nördlichsten Punkt der Küstenlinie im betreffenden Jahr.
- Die Ortskurve der Hochpunkte ist diejenige Kurve, auf der alle Hochpunkte der Funktionen f_a liegen.
- Betrachten Sie die Gleichung zum Funktionswert der Extremstelle $x = \frac{20}{a}$.
- Ein Term für die Funktionswerte der Ortskurve lautet $\frac{100}{a} \cdot e^{-1} + 1$.

Teilaufgabe c3

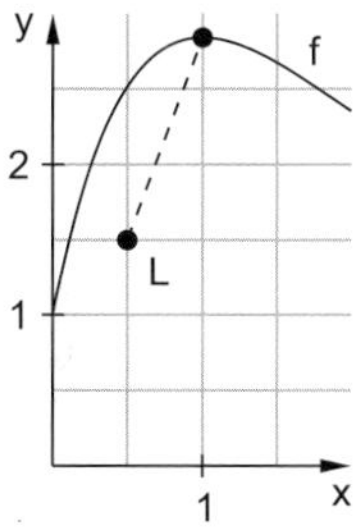

- Offenbar erfüllt die Anfangsabbildung nicht die Vorgabe der Aufgabenstellung, denn der nördlichste Punkt, also der Hochpunkt von f, befindet sich nicht exakt nördlich des Leuchtturms.
- Bestimmen Sie zunächst den Zeitpunkt, wann der Hochpunkt „senkrecht" über dem Leuchtturm steht. Welche algebraische Bedingung muss dafür gelten?
- Da sich alle Hochpunkte an der Stelle $x = \frac{20}{a}$ finden lassen, muss diese Stelle die x-Koordinate des Leuchtturms sein.
- Es gilt also für den gesuchten Zeitpunkt die Gleichung $\frac{20}{a} = \frac{1}{2}$.
- Zur Bestimmung der Länge des Weges bildet man die Differenz der y-Koordinaten vom nördlichsten Punkt y_H und vom Leuchtturm y_L, wobei $y_L = 1{,}5$ gegeben ist.
- Bestimmen Sie die y-Koordinate des Hochpunktes im Jahr 2040.

Teilaufgabe d1

- Die Landfläche im Intervall [0; 8] zwischen Straße und Küstenlinie lässt sich mithilfe der Integralrechnung berechnen.
- Bestimmen Sie den Wert des Integrals $F = \int\limits_0^8 f_{150}(x)\,dx$.
- Man betrachtet die Funktion, die die Küstenlinie für die Jahre nach 2020 beschreibt, also $f_a(x) = 5x \cdot e^{-0{,}05a \cdot x} + 1$.
- Was folgt mit dem Ergebnis des Integrals von oben ($F > 8$ Hektar) und der Ungleichung $f_a(x) > 1$ für die weiteren Jahre?

Teilaufgabe d2

- Die Gleichung kann als Flächenvergleich zu einem bestimmten Zeitpunkt $2000 + a$ interpretiert werden.

Teilaufgabe d3

- Es ist für jedes reelle x mit $0 < x \leq 8$ die Ungleichung $f_a(x) < f(x)$ nach a umzuformen.
- Da $x > 0$ gilt, kehrt sich das Ungleichungszeichen nicht um.

Lösung

a1) Es soll der Punkt L in die gegebene Abbildung eingezeichnet werden; dabei hat L die Koordinaten $x = 0{,}5$ und $y = 1{,}5$. Folgender Punkt ergibt sich mit diesen Werten:

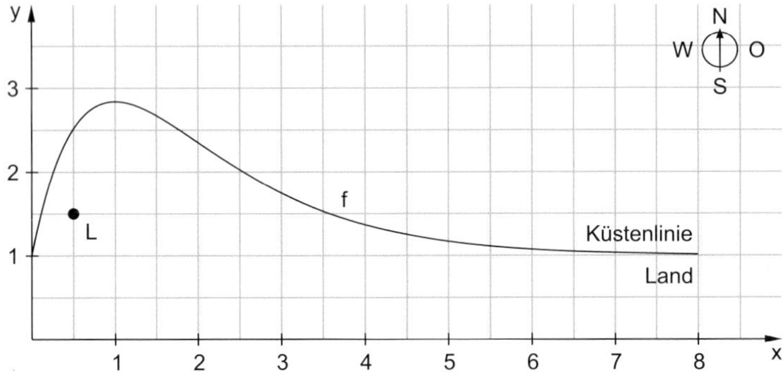

Um die y-Koordinate der Küstenlinie an der Stelle $x = 0{,}5$ zu bestimmen, setzt man für die Variable x den Wert 0,5 in die gegebene Funktionsgleichung der Funktion f ein; damit erhält man:
$f(0{,}5) = 5 \cdot 0{,}5 \cdot e^{-0{,}5} + 1 \approx 2{,}52$

a2) Die Tangente als diejenige Gerade, die die beste lokale Approximation oder die genaueste Steigung im Punkt $(2 \mid f(2))$ angibt, kann per Hand in die Abbildung eingetragen werden; es ergibt sich:

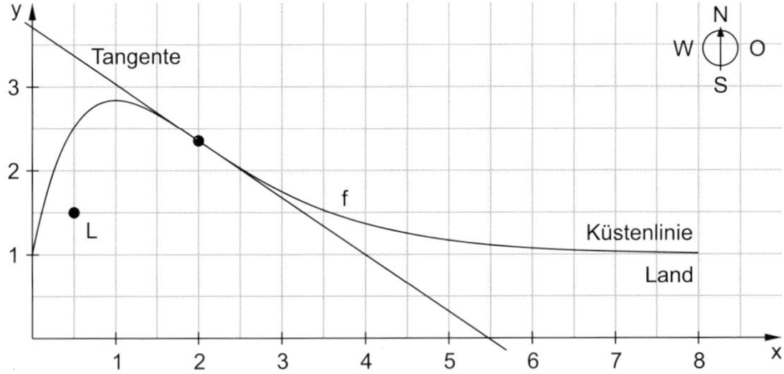

Die Steigung m dieser eingezeichneten Tangente t kann durch einen abgelesenen Differenzenquotienten in der Form $m = \frac{t(x) - t(y)}{x - y}$ näherungsweise ermittelt oder durch Bestimmung von $m = f'(2)$ errechnet werden.

Es ergibt sich durch das Ablesen ungefähr:

$$m = \frac{t(2) - t(5{,}5)}{2 - 5{,}5} \approx \frac{f(2) - 0}{-3{,}5} \approx \frac{2{,}35}{-3{,}5} \approx -0{,}67$$

Alternativ ergibt sich die Bestimmung der ersten Ableitung f' durch die Anwendung der Produkt- und der Kettenregel zu:

$f'(x) = 5 \cdot e^{-x} + 5x \cdot (-1) \cdot e^{-x} = 5e^{-x} \cdot (1-x)$

Damit ergibt sich als exakter Wert für die Steigung m an der Stelle $x = 2$:

$m = f'(2) = 5e^{-2} \cdot (1-2) = -5e^{-2} \approx -0{,}68$

a3) Die gesuchten Punkte der Küstenlinie, die einen Abstand von 200 m von der Straße – also der x-Achse – haben, müssen die Gleichung $f(x) = 2$ erfüllen. Zeichnerisch lassen sich die Punkte durch eine zur x-Achse parallelen Geraden ermitteln:

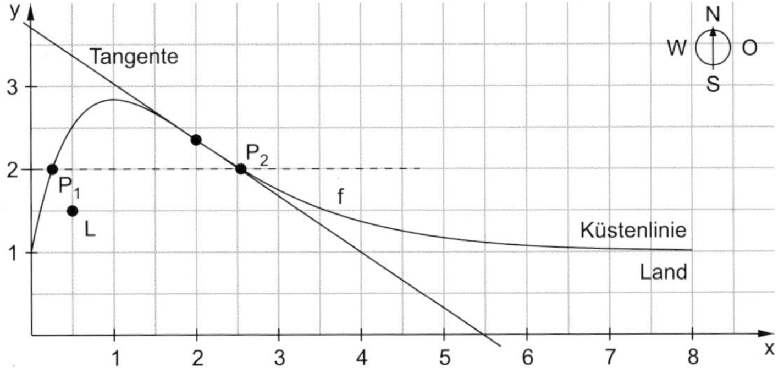

Für die beiden Punkte ergibt sich die folgende Rechnung:

$f(x) = 2 \quad \Leftrightarrow \quad 5x \cdot e^{-x} + 1 = 2$

Mithilfe des Taschenrechners erhält man die zu den beiden Punkten gehörigen x-Koordinaten:

$x_1 \approx 0{,}26; \quad x_2 \approx 2{,}54$

Die Koordinaten der Punkte lauten daher ungefähr:

$P_1(0{,}26\,|\,2); \quad P_2(2{,}54\,|\,2)$

b1) Der nördlichste Punkt der Küstenlinie ist wegen der Ausrichtung (y-Achse ist die Süd-Nord-Richtung) das Maximum der Funktion f im Intervall [0; 8]. Für die Randpunkte gilt:

$f(0) = 1$ und $f(8) \approx 1{,}01$

Für die erste Ableitung von f gilt (nach Teilaufgabe a2) $f'(x) = 5e^{-x} \cdot (1-x)$. Mit der notwendigen Bedingung $f'(x) = 0$ für eine Extremstelle im gegebenen Intervall gilt also $5e^{-x} \cdot (1-x) = 0$. Da die e-Funktion für keine reelle Zahl den Wert null annimmt, folgt zusammen mit den Werten an den Rändern des Intervalls, dass an der Stelle $x = 1$ die einzige Extremstelle vorliegt. Da $f(1) = 5e^{-1} + 1 \approx 2{,}84$ ist, muss an der Stelle $x = 1$ der nördlichste Punkt sein; seine Koordinaten lauten ungefähr $(1\,|\,2{,}84)$.

b2) Es gilt für die zweite Ableitung mithilfe der Produkt- und der Kettenregel:

$$f''(x) = \left(5e^{-x} \cdot (1-x)\right)' = (5e^{-x})' \cdot (1-x) + 5e^{-x} \cdot (1-x)'$$
$$= -5e^{-x} \cdot (1-x) + 5e^{-x} \cdot (-1) = 5e^{-x} \cdot (x-1-1) = 5e^{-x} \cdot (x-2)$$

Da (wie oben bei Teilaufgabe b1) die e-Funktion stets ungleich null ist, folgt für $f''(x)=0$ als einzige Lösung $x=2$. Wegen $2 \in [0; 8]$ ist dies die gesuchte Stelle.

b3) Zur Bestimmung des mittleren Abstandes m zwischen Küstenlinie und Straße kann man sich der Integralrechnung bedienen. Da das bestimmte Integral von f im Intervall [0; 8] den Flächeninhalt zwischen Küstenlinie und Straße „misst", bewirkt die Division durch die „Straßenlänge" von 800 m (bzw. durch 8) die Angabe des mittleren Abstandes. Für diesen gilt demnach (mit der in Teilaufgabe b4 bestimmten Stammfunktion von f):

$$m = \frac{1}{8} \cdot \int_0^8 f(x)\,dx = \frac{1}{8} \cdot \int_0^8 \left(5x \cdot e^{-x} + 1\right) dx = \frac{1}{8} \cdot \left[-5e^{-x} \cdot (x+1) + x\right]_0^8 \approx 1{,}62$$

Dieser Wert kann auch direkt mithilfe des Taschenrechners errechnet werden.

b4) Zur Bestimmung einer Stammfunktion von f verwendet man die Regel zur partiellen Integration. Es gilt dafür in Kurzform:

$$\int u \cdot v' = u \cdot v - \int u' \cdot v$$

Zur Vereinfachung wird zunächst eine Stammfunktion G_c von $g(x) = \frac{1}{5}(f(x)-1)$, also von $g(x) = x \cdot e^{-x}$ bestimmt. Man setzt $u(x) = x$ und $v'(x) = e^{-x}$. Damit ergibt sich $u'(x) = 1$ und $v(x) = -e^{-x}$. Es folgt:

$$G_c(x) = \int g(x)\,dx = \int x \cdot e^{-x}\,dx = x \cdot (-e^{-x}) - \int 1 \cdot (-e^{-x})\,dx$$
$$= -x \cdot e^{-x} - e^{-x} + c = -e^{-x} \cdot (x+1) + c$$

Damit ergibt sich für eine Stammfunktion F_c von f:

$$F_c(x) = \int f(x)\,dx = \int \left(5x \cdot e^{-x} + 1\right) dx = 5 \cdot \int x \cdot e^{-x}\,dx + \int 1\,dx$$
$$= 5 \cdot G_c(x) + x + c = 5 \cdot \left(-e^{-x} \cdot (x+1)\right) + x + c = -5e^{-x} \cdot (x+1) + x + c$$

Ein möglicher Funktionsterm für eine Stammfunktion F von f lautet daher:

$$F(x) = -5e^{-x} \cdot (x+1) + x$$

c1) Der Leuchtturm hat laut Aufgabenstellung die Koordinaten (0,5 | 1,5). Damit der Leuchtturm auf der Küstenlinie steht, muss also $f_a(0{,}5) = 1{,}5$ gelten. Damit ergibt sich folgende Gleichung, die mittels Äquivalenzumformungen nach a aufgelöst wird:

$$5 \cdot 0{,}5 \cdot e^{-0{,}05 \cdot a \cdot 0{,}5} + 1 = 1{,}5 \iff 2{,}5 \cdot e^{-0{,}025a} = 0{,}5 \iff e^{-0{,}025a} = 0{,}2$$
$$\iff -0{,}025a = \ln 0{,}2 \iff a = -40 \cdot \ln 0{,}2 \approx 64{,}38$$

Der Leuchtturm steht also im Jahr 2064 (etwa im April) auf der Küstenlinie.

c2) Die Ortskurve der Hochpunkte ist diejenige Kurve, auf der alle Hochpunkte liegen. Für die y-Koordinaten dieser Hochpunkte gilt offenbar:

$$y = f_a\left(\frac{20}{a}\right) = \frac{100}{a} \cdot e^{-1} + 1$$

Mit der gegebenen x-Koordinate $x = \frac{20}{a}$ folgt aus der äquivalenten Darstellung der obigen Gleichung:

$$y = 5 \cdot \frac{20}{a} \cdot e^{-1} + 1 = 5 \cdot x \cdot e^{-1} + 1$$

Also lautet die Gleichung der Ortskurve:

$$y = 5 \cdot x \cdot e^{-1} + 1 = \frac{5}{e} \cdot x + 1$$

c3) In der Abbildung ist der Weg vom Leuchtturm L genau in Nordrichtung eingezeichnet, der zum nördlichsten Punkt der Küstenlinie führt; offenbar ist dies der Hochpunkt der Küstenlinienfunktion f_a. Die Länge dieses Weges ist die Differenz der y-Koordinaten des Leuchtturms und des zugehörigen Hochpunktes. Wie man sieht, ist die Funktion f aus Teilaufgabe a nicht geeignet, da der Leuchtturm hier nicht als Startpunkt dienen kann.

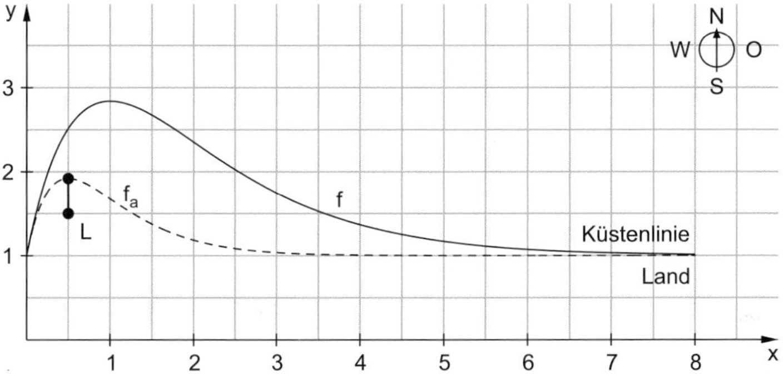

Der Hochpunkt liegt direkt „über" (also direkt nördlich) vom Leuchtturm, wenn die x-Koordinate $x_L = 0{,}5$ des Leuchtturms zum zugehörigen Hochpunkt führt, wenn also $0{,}5 = \frac{20}{a}$ gilt (siehe oben). Dies ist für den Parameter $a = \frac{20}{0{,}5} = 40$ der Fall. Die y-Koordinate des Leuchtturms lautet $y_L = 1{,}5$. Für die y-Koordinate des Hochpunktes gilt nun:

$$y_H = \frac{100}{40} \cdot e^{-1} + 1$$

Für die Länge des Weges im Jahr 2040 gilt also:

$$y_H - y_L = \frac{100}{40} \cdot e^{-1} + 1 - 1{,}5 = \frac{5}{2}e^{-1} - \frac{1}{2}$$

Das ergibt etwa 0,42, also ca. 42 m.

d1) Es wird die Küstenlinie im Jahr 2150 betrachtet, also die Funktion f_a für $a = 150$. Die Landfläche F im Intervall [0; 8] zwischen Straße und Küstenlinie lässt sich mithilfe der Integralrechnung berechnen. Es gilt für diese Fläche:

$$F = \int_0^8 f_{150}(x)\,dx$$

Mit dem Taschenrechner erhält man einen ungefähren Integralwert von 8,09, in der Wirklichkeit also einen Flächeninhalt von $8{,}09 \cdot 100\text{ m} \cdot 100\text{ m} = 80\,900\text{ m}^2$, also etwa 8 Hektar.

Der Funktionsterm der Küstenlinie lautet für das Intervall [0; 8] und den Parameter $a \geq 20$:

$f_a(x) = 5x \cdot e^{-0{,}05a \cdot x} + 1$

Da für die darin enthaltene Teil-Funktion stets $5x \cdot e^{-0{,}05a \cdot x} > 0$ gilt (oder allgemeiner $e^{-x} > 0$ für reelle Zahlen x), folgt insbesondere, dass $f_a(x) > 0 + 1 = 1$ ist. Also ist auch der Flächeninhalt stets größer als $1 \cdot 8 = 8$ Hektar. Folgende Skizze möge dies noch einmal veranschaulichen:

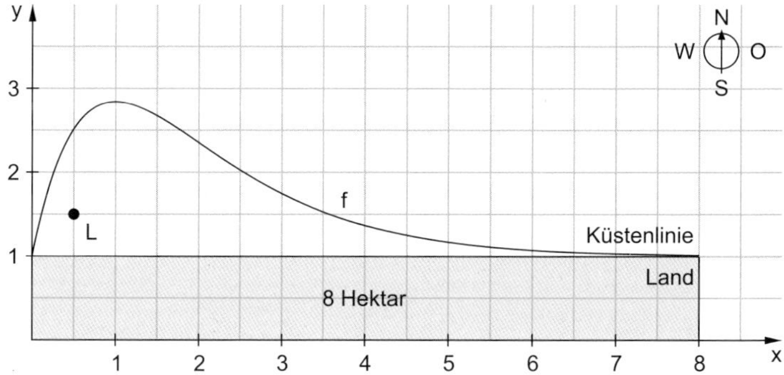

d2) Dieser Wert a gibt an, wie viele Jahre seit Beginn des Jahres 2000 vergangen sind, wenn nur noch 80 % der Landfläche vom Beginn des Jahres 2020 ($0{,}05a = 1 \iff a = 20$) vorhanden sind.

d3) Folgende Äquivalenzumformungen (beachte $x > 0$) liefern den gesuchten Wert a:

$$\begin{aligned} f_a(x) < f(x) \quad &\iff \quad 5x \cdot e^{-0{,}05a \cdot x} + 1 < 5x \cdot e^{-x} + 1 \\ &\iff \quad 5x \cdot e^{-0{,}05a \cdot x} < 5x \cdot e^{-x} \\ &\iff \quad e^{-0{,}05a \cdot x} < e^{-x} \\ &\iff \quad -0{,}05a \cdot x < -x \\ &\iff \quad 0{,}05a > 1 \\ &\iff \quad a > 20 \end{aligned}$$

Also liefert nur $a > 20$ im gegebenen Intervall die geforderte Ungleichung $f_a(x) < f(x)$.

Schleswig-Holstein – Kernfach Mathematik
2020 – Aufgabe 2: Analysis

Die Abbildung zeigt den Graphen einer in $\mathbb{R}$ definierten ganzrationalen Funktion f vierten Grades. Die Tangente im Wendepunkt W(4 | 8) des Graphen hat die Steigung –4.

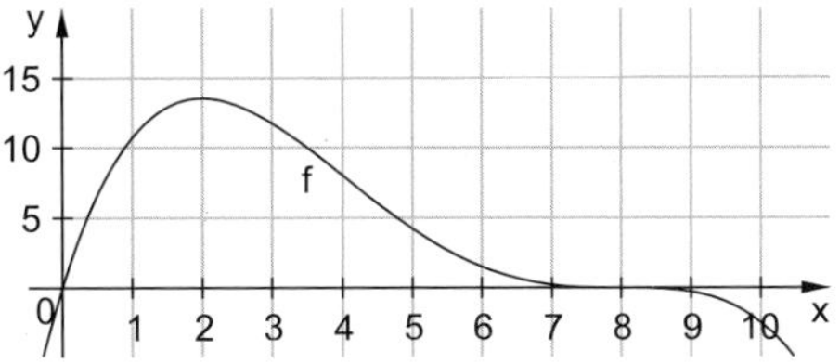

a) a1) Zeichnen Sie die beschriebene Tangente in die Abbildung ein. Bestimmen Sie eine zugehörige Geradengleichung mit Hilfe der gegebenen Werte. 3 P

a2) Die erste Ableitungsfunktion f' von f besitzt zwei ganzzahlige Nullstellen.
Geben Sie diese beiden Nullstellen an.
Der Graph von f' besitzt einen Tiefpunkt.
Geben Sie die Koordinaten dieses Tiefpunkts an, und begründen Sie Ihre Angabe. 5 P

a3) Die Funktion f hat eine Gleichung der Form
$f(x) = ax^4 + bx^3 + cx^2 + 16x$.
Bestimmen Sie die Werte der Parameter a, b und c. 6 P
[Zur Kontrolle: $f(x) = -\frac{1}{32}x^4 + \frac{3}{4}x^3 - 6x^2 + 16x$]

a4) Weisen Sie rechnerisch nach, dass der Graph von f an der Stelle $x = 8$ einen Sattelpunkt, d. h. einen Wendepunkt mit waagerechter Tangente, hat. 4 P

Am 26. April 1986 ereignete sich in der Ukraine ein Reaktorunfall, bei dem radioaktives Plutonium-241 freigesetzt wurde. Plutonium-241 zerfällt exponentiell, d. h., in jedem Jahr nimmt die Masse des vorhandenen Plutonium-241 um einen konstanten prozentualen Anteil ab. Der Zerfall einer bestimmten Menge Plutonium-241 wird im Folgenden durch die Funktion p mit
$p(x) = 200 \cdot e^{-0{,}048x}$ und $x \geq 0$
beschrieben. Dabei ist x die Zeit in Jahren, die seit dem Reaktorunfall vergangen ist, und p(x) die Masse des verbliebenen Plutonium-241 in Milligramm.

b) b1) Geben Sie die Bedeutung des Faktors 200 im Sachzusammenhang an. Berechnen Sie den prozentualen Anteil, um den die Masse des Plutonium-241 in jedem Jahr abnimmt. 3 P

b2) Bestimmen Sie das Jahr, in dessen Verlauf erstmals weniger als ein Milligramm des Plutonium-241 vorhanden sein wird. 4 P

Beim Zerfall eines radioaktiven Stoffs kann ein weiterer radioaktiver Stoff entstehen, der ebenfalls exponentiell zerfällt.
Für ein geeignetes $k > 0$ modelliert die Funktion h_k mit
$h_k(x) = 10 \cdot (1 - e^{-kx}) \cdot e^{-x}$ und $x \geq 0$
die zur Zeit x vorhandene Masse des neu entstandenen Stoffs. Die Abbildung zeigt den Graphen von h_1.

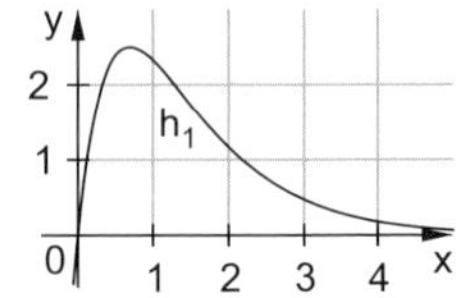

c) c1) Zeigen Sie, dass h_k nur die Nullstelle $x = 0$ hat. 2 P

c2) Der Graph der Funktion h_k hat genau einen Hochpunkt. Für die erste Ableitungsfunktion h_k' gilt

$h_k'(x) = 10 \cdot \left((k+1) \cdot e^{-kx} - 1\right) \cdot e^{-x}$.

Bestimmen Sie die x-Koordinate des Hochpunkts in Abhängigkeit von k. 3 P

d) Beim Zerfall von Plutonium-241 entsteht als weiterer radioaktiver Stoff Americium-241. Die Funktion a mit
$a(x) = 207 \cdot (1 - e^{-0{,}0464x}) \cdot e^{-0{,}0016x}$ und $x \geq 0$
gibt für jedes Jahr x die Masse des vorhandenen Americium-241 in Milligramm an.

d1) Der Graph von a kann für einen Wert von k aus dem Graphen der Funktion h_k erzeugt werden, indem man diesen in x-Richtung und in y-Richtung streckt.
Geben Sie die beiden Streckungsfaktoren an und bestimmen Sie den passenden Wert von k. 3 P

d2) Im Funktionsterm von a beschreibt der Faktor $1 - e^{-0{,}0464x}$ die Zunahme der Masse des vorhandenen Americium-241 und der Faktor $e^{-0{,}0016x}$ den Zerfall des vorhandenen Americium-241.
Begründen Sie, dass es einen Zeitpunkt gibt, zu dem beide Faktoren den gleichen Wert annehmen, ohne diesen Zeitpunkt zu berechnen. 3 P

e) Für jeden Wert von k gibt es zu der Funktion h_k eine Stammfunktion H_k mit $H_k(x) = -10 \cdot e^{-x} + \frac{10}{k+1} \cdot e^{-(k+1)x}$.

Zeigen Sie, dass $\int_0^{\infty} h_k(x)\,dx < 10$ für alle $k > 0$ gilt. 4 P

Hinweise und Tipps

Teilaufgabe a1

- Gegeben ist eine reelle ganzrationale Funktion f vierten Grades, also existieren reelle Zahlen a, b, c, d und e mit $a \neq 0$ und $f(x) = ax^4 + bx^3 + cx^2 + dx + e$.
- Die Tangente, als beste lineare Approximation von f im Wendepunkt W(4 | 8), hat die Steigung –4.
- Die allgemeine Geradengleichung einer Tangente t kann durch $t(x) = t_1x + t_2$ mit reellen t_1, t_2 beschrieben werden.
- Die Steigung von t im Wendepunkt beträgt –4. Was heißt dies algebraisch?
- Die Tangente „geht" durch den Wendepunkt. Was bedeutet dies algebraisch?
- Die Antworten auf die zwei Fragen ergeben zwei Bedingungen (Gleichungen), aus denen man die gesuchten Parameter von t leicht bestimmen kann.

Teilaufgabe a2

- Die Nullstellen der Ableitungsfunktion f' von f sind die Stellen, in denen der Graph von f waagerechte Tangenten hat.
- Ganz offensichtlich lassen sich die beiden gesuchten Nullstellen direkt aus der Abbildung ablesen. Achtung: Die verlockend wirkende Stelle $x = 0$ ist keine Nullstelle von f'.
- Der Tiefpunkt von f' braucht nicht ausgerechnet zu werden – warum nicht?
- Denken Sie daran, dass der Wendepunkt gegeben ist. Welche Bedeutung hat der Wendepunkt für die Ableitungsfunktion?
- Für die y-Koordinate des Tiefpunktes von f' liegt die Information $f'(4) = -4$ vor.

Teilaufgabe a3

- Die allgemeine Funktionsvorschrift für die ganzrationale Funktion f vierten Grades lautet gemäß Aufgabenstellung $f(x) = ax^4 + bx^3 + cx^2 + 16x$ mit $a, b, c \in \mathbb{R}$.
- Es gilt hierbei, die noch unbekannten Parameter a, b und c zu bestimmen.
- Leiten Sie diese Funktion f zunächst ab.
- Für die Ableitungsfunktion f' von f gilt nach den Ableitungsregeln:
  $f'(x) = 4ax^3 + 3bx^2 + 2cx + 16$ und $f''(x) = 12ax^2 + 6bx + 2c$
- Suchen Sie nach Informationen über die Funktion f im Aufgabentext.
- Es gibt drei weitere Informationen im Zusammenhang mit dem Wendepunkt und seiner Tangentensteigung.
- Ermitteln Sie aus den sich ergebenden drei Gleichungen die drei Parameter.

Teilaufgabe a4

- Überlegen Sie sich die Bedingungen, die für einen Sattelpunkt gelten müssen.
- Für einen Wendepunkt muss die zweite Ableitung den Wert null annehmen.

- Hinreichend für einen Wendepunkt ist, wenn zusätzlich die dritte Ableitung ungleich null ist.
- Weisen Sie diese Bedingungen einzeln durch Einsetzen von $x=8$ nach.

Teilaufgabe b1

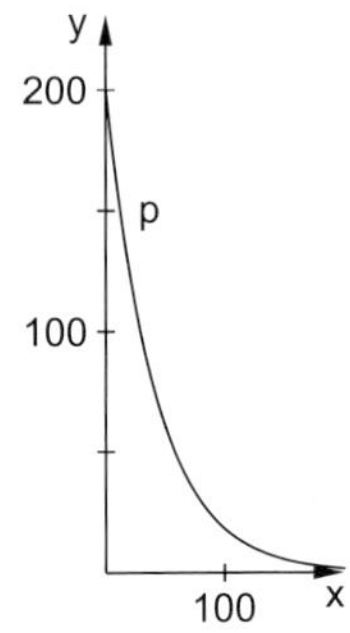

- Der Zerfall an Plutonium wird durch die Exponentialfunktion $p(x)=200\cdot e^{-0{,}048x}$ mit $x\geq 0$ beschrieben.
- Nebenstehende Abbildung veranschaulicht die Funktion näherungsweise ab dem Jahr 1986 (hier $x=0$).
- Für $x=0$ ist offenbar $e^{-0{,}048x}=e^{-0{,}048\cdot 0}=e^0=1$ und damit gilt im Jahr 1986 ein Funktionswert von 200.
- Berechnen Sie die Masse an Plutonium in zwei aufeinanderfolgenden Jahren, also zum Zeitpunkt a und zum Zeitpunkt $a+1$.
- Es ergibt sich ein Anteil von $\frac{p(a)}{p(a+1)}$.

Teilaufgabe b2

- Bestimmen Sie eine Ungleichung, die sich aus dem Aufgabentext ergibt.
- Schätzen Sie anhand der Abbildung zunächst das zu erwartende Jahr.
- Offenbar muss für das gesuchte Jahr x gelten: $p(x)<1$
- Damit ergibt sich eine Exponentialungleichung, nämlich $200\cdot e^{-0{,}048x}<1$.
- Durch Umstellen und anschließendes Anwenden der Logarithmusfunktion ergibt sich die Zeit in Jahren seit dem Unfall.
- Bedenken Sie die Äquivalenz: $e^x<a \;\Leftrightarrow\; \ln(e^x)<\ln(a) \;\Leftrightarrow\; x<\ln(a)$

Teilaufgabe c1

- Ein weiterer Stoff zerfällt gemäß der Exponentialgleichung $h_k(x)=10\cdot(1-e^{-kx})\cdot e^{-x}$. Bedenken Sie hierbei die beiden Bedingungen der Variablen, nämlich $k>0$ und $x\geq 0$.
- Welche Konsequenzen haben diese beiden Bedingungen für die Funktion h_k?
- Für eine Nullstelle von h_k muss die Gleichung $h_k(x)=0$ gelten.
- Bedenken Sie beim Umstellen und Vereinfachen der Gleichung, dass für alle reellen x, also insbesondere für $x\geq 0$, die e-Funktion stets positiv ist, also niemals den Wert null annimmt.
- Nach Division durch 10 und e^{-x} vereinfacht sich die Gleichung zu $e^{-kx}=1$.
- Für alle Potenzen mit Basis $a\neq 0$ gilt $a^0=1$.

Teilaufgabe c2

- Eine notwendige Bedingung für die Existenz eines Hochpunktes der Funktion h_k ist $h'_k(x)=0$.
- Bestimmen Sie die Lösung der Gleichung $10\cdot\big((k+1)\cdot e^{-kx}-1\big)\cdot e^{-x}=0$.
- Gehen Sie mit denselben Argumenten wie in Teilaufgabe c1 vor.

Sie erhalten die Gleichung $e^{-kx} = \frac{1}{k+1}$, deren Lösung, also die gesuchte x-Koordinate, Sie durch Anwenden der Logarithmusfunktion erhalten.

Hinweis: Die Logarithmusfunktion ist eine streng monoton wachsende Funktion und liefert somit eine eindeutige Lösung.

Teilaufgabe d1

Ein zusätzlicher radioaktiver Stoff Americium zerfällt auch exponentiell. Nun modelliert die Funktion a mit $a(x) = 207 \cdot (1 - e^{-0{,}0464x}) \cdot e^{-0{,}0016x}$ die Situation für $x \geq 0$.

Die Termstruktur der Funktion h_k entspricht der der Funktion a, wobei in a kein zusätzlicher und „freier" Parameter vorkommt. Es muss also ein geeignetes $k > 0$ passend gefunden werden.

In y-Richtung erhält man den passenden Streckungsfaktor durch „Vergleich" der beiden Faktoren 10 und 207.

Für die Streckung in x-Richtung hilft der Vergleich von e^{-x} und $e^{-0{,}0016x}$, also von -1 und $-0{,}0016$.

Der passende k-Wert ergibt sich durch vergleichendes Ablesen von h_k und a im Exponenten der e-Funktionen.

Teilaufgabe d2

Warum beschreibt der eine Term die Abnahme einer Masse? Denken Sie dabei algebraisch und geometrisch mithilfe der Eigenschaft der e-Funktion mit negativen Exponenten.

Nun analog: Warum beschreibt der andere Term nun die Zunahme einer Masse?

Bestimmen Sie bei beiden Termen den Wert für $x = 0$.

Für die Begründung des Zeitpunktes mit gleichem Wert nutzen Sie aus, dass die eine zum Term gehörende Funktion monoton steigt und die andere monoton fällt. Was folgt daraus?

Teilaufgabe e

Für ein reelles $t \geq 0$ und reelles $k > 0$ gilt zunächst mit der Stammfunktion H_k:

$$A(t) = \int_0^t h_k(x)\,dx = [H_k(x)]_0^t = H_k(t) - H_k(0)$$

Stellen Sie nun den Term für die Differenz auf. Beachten Sie dabei wieder die Gleichung $e^0 = 1$.

Sie erhalten nach Umformungen einen Ausdruck der Form
$-10 \cdot e^{-t} + \frac{10}{k+1} \cdot e^{-(k+1)t} + 10 - \frac{10}{k+1}$.

Beachten Sie schließlich, dass für sehr große t (und damit auch für $t \to \infty$) $e^{-t} \to 0$ gilt. Was folgt nun damit aus dem obigen Ausdruck?

Bedenken Sie bei der abschließenden Argumentation, um die genannte Ungleichung zu zeigen, dass k als positiv vorausgesetzt ist.

Lösung

a1) Mit den gegebenen Werten ergibt sich durch den Punkt (4 | 8) die in der nebenstehenden Abbildung eingezeichnete Tangente im Wendepunkt.

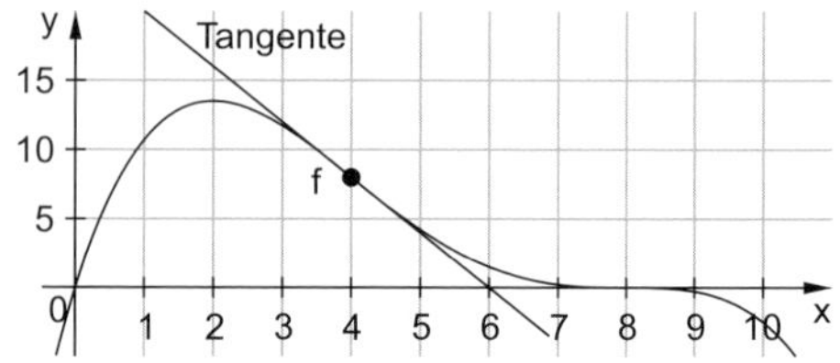

Zur Bestimmung der Geradengleichung für Tangenten gilt allgemein $t(x) = t_1 x + t_2$ mit reellen Zahlen t_1 und t_2. Da die Steigung den Wert -4 hat, gilt $t_1 = -4$. Zusätzlich gilt $t(4) = 8$, also $-4 \cdot 4 + t_2 = 8$, woraus $t_2 = 24$ folgt. Damit ergibt sich die Tangentengleichung $t(x) = -4 \cdot x + 24$.

a2) Da die Nullstellen von f' lediglich angegeben werden sollen, kann man durch Ablesen die beiden ganzzahligen Stellen, nämlich $x = 2$ und $x = 8$, ermitteln. An diesen Stellen besitzt die Funktion f augenscheinlich jeweils waagerechte Tangenten (Hoch- und Sattelpunkt).

Da der Graph der Ableitungsfunktion f' von f laut Aufgabenstellung einen Tiefpunkt T besitzen soll, kann dieser nur die Koordinaten $x = 4$ und $y = -4$ haben, da sich der Tiefpunkt der Ableitungsfunktion f' genau an der Stelle mit einem Wendepunkt von f befindet, also an der Stelle $x = 4$. Die y-Koordinate des Tiefpunkts entspricht dabei genau der Steigung, also in diesem Fall -4, der Tangente an der Stelle $x = 4$. Es ist also $T(4 \mid -4)$.

Der zweite ersichtliche Wendepunkt von f an der Stelle $x = 8$ ist ein Sattelpunkt, für den $f''(8) = 0$ gilt; diese Stelle ist ein Hochpunkt von f'.

a3) Die Funktion f hat die Form $f(x) = ax^4 + bx^3 + cx^2 + 16x$. Für die Bestimmung der fehlenden Parameter a, b und c gelten nach Aufgabenstellung folgende drei Gleichungen:

(1) $f(4) = 8$ [f hat an der Stelle $x = 4$ den Wert $y = 8$.]

(2) $f'(4) = -4$ [Die Tangente von f an der Stelle $x = 4$ hat die Steigung -4.]

(3) $f''(4) = 0$ [An der Stelle $x = 4$ hat die Funktion f einen Wendepunkt.]

Mit den Ableitungsfunktionen
$f'(x) = 4ax^3 + 3bx^2 + 2cx + 16$ und $f''(x) = 12ax^2 + 6bx + 2c$
ergibt sich aus (1), (2) und (3) das folgende Gleichungssystem:

$$256a + 64b + 16c + 64 = 8$$

$$256a + 48b + 8c + 16 = -4$$

$$192a + 24b + 2c = 0$$

Durch schrittweises Vereinfachen oder Verwendung des Taschenrechners erhält man die gesuchten Parameter $a = -\frac{1}{32}$, $b = \frac{3}{4}$ und $c = -6$, die mit der Kontrollfunktion übereinstimmen.

a4) Für den Sattelpunkt an der Stelle $x = 8$ müssen die Bedingungen $f'(8) = f''(8) = 0$ und $f'''(8) \neq 0$ erfüllt sein. Diese Gleichungen werden durch Einsetzen in die entsprechenden Ableitungsfunktionen von f bestätigt, wobei noch $f'''(x) = -\frac{3}{4}x + \frac{9}{2}$ gilt. Es ergibt sich:

$$f'(8) = -\frac{1}{8} \cdot 8^3 + \frac{9}{4} \cdot 8^2 - 12 \cdot 8 + 16 = 0$$

$$f''(8) = -\frac{3}{8} \cdot 8^2 + \frac{9}{2} \cdot 8 - 12 = 0$$

$$f'''(8) = -\frac{3}{4} \cdot 8 + \frac{9}{2} = -\frac{3}{2} \neq 0$$

b1) Zum Zeitpunkt des Unfalls im Jahre 1986 beträgt der Funktionswert für $x = 0$:

$p(0) = 200 \cdot e^{-0,048 \cdot 0} = 200 \cdot 1 = 200$

Also beschreibt der Faktor 200 die Masse des freigesetzten Plutoniums zum Zeitpunkt des Reaktorunfalls; sie beträgt 200 Milligramm.

Die Masse des Plutoniums im Jahr $x \geq 0$ beträgt $p(x) = 200 \cdot e^{-0,048x}$. Nach einem Jahr beträgt die Masse $p(x+1) = 200 \cdot e^{-0,048(x+1)}$. Der Anteil beträgt nach einem Jahr $\frac{p(x)}{p(x+1)}$, also nach Vereinfachung des Quotienten:

$e^{-0,048x - (-0,048(x+1))} = e^{-0,048} \approx 0,953$

Die Abnahme ist also ca. $1 - 0,953 = 0,047$, was in etwa 4,7 % entspricht.

b2) Laut Aufgabenstellung muss $p(x) < 1$ gelten, damit weniger als 1 Milligramm Plutonium vorhanden ist. Damit ist die folgende Ungleichung zu lösen:

$p(x) = 200 \cdot e^{-0,048x} < 1$

Es folgt nach Division durch 200 und anschließender Anwendung des Logarithmus:

$$\ln(e^{-0,048x}) < \ln\left(\frac{1}{200}\right)$$

$$-0,048x < -\ln(200)$$

$$x > \frac{\ln(200)}{0,048} \approx 110,4$$

Damit ist im Laufe des Jahres $1986 + 110 = 2096$ mit weniger als 1 Milligramm zu rechnen.

c1) Für eine Nullstelle von h_k muss dic Gleichung $h_k(x) = 0$ gelten, d. h. $10 \cdot (1 - e^{-kx}) \cdot e^{-x} = 0$. Da die e-Funktion nicht den Wert null annimmt, muss $1 - e^{-kx} = 0$, also $e^{-kx} = 1$ gelten. Diese Gleichung ist nur für $x = 0$ erfüllt, da $e^{-k \cdot 0} = e^0 = 1$ gilt. Also liegt an der Stelle $x = 0$ die einzige Nullstelle von h_k vor.

c2) Mit der gegebenen Ableitungsfunktion von h_k ergibt sich als notwendige Bedingung für einen Hochpunkt:

$h'_k(x) = 10 \cdot \left((k+1) \cdot e^{-kx} - 1\right) \cdot e^{-x} = 0$

Daraus ergibt sich nach Vereinfachungen der Gleichung und Anwenden des Logarithmus:

$$(k+1) \cdot e^{-kx} - 1 = 0$$

$$e^{-kx} = \frac{1}{k+1}$$

$$-kx = \ln\left(\frac{1}{k+1}\right)$$

$$x = -\frac{1}{k} \cdot \ln\left(\frac{1}{k+1}\right)$$

Dies ist die einzige zu einem Hochpunkt gehörende x-Koordinate, die für $k > 0$ auch eindeutig definiert ist.

d1) Für die passenden Streckungsfaktoren s_x und s_y gilt $s_y \cdot h_k(\frac{1}{s_x} \cdot x) = a(x)$, was zunächst zu $s_y = \frac{207}{10} = 20{,}7$ führt. Der passende x-Streckungsfaktor s_x ergibt sich entsprechend, bezogen auf die x-Koordinate, zu $s_x = \frac{-1}{-0{,}0016} = 625$.

Der passende k-Wert ergibt sich zunächst durch vergleichendes Ablesen der beiden Funktionen im Exponenten der e-Funktion als $k' = 0{,}0464$, der zusammen mit dem Streckfaktor s_x in x-Richtung schließlich zu $k = 0{,}0464 \cdot 625 = 29$ führt.

d2) Eine e-Funktion mit dem Term e^{-x} nimmt an der Stelle $x = 0$ den Wert 1 an und ist stets streng monoton fallend, d. h., aus $a < b$ folgt stets $e^{-a} > e^{-b}$, und strebt für sehr große x-Werte gegen 0. Ihr Graph hat also grundsätzlich den nebenstehend dargestellten Verlauf.

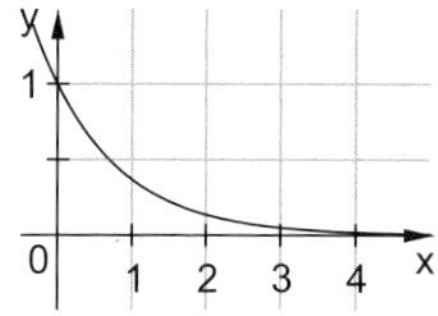

Die untere Abbildung zeigt zusätzlich den entsprechenden Verlauf des Terms $1 - e^{-x}$.

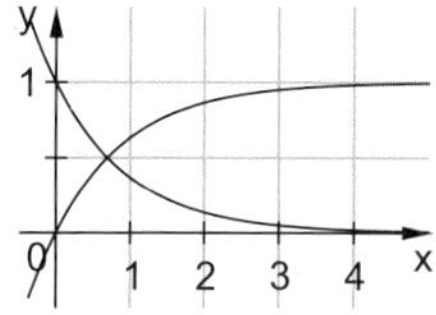

Vereinfacht könnte man sagen, dass der erste Term $e^{-0{,}0016x}$ den Wertebereich von 1 bis 0 und der zweite Term $1 - e^{-0{,}0464x}$ umgekehrt den Wertebereich von 0 bis 1 durchläuft. Da sich beide Funktionen ohne den „Stift abzusetzen“ zeichnen lassen, also stetig sind, folgt damit, dass sie sich genau einmal schneiden, also dass sie genau einen gemeinsamen Funktionswert besitzen.

e) Für ein reelles $t \geq 0$ und reelles $k > 0$ gilt zunächst mit der Stammfunktion H_k:

$$A(t) = \int_0^t h_k(x)\,dx = \left[H_k(x)\right]_0^t = H_k(t) - H_k(0)$$

Mit der gegebenen Stammfunktion H_k von h_k gilt damit:

$$\begin{aligned} A(t) &= -10 \cdot e^{-t} + \frac{10}{k+1} \cdot e^{-(k+1)t} - \left(-10 \cdot e^0 + \frac{10}{k+1} \cdot e^{-(k+1) \cdot 0}\right) \\ &= -10 \cdot e^{-t} + \frac{10}{k+1} \cdot e^{-(k+1)t} - \left(-10 \cdot 1 + \frac{10}{k+1} \cdot 1\right) \\ &= -10 \cdot e^{-t} + \frac{10}{k+1} \cdot e^{-(k+1)t} + 10 - \frac{10}{k+1} \end{aligned}$$

Für sehr große t, und damit auch für $t \to \infty$, gilt $e^{-t} \to 0$, sodass die ersten beiden Summanden auch gegen null streben.

Daher gilt für alle $k > 0$:

$$A = \int_0^\infty h_k(x)\,dx = \lim_{t \to \infty} \int_0^t h_k(x)\,dx = \lim_{t \to \infty} A(t) = 10 - \underbrace{\frac{10}{k+1}}_{>0} < 10$$

Schleswig-Holstein – Kernfach Mathematik
2020 – Aufgabe 3: Analytische Geometrie

Gegeben sind der Punkt $L\left(-\frac{25}{4}\,\middle|\,-8\,\middle|\,6\right)$ und die Gerade

$g: \vec{x} = \begin{pmatrix} 0 \\ -12 \\ 9 \end{pmatrix} + r \cdot \begin{pmatrix} 1 \\ 0 \\ 0 \end{pmatrix}$ mit $r \in \mathbb{R}$.

a) a1) Begründen Sie, dass g parallel zur x_1-Achse verläuft, aber nicht durch den Punkt L. 2 P

a2) L und g liegen in der Ebene E.
Ermitteln Sie eine Gleichung von E in Koordinatenform. 4 P
[Zur Kontrolle: E: $3x_2 + 4x_3 = 0$]

In der Abbildung ist neben L und g das Viereck OPQR dargestellt, dessen Eckpunkte $O(0|0|0)$, $P\left(-\frac{25}{2}\,\middle|\,0\,\middle|\,0\right)$, $Q\left(-\frac{25}{2}\,\middle|\,-12\,\middle|\,9\right)$ und $R(0|-12|9)$ in E liegen. Q und R liegen außerdem auf g.

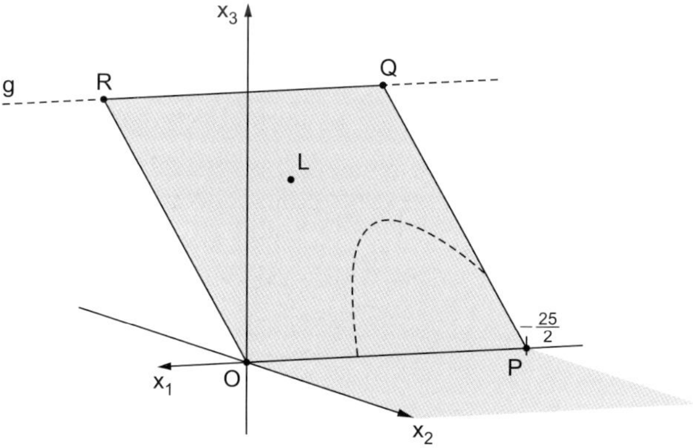

b) b1) Markieren Sie auf der x_2-Achse die Stelle –12 und auf der x_3-Achse die Stelle 9. 2 P

b2) Begründen Sie, dass OPQR ein Rechteck ist.
Berechnen Sie den Flächeninhalt dieses Rechtecks. 5 P

b3) Geben Sie eine Gleichung der Geraden h an, die durch die Punkte P und R verläuft. 1 P

b4) O' ist der Punkt in der Ebene E, der durch Spiegelung des Punktes O an der Geraden h entsteht. Beschreiben Sie ein Verfahren, mit dem man die Koordinaten des Punktes O' ermitteln könnte. 3 P

Das Viereck OPQR stellt modellhaft den geneigten Teil einer Minigolfbahn dar, der Punkt L das Loch dieser Bahn. Im verwendeten Koordinatensystem beschreibt die x_1x_2-Ebene den horizontalen Untergrund, eine Längeneinheit entspricht 10 cm in der Realität.

c) c1) Berechnen Sie die Größe des Winkels, den der geneigte Teil der Bahn mit dem Untergrund einschließt. 3 P

Im Punkt $A(-5\,|\,8\,|\,24)$ befindet sich eine Lichtquelle.

c2) Berechnen Sie den Punkt F der Ebene E, der den kürzesten Abstand zur Beleuchtung A aufweist. 5 P
[Zur Kontrolle: $F(-5\,|\,-6{,}4\,|\,4{,}8)$]

c3) Zeigen Sie, dass der Punkt F innerhalb des Vierecks OPQR liegt. 3 P

c4) Der geneigte Teil der Bahn wirft durch die Beleuchtung einen viereckigen Schatten OPQ'R' auf den horizontalen Untergrund. Ermitteln Sie die Koordinaten des Eckpunktes R'. 3 P

d) Im Folgenden wird der in der Abbildung gestrichelt dargestellte Teil des Weges eines Minigolfballs auf der Bahn betrachtet. Der Ball soll im Folgenden als punktförmig angenommen werden. Seine Positionen auf dem dargestellten Teil des Weges können durch Punkte

$$B_t\left(-5-3t \;\middle|\; -8t+\tfrac{8}{3}t^2 \;\middle|\; 6t-2t^2\right)$$

mit geeigneten Werten $t \in \mathbb{R}$ beschrieben werden.

d1) Geben Sie die Koordinaten des Punktes B_0 an und zeichnen Sie den Punkt in die Abbildung ein. 2 P

d2) Berechnen Sie im Modell die Koordinaten des Punktes, in dem der Weg des Balls auf die seitliche Begrenzung der Minigolfbahn trifft. 4 P

d3) Ermitteln Sie die maximale Höhe über dem Untergrund, die der Ball erreicht, und geben Sie diese Höhe in Zentimetern an. 3 P

Hinweise und Tipps

Teilaufgabe a1

- Bestimmen Sie einen Richtungsvektor der x_1-Achse.
- Vergleichen Sie diesen mit dem Richtungsvektor der gegebenen Geraden g.
- Damit zwei Geraden parallel sind, müssen die Richtungsvektoren linear abhängig sein.
- Damit ein Punkt auf einer Geraden liegt, muss jede Koordinate des Punktes durch einen geeignet gewählten Parameter der Geradengleichung (hier r) darstellbar sein.
- Schauen Sie sich die zweite oder dritte Koordinate von L an.

Teilaufgabe a2

- Wählen Sie zwei linear unabhängige Richtungsvektoren, die die Ebene E aufspannen.
- Ein Richtungsvektor ist bereits durch die Geradengleichung gegeben.
- Einen zweiten davon linear unabhängigen Richtungsvektor können Sie erhalten, indem Sie den Vektor eines beliebigen Geradenpunktes zum Punkt L bilden.
- Versuchen Sie, einen Normalenvektor der Ebene E zu finden.
- Einen Normalenvektor $\vec{n}$ enthält man direkt durch Anwendung des Vektorproduktes.
- Für zwei linear unabhängige Vektoren $\vec{a}$ und $\vec{b}$ erhält man allgemein einen Normalenvektor durch:

$$\vec{n} = \vec{a} \times \vec{b} = \begin{pmatrix} a_1 \\ a_2 \\ a_3 \end{pmatrix} \times \begin{pmatrix} b_1 \\ b_2 \\ b_3 \end{pmatrix} = \begin{pmatrix} a_2b_3 - a_3b_2 \\ a_3b_1 - a_1b_3 \\ a_1b_2 - a_2b_1 \end{pmatrix}$$

- Berechnen Sie einen Wert a für einen beliebigen Punkt, z. B. $(0|-12|9)$, der Ebene E mithilfe der Gleichung $n_1 \cdot 0 + n_2 \cdot (-12) + n_3 \cdot 9 = a$.
- Eine Koordinatenform von E ergibt sich dann mithilfe des Normalenvektors $\vec{n} = \begin{pmatrix} 0 \\ 3 \\ 4 \end{pmatrix}$ durch $0 \cdot x_1 + 3 \cdot x_2 + 4 \cdot x_3 = a$.

Teilaufgabe b1

- Die Ebene E enthält unter anderem die Punkte O, P, Q und R, wobei OPQR Eckpunkte eines Vierecks sind.
- Betrachten Sie die Koordinaten des Punktes R. Die Werte –12 und 9 erhält man durch entsprechende Parallelprojektionen des Punktes R auf die x_2- bzw. die x_3-Achse.

Teilaufgabe b2

- Nach Aufgabenstellung liegen die vier Punkte in einer Ebene.
- Ein Viereck ist genau dann ein Rechteck, wenn die gegenüberliegenden Seiten(linien) parallel und wenn benachbarte Seiten(linien) senkrecht zueinander sind.
  Beachte: Ist gezeigt, dass ein Seitenlinienpaar senkrecht zueinander ist, folgt bereits, dass alle benachbarten Seitenlinien senkrecht zueinander sind.

- Nach Teilaufgabe a1 sind zumindest die Seiten $\overline{OP}$ und $\overline{RQ}$ parallel zueinander.
- Ermitteln Sie den Vektor $\overrightarrow{PQ}$ und vergleichen Sie ihn mit $\overrightarrow{OR}$.
- Was bedeutet die Gleichung im Sachzusammenhang?
- Für den Flächeninhalt F eines Rechtecks mit den Seitenlängen a und b gilt $F = a \cdot b$.
- Suchen Sie zwei geeignete Seiten und bestimmen Sie deren Längen.
- Für die Länge eines Vektors $\vec{z} = \begin{pmatrix} z_1 \\ z_2 \\ z_3 \end{pmatrix}$ gilt $|\vec{z}| = \sqrt{z_1^2 + z_2^2 + z_3^2}$.

Teilaufgabe b3

- Die Koordinaten der Geradenpunkte P und R sind gegeben.
- Zur Bestimmung der Geradengleichung h bilden Sie $h: \vec{x} = \overrightarrow{OP} + \lambda \cdot \overrightarrow{PR}$.

Teilaufgabe b4

- Überlegen Sie sich, welche „Bewegung“ der Punkt O bei einer Geradenspiegelung an h macht.
- Man benötigt eine zur Spiegelgeraden senkrechte Gerade, die durch den zu spiegelnden Punkt O verläuft. Wie erhält man eine solche Gerade?
- Der Abstand von Punkt und Spiegelpunkt zur Spiegelgeraden ist dabei stets gleich.

Teilaufgabe c1

- Es gibt mehrere Möglichkeiten zur Bestimmung des Schnittwinkels zwischen den sich schneidenden Ebenen (Ebene E und x_1x_2-Ebene).
- Mit deren Normalenvektoren $\vec{n}$ und $\vec{m}$ gilt allgemein: $\cos(\alpha) = \frac{|\vec{n} \circ \vec{m}|}{|\vec{n}| \cdot |\vec{m}|}$
- Finden Sie Normalenvektoren $\vec{n}$ und $\vec{m}$ für die beiden Ebenen.
- Für die Ebene E hat man den Normalenvektor $\vec{n}$ aus Teilaufgabe a2.
- Für den Untergrund (die x_1x_2-Ebene) kann z. B. mit $\vec{m} = \begin{pmatrix} 0 \\ 0 \\ 1 \end{pmatrix}$ direkt ein Normalenvektor aufgestellt und in die Formel eingesetzt werden.
- Aus der Formel ergibt sich nun der gesuchte Schnittwinkel α.
- *Alternative 1:* Man kann auch mithilfe zweier geeignet gewählter Vektoren der beiden Ebenen die gesuchte Winkelgröße ermitteln. Man wähle z. B. den Vektor $\overrightarrow{OR}$ und den Vektor $\begin{pmatrix} 0 \\ 1 \\ 0 \end{pmatrix}$ und wende die obige Gleichung an.
- *Alternative 2:* Aber auch mit den Mitteln der Sekundarstufe I kann man sehr leicht die Winkelgröße in einem geeignet gewählten rechtwinkligen Dreieck bestimmen. Für ein solches gilt $\alpha = \arctan\left(\frac{9}{12}\right)$. Welches Dreieck wurde betrachtet und warum gilt die Gleichung?
- *Hinweis:* Auch die Winkelgröße von $180° - \alpha$, also der Nebenwinkel von α, wird als korrekt bewertet.

Teilaufgabe c2

- Der kürzeste Abstand eines Punktes zur Ebene ist eindeutig definiert. Er ist die Länge der Strecke zwischen dem Punkt und dem Schnittpunkt der Senkrechten (Lotgeraden) durch den Punkt mit der Ebene.
- Ermitteln Sie zunächst die Senkrechte zu E durch den Punkt A.
- Berechnen Sie dann den Schnittpunkt F der Senkrechten mit der Ebene.

Teilaufgabe c3

- Nach Aufgabenstellung liegt der Punkt F in der Ebene E. Schauen Sie sich die Koordinaten des Punktes F an und vergleichen Sie sie mit den Eckpunktkoordinaten des Rechtecks. Was stellen Sie fest?
- Offenbar gelten für die Koordinaten von $F(f_1 \mid f_2 \mid f_3)$:
$-\frac{25}{2} \leq f_1 \leq 0$, $-12 \leq f_2 \leq 0$ und $0 \leq f_3 \leq 9$
- *Alternativ:* In welchem Intervall müssten die reellen Zahlen r, s in der Gleichung $\overrightarrow{OF} = \vec{O} + r \cdot \overrightarrow{OP} + s \cdot \overrightarrow{OR}$ liegen, damit der Punkt F „innerhalb" des Rechtecks liegt?

Teilaufgabe c4

- Durch die Beleuchtung im Punkt A wirft die geneigte Bahn einen Schatten auf die x_1x_2-Ebene.
- An welchem geometrischen Ort befindet sich der Schatten des Eckpunktes R, also der Punkt R'?
- Der Schatten des Eckpunktes R auf dem Untergrund ist der Schnittpunkt der Geraden durch die Punkte A und R mit der x_1x_2-Ebene.
- Stellen Sie die Gleichung der Geraden durch die beiden Punkte auf ($\vec{x} = \overrightarrow{OA} + r \cdot \overrightarrow{AR}$) und bestimmen Sie dann den Schnittpunkt der Geraden mit dem Untergrund, also der x_1x_2-Ebene.
- Die Koordinatenform der x_1x_2-Ebene lautet einfach $x_3 = 0$.

Teilaufgabe d1

- Die Koordinaten des Balles werden durch die „Punktmenge"
$B_t\left(-5-3t \;\middle|\; -8t+\frac{8}{3}t^2 \;\middle|\; 6t-2t^2\right)$ mit dem reellen Parameter t beschrieben.
- Setzen Sie $t = 0$ in die obige Ballkurve ein.
- Der Punkt B_0 ist ein Punkt auf der x_1-Achse.

Teilaufgabe d2

- Damit der Ball auf die Begrenzung (Seite $\overline{PQ}$ des Rechtecks) trifft, muss die x_1-Koordinate von B_t mit der vom Punkt P übereinstimmen.
- Es ergibt sich die zu lösende Gleichung $-5-3t = -\frac{25}{2}$.

Teilaufgabe d3

Welche der drei Achsen gibt die Höhe über dem Untergrund an?

Die dritte Komponente aller Punkte B_t, also der Term $6t - 2t^2$, gibt stets die Höhe an.

Offenbar handelt es sich bei diesem Term um einen quadratischen Term, was durch die Skizze in der Aufgabenstellung (nach unten geöffnete Parabel) untermauert wird.

Zur Bestimmung der maximalen Höhe über dem Untergrund gibt es mehrere Möglichkeiten.

Bestimmen Sie das Maximum der Funktion $p(t) = 6t - 2t^2$, indem Sie die Ableitung bilden und anschließend deren Nullstelle bestimmen.

Alternative 1: Bestimmen Sie den Scheitelpunkt der zugehörigen quadratischen Funktion p.

Alternative 2: Bestimmen Sie die Nullstellen der quadratischen Funktion p. Verwenden Sie dabei $6t - 2t^2 = 2t \cdot (3 - t)$. Beachten Sie, dass die Nullstellen symmetrisch zum Maximum liegen.

Lösung

a1) Der Richtungsvektor der Geraden g lautet $\begin{pmatrix} 1 \\ 0 \\ 0 \end{pmatrix}$. Damit entspricht der Vektor der x_1-Achse. Die Addition eines Punktes in der Geradendarstellung bewirkt lediglich eine Parallelverschiebung. Somit ist die Gerade parallel zur x_1-Achse.

Der gegebene Punkt L liegt nicht auf der Geraden, weil es keine reelle Zahl r gibt, sodass seine zweite Koordinate $x_2 = -8$ die Gleichung $-8 = -12 + r \cdot 0 = -12$ erfüllt.

a2) Der Punkt L liegt nicht auf der Geraden g, deshalb liegen L und g in einer eindeutigen Ebene E. Zur Bestimmung einer Koordinatenform von E sucht man zwei linear unabhängige Richtungsvektoren (einer ist durch die Gerade g schon gegeben) und bildet daraus einen Normalenvektor von E.

Mithilfe des Punkts $(0|-12|9)$, der auf der Geraden g liegt, kann man den folgenden Vektor als weiteren Richtungsvektor bilden:

$$\begin{pmatrix} 0 \\ -12 \\ 9 \end{pmatrix} - \overrightarrow{OL} = \begin{pmatrix} 0 \\ -12 \\ 9 \end{pmatrix} - \begin{pmatrix} -\frac{25}{4} \\ -8 \\ 6 \end{pmatrix} = \begin{pmatrix} \frac{25}{4} \\ -4 \\ 3 \end{pmatrix}$$

Einen auf den Vektoren $\begin{pmatrix} \frac{25}{4} \\ -4 \\ 3 \end{pmatrix}$ und $\begin{pmatrix} 1 \\ 0 \\ 0 \end{pmatrix}$ senkrecht stehenden Normalenvektor erhält man durch Anwendung des Vektorprodukts,

$$\begin{pmatrix} \frac{25}{4} \\ -4 \\ 3 \end{pmatrix} \times \begin{pmatrix} 1 \\ 0 \\ 0 \end{pmatrix} = \begin{pmatrix} 0 \\ 3 \\ 4 \end{pmatrix},$$

was zum Normalenvektor $\vec{n} = \begin{pmatrix} 0 \\ 3 \\ 4 \end{pmatrix}$ der Ebene E führt.

Für einen beliebigen Punkt der Ebene E, zum Beispiel $(0|-12|9)$, und den Normalenvektor von oben gilt die Gleichheit

$n_1 \cdot a_1 + n_2 \cdot a_2 + n_3 \cdot a_3 = 0 \cdot 0 + 3 \cdot (-12) + 4 \cdot 9 = 0,$

also ist eine Koordinatenform von E gegeben durch:

E: $0 \cdot x_1 + 3 \cdot x_2 + 4 \cdot x_3 = 0$ oder $3x_2 + 4x_3 = 0$

b1) Da der Punkt R die Koordinaten $x_2 = -12$ und $x_3 = 9$ hat, erhält man durch das Einzeichnen der jeweiligen Parallelen zu den Achsen durch diesen Punkt die entsprechenden Stellen –12 und 9.

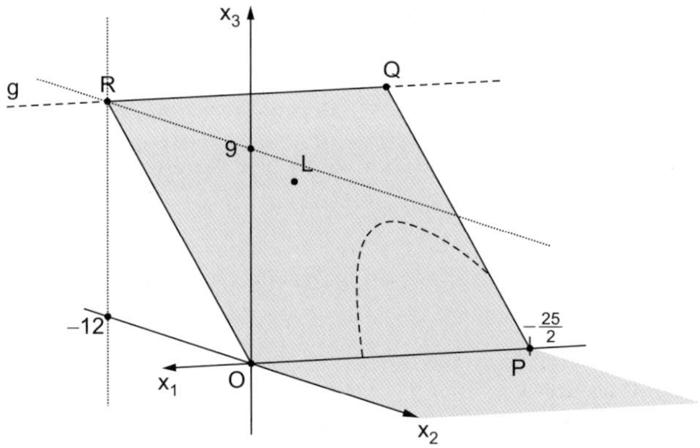

b2) Offenbar liegen alle Punkte O, P, Q und R des Vierecks in einer Ebene, nämlich in E. Nach Teilaufgabe a1 ist die Seite $\overline{QR}$, die auf der Geraden g liegt, parallel zur Seite $\overline{PO}$, die auf der x_1-Achse liegt. Weiterhin gilt:

$$\overrightarrow{PQ} = \overrightarrow{OQ} - \overrightarrow{OP} = \begin{pmatrix} -\frac{25}{2} \\ -12 \\ 9 \end{pmatrix} - \begin{pmatrix} -\frac{25}{2} \\ 0 \\ 0 \end{pmatrix} = \begin{pmatrix} 0 \\ -12 \\ 9 \end{pmatrix}$$

Daher ist die Seite $\overline{PQ}$ parallel zur Seite $\overline{OR}$, also ist das Viereck zumindest ein Parallelogramm. Da zusätzlich die beiden Vektoren $\overrightarrow{OP}$ und $\overrightarrow{OR}$ wegen

$$\begin{pmatrix} -\frac{25}{2} \\ 0 \\ 0 \end{pmatrix} \circ \begin{pmatrix} 0 \\ -12 \\ 9 \end{pmatrix} = 0$$

senkrecht zueinander sind, ist das Viereck OPQR ein Rechteck.

Für seinen Flächeninhalt ergibt sich durch die Multiplikation zweier benachbarter Seitenlängen:

$$\left|\begin{pmatrix} -\frac{25}{2} \\ 0 \\ 0 \end{pmatrix}\right| \cdot \left|\begin{pmatrix} 0 \\ -12 \\ 9 \end{pmatrix}\right| = \sqrt{\left(-\frac{25}{2}\right)^2} \cdot \sqrt{(-12)^2 + 9^2} = \frac{25}{2} \cdot \sqrt{225} = 12{,}5 \cdot 15 = 187{,}5$$

b3) Für eine Gleichung einer Geraden h durch die Punkte P und R gilt allgemein mit dem reellen Parameter λ:

$$h\colon\ \vec{x} = \overrightarrow{OP} + \lambda \cdot \overrightarrow{PR} = \begin{pmatrix} -\frac{25}{2} \\ 0 \\ 0 \end{pmatrix} + \lambda \cdot \begin{pmatrix} \frac{25}{2} \\ -12 \\ 9 \end{pmatrix}$$

b4) Der Spiegelpunkt O' von O an der Geraden h liegt auf einer Geraden ℓ, die senkrecht zu h und durch O verläuft. Man bestimmt eine Ebene, die senkrecht zur Geraden h ist und durch den Punkt O verläuft. Der Schnittpunkt dieser Ebene mit der Geraden h ist dann ein Punkt O_h, an dem O gespiegelt wird. Für den gesuchten Spiegelpunkt O' gilt dann $|\overrightarrow{OO_h}| = |\overrightarrow{O_hO'}|$, wobei die Koordinaten von O' durch die Gleichung $\overrightarrow{OO'} = 2 \cdot \overrightarrow{OO_h}$ ermittelt werden können.

c1) Es sind unterschiedliche Verfahren zur Bestimmung der Größe des Winkels möglich. Hier wird die Bestimmung des Winkels zwischen dem Vektor $\overrightarrow{OR} = \begin{pmatrix} 0 \\ -12 \\ 9 \end{pmatrix}$ (der Ebene E) und eines Vektors des Untergrundes, also z. B. $\begin{pmatrix} 0 \\ 1 \\ 0 \end{pmatrix}$ gewählt. Dafür gilt:

$$\cos(\alpha) = \frac{\left| \begin{pmatrix} 0 \\ -12 \\ 9 \end{pmatrix} \circ \begin{pmatrix} 0 \\ 1 \\ 0 \end{pmatrix} \right|}{\left| \begin{pmatrix} 0 \\ -12 \\ 9 \end{pmatrix} \right| \cdot \left| \begin{pmatrix} 0 \\ 1 \\ 0 \end{pmatrix} \right|} = \frac{|-12|}{\sqrt{144+81} \cdot \sqrt{1}} = \frac{12}{15} = \frac{4}{5} \quad \Rightarrow \quad \alpha = \arccos\left(\frac{4}{5}\right) \approx 36{,}87°$$

Für den gesuchten Winkel erhält man so den Wert $\alpha \approx 36{,}87°$. Als korrekt wird auch die Winkelgröße $180° - \alpha \approx 143{,}13°$ anerkannt.

c2) Im Punkt $A(-5\,|\,8\,|\,24)$ befindet sich eine Lichtquelle. Es ist der kürzeste Abstand vom Punkt A zur Ebene E gesucht. Dazu bestimmt man den Schnittpunkt F der Ebene E mit der Lotgeraden ℓ durch A. Das Lot erhält man bequem mithilfe des in Teilaufgabe a verwendeten Normalenvektors $\vec{n} = \begin{pmatrix} 0 \\ 3 \\ 4 \end{pmatrix}$, der als Richtungsvektor der Lotgeraden ℓ durch den Punkt A benutzt werden kann. Für die Lotgerade ℓ gilt somit mit einem reellen Parameter λ:

$$\ell\colon\ \vec{x} = \overrightarrow{OA} + \lambda \cdot \vec{n} = \begin{pmatrix} -5 \\ 8 \\ 24 \end{pmatrix} + \lambda \cdot \begin{pmatrix} 0 \\ 3 \\ 4 \end{pmatrix}$$

Nun erhält man den Schnittpunkt F durch Bestimmung des Schnittpunktes von ℓ mit E, also des gemeinsamen Punktes von E und ℓ. Dafür gilt:

$$3 \cdot (8 + 3\lambda) + 4 \cdot (24 + 4\lambda) = 0 \quad \Leftrightarrow \quad 120 + 25\lambda = 0 \quad \Leftrightarrow \quad \lambda = -\frac{24}{5}$$

Das Einsetzen dieses Wertes in die Geradengleichung von ℓ liefert schließlich den Punkt F:

$$\overrightarrow{OF} = \begin{pmatrix} -5 \\ 8 \\ 24 \end{pmatrix} - \frac{24}{5} \cdot \begin{pmatrix} 0 \\ 3 \\ 4 \end{pmatrix} = \begin{pmatrix} -5 \\ -6{,}4 \\ 4{,}8 \end{pmatrix}$$

Damit hat F die Koordinaten $F(-5\,|\,-6{,}4\,|\,4{,}8)$.

c3) Nach Aufgabenstellung liegt F in der Ebene E, die auch das Rechteck OPQR enthält. Die Koordinaten von F lauten $f_1 = -5$, $f_2 = -6{,}4$ und $f_3 = 4{,}8$. Für diese Koordinaten gilt $-\frac{25}{2} \le f_1 \le 0$, $-12 \le f_2 \le 0$ und $0 \le f_3 \le 9$, wobei die Intervalle die „Außengrenzen" des Rechtecks sind. Also liegt der Punkt F im Inneren von OPQR.

Alternativ: Für den Ortsvektor von F gilt mit reellen r, s:

$$\overrightarrow{OF} = \vec{O} + r \cdot \overrightarrow{OP} + s \cdot \overrightarrow{OR} \quad \Leftrightarrow \quad \begin{pmatrix} -5 \\ -6{,}4 \\ 4{,}8 \end{pmatrix} = r \cdot \begin{pmatrix} -\frac{25}{2} \\ 0 \\ 0 \end{pmatrix} + s \cdot \begin{pmatrix} 0 \\ -12 \\ 9 \end{pmatrix}$$

Dies führt auf die beiden Werte $r = \frac{2}{5}$ und $s = \frac{8}{15}$. Da beide Werte zwischen 0 und 1 liegen, liegt der Punkt F innerhalb des gegebenen Rechtecks.

c4) Der Schatten des Eckpunktes R auf dem Untergrund ist der Schnittpunkt der Geraden durch die Punkte A und R mit der x_1x_2-Ebene.

Mit einem reellen Parameter r ergibt sich die folgende Geradendarstellung von AR:

$$AR\colon\ \vec{x} = \overrightarrow{OA} + r \cdot \overrightarrow{AR} = \begin{pmatrix} -5 \\ 8 \\ 24 \end{pmatrix} + r \cdot \begin{pmatrix} 5 \\ -20 \\ -15 \end{pmatrix}$$

Die Koordinatenform der x_1x_2-Ebene lautet schlicht $x_3 = 0$. Für die dritte Koordinate ergibt sich aus der Geradengleichung die Gleichung $0 = 24 + r \cdot (-15)$, was auf $r = \frac{24}{15} = \frac{8}{5}$ führt. Setzt man diesen Wert in die Geradengleichung ein, erhält man die Koordinaten des gesuchten Punktes R'. Sie lauten $R'(3\,|\,-24\,|\,0)$.

d1) Für die Position des Balles ergibt sich für $t = 0$ mit den Koordinaten $B_0(-5\,|\,0\,|\,0)$ das folgende Bild.

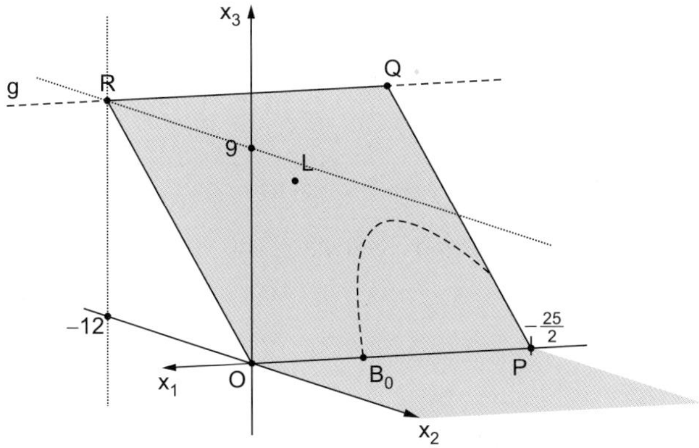

d2) Gesucht ist der Punkt B_{Seite} der Golfbahn (siehe Abbildung unten). Offenbar ist dann seine x_1-Koordinate dieselbe wie die des Punktes P, also $x_1 = -\frac{25}{2}$. Für diese Koordinate folgt aus der allgemeinen Darstellung aller Punkte B_t, dass $x_1 = -\frac{25}{2} = -5 - 3t$ gilt, woraus sofort $t = \frac{5}{2}$ folgt. Der gesuchte Punkt ist also:

$$B_{2,5}\left(-\frac{25}{2} \,\middle|\, -8 \cdot \frac{5}{2} + \frac{8}{3} \cdot \left(\frac{5}{2}\right)^2 \,\middle|\, 6 \cdot \frac{5}{2} - 2 \cdot \left(\frac{5}{2}\right)^2\right) = \left(-\frac{25}{2} \,\middle|\, -\frac{10}{3} \,\middle|\, \frac{5}{2}\right)$$

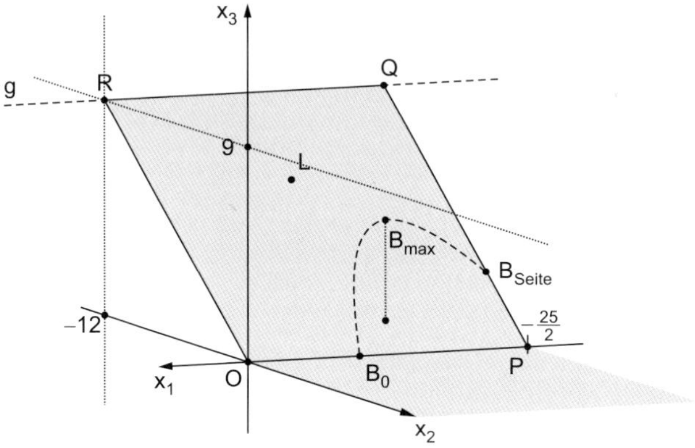

d3) Der höchste Punkt des Minigolfballs auf seiner gestrichelten Kurve in der Ebene E ist in der Abbildung oben durch den Punkt B_{max} angedeutet. Seine Höhe über dem Untergrund zeigt die gestrichelte Linie.

Die dritte Komponente von B_t, also der Term $6t - 2t^2$, gibt stets die Höhe über dem Untergrund an; so befindet sich beispielsweise der Ball für $t = 0$, wie auch schon in Teilaufgabe d1 gezeigt, auf dem Untergrund, also in der x_1x_2-Ebene; für $t = \frac{5}{2}$ ist der Ball $\frac{5}{2} \cdot 10 = 25$ cm über dem Untergrund.

Es gilt $6t - 2t^2 = 2t \cdot (3 - t)$, d. h., bei $t = 0$ und bei $t = 3$ hat die zum Term gehörige quadratische Funktion ihre Nullstellen und der Scheitelpunkt der zugehörigen, nach unten geöffneten Parabel liegt daher an der Stelle $t = \frac{3}{2}$. Damit ergibt sich eine maximale Höhe von:

$$6 \cdot \frac{3}{2} - 2 \cdot \left(\frac{3}{2}\right)^2 = 9 - 2 \cdot \frac{9}{4} = 9 - \frac{9}{2} = \frac{9}{2} = 4{,}5$$

Die maximale Höhe beträgt also 45 cm.

Schleswig-Holstein – Kernfach Mathematik
2020 – Aufgabe 4: Stochastik

Vorbemerkung: Alle in Ihren Lösungen verwendeten Zufallsgrößen müssen explizit eingeführt werden. Machen Sie auch Angaben über die Verteilung der jeweiligen Zufallsgrößen.

Ein Fahrradhändler hat festgestellt, dass es sich bei 40 % aller von ihm verkauften Fahrräder um Mountainbikes handelt. Es soll davon ausgegangen werden, dass in einer zufälligen Auswahl verkaufter Fahrräder die Anzahl der Mountainbikes binomialverteilt ist.

a) a1) Bestimmen Sie die Wahrscheinlichkeit dafür, dass sich in einer zufälligen Auswahl von 100 verkauften Fahrrädern
- genau 30 Mountainbikes befinden;
- mindestens 35 und weniger als 45 Mountainbikes befinden. 5 P

a2) Ermitteln Sie die Wahrscheinlichkeit dafür, dass in einer zufälligen Auswahl von 250 verkauften Fahrrädern die Anzahl der Mountainbikes um mindestens 10 % größer ist als der Erwartungswert für diese Anzahl. 3 P

a3) Beschreiben Sie im Sachzusammenhang ein Zufallsexperiment, bei dem die Wahrscheinlichkeit eines Ereignisses mit dem Term
$1 - 0{,}6^{10} - 10 \cdot 0{,}4 \cdot 0{,}6^9$
berechnet werden kann. Geben Sie dieses Ereignis an. 3 P

a4) Der Händler hat berechnet, dass er im September des Jahres 2020 mit einer Wahrscheinlichkeit von mehr als 96 % mehr als 800 Mountainbikes verkaufen wird.
Ermitteln Sie, von welcher Anzahl verkaufter Fahrräder er bei seiner Berechnung mindestens ausgegangen ist. 4 P

b) Der Anteil der Mountainbikes unter allen verkauften Fahrrädern beträgt weiterhin 40 %. 20 % aller verkauften Fahrräder haben einen Rahmen aus Aluminium. 45 % aller verkauften Fahrräder sind weder Mountainbikes noch haben sie einen Rahmen aus Aluminium.
Bestimmen Sie den Anteil der Fahrräder mit einem Rahmen aus Aluminium unter den verkauften Mountainbikes. 4 P

c) Die Abbildung 1 (siehe Beiblatt) zeigt für einige Monate des Jahres 2019 jeweils den Anteil der Mountainbikes unter allen verkauften Fahrrädern.

c1) Im April wurden 810 Mountainbikes verkauft. Bestimmen Sie für diesen Monat die Anzahl aller verkauften Fahrräder. 2 P c2) Der Anteil der Mountainbikes lag im Mai und Juni insgesamt bei 46 %; im Juli war er größer als im Mai und im August größer als im Juni. Entscheiden Sie, ob es dennoch möglich ist, dass der Anteil der Mountainbikes im Juli und August insgesamt kleiner war als insgesamt im Mai und Juni. Begründen Sie Ihre Entscheidung. 3 P

d) Der Händler verkauft 70 % der von ihm verkauften Fahrräder über sein Ladengeschäft (L), den Rest über sein Onlineportal (O). In beiden Fällen bietet er an, für das gekaufte Fahrrad eine Garantieverlängerung abzuschließen (G).

d1) Vervollständigen Sie zu diesem Sachverhalt das Baumdiagramm in Abbildung 2 (siehe Beiblatt).
Zeigen Sie, dass die Wahrscheinlichkeit dafür, dass für ein zufällig ausgewähltes verkauftes Fahrrad eine Garantieverlängerung abgeschlossen wird, kleiner als 70 % ist. 5 P

d2) Nach einer Neugestaltung seines Onlineportals vermutet der Händler, dass der Anteil der Fahrräder, für die beim Onlinekauf eine Garantieverlängerung abgeschlossen wird, auf über 45 % gestiegen ist.
Erstellen Sie einen Hypothesentest mit einer Stichprobengröße von 80 Fahrrädern, der geeignet ist, die Vermutung des Händlers auf einem Signifikanzniveau von 5 % zu stützen. Geben Sie auch die entsprechende Entscheidungsregel an. 8 P

e) Betrachtet werden zwei Ereignisse A und B eines Zufallsexperiments, deren Wahrscheinlichkeit jeweils ungleich Null ist.
Beweisen Sie die folgende Aussage:
Wenn $P(A) \cdot P(\overline{B}) = P(A \cap \overline{B})$ ist, dann ist auch $P(A) \cdot P(B) = P(A \cap B)$. 3 P

Beiblatt zu Teilaufgabe c und d

Anteil der Mountainbikes unter allen verkauften Fahrrädern für einige Monate des Jahres 2019

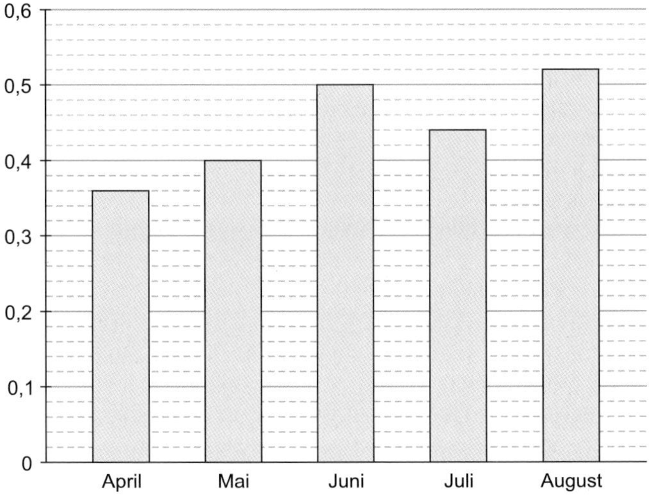

Abbildung 1

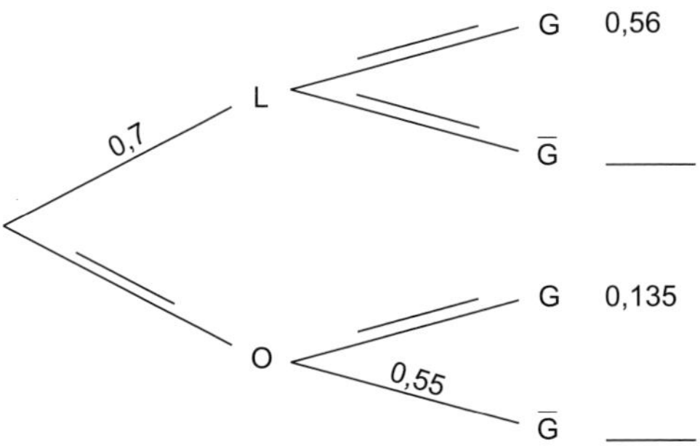

Abbildung 2

Hinweise und Tipps

Teilaufgabe a

- Betrachten Sie binomialverteilte Zufallsgrößen X_n mit den Parametern $p = 0{,}4$ und einem für die jeweilige Teilaufgabe passenden n, die jeweils die Anzahl der Mountainbikes in der Stichprobe beschreiben.

Teilaufgabe a1

- Es gilt $P(a \leq X < b) = P(X \leq b-1) - P(X \leq a-1)$.

Teilaufgabe a2

- Der Erwartungswert μ einer binomialverteilten Zufallsgröße berechnet sich zu $\mu = n \cdot p$.
- Es gilt $P(X \geq b) = 1 - P(X \leq b-1)$.

Teilaufgabe a3

- Deuten Sie den zweiten und dritten Summanden als Wahrscheinlichkeiten von Pfaden in einem Baumdiagramm mit 10 Stufen.
- Formulieren Sie zu dem Baumdiagramm ein passendes Zufallsexperiment im Sachzusammenhang.
- Formulieren Sie nun ein Ereignis so, dass der gegebene Term die Summe der Wahrscheinlichkeiten der günstigen Pfade im Baumdiagramm beschreibt.

Teilaufgabe a4

- Hier ist der Parameter n der Zufallsgröße zunächst unbekannt und zu bestimmen.
- Es ist n so zu bestimmen, dass $P(X_n > 800) > 0{,}96$ ist.
- Das ist gleichbedeutend mit $P(X_n \leq 800) < 0{,}04$.
- Ermitteln Sie die kleinste Lösung der Ungleichung durch systematisches Probieren mit dem Taschenrechner.

Teilaufgabe b

- Führen Sie die folgenden Bezeichnungen ein: M: „Ein zufällig ausgewähltes verkauftes Fahrrad ist ein Mountainbike.“ und A: „Ein zufällig ausgewähltes verkauftes Fahrrad hat einen Rahmen aus Aluminium.“
- Im Text sind die Anteile für die Ereignisse M, A und $\overline{A} \cap \overline{M}$ gegeben.
- Tragen Sie diese Anteile in eine Vierfeldertafel ein und bestimmen Sie dann die Anteile für die Ereignisse $\overline{A}$, $\overline{A} \cap M$ und $A \cap M$.
- Der gesuchte Anteil ergibt sich als Quotient zweier Anteile aus den inneren Feldern der Vierfeldertafel.

Teilaufgabe c1

Aus dem Diagramm liest man für April einen Anteil von 0,36 ab.

Die Gesamtzahl n, die zu bestimmen ist, muss die Bedingung $\frac{810}{n} = 0{,}36$ erfüllen.

Teilaufgabe c2

Zeigen Sie, dass es möglich ist.

Finden Sie dazu geeignete Anzahlen x und y für die im Juli bzw. August verkauften Fahrräder, sodass $\frac{0{,}44 \cdot x + 0{,}52 \cdot y}{x + y} < 0{,}46$ ist.

Teilaufgabe d1

Bestimmen Sie die fehlenden Wahrscheinlichkeiten in der hier angegebenen Reihenfolge.

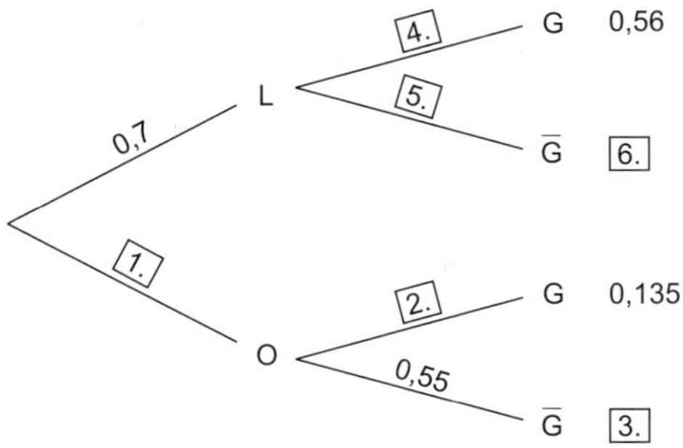

Prüfen Sie dann, ob $P(G) < 0{,}7$ ist.

P(G) ergibt sich als Summe zweier Pfadwahrscheinlichkeiten in obigem Baumdiagramm.

Teilaufgabe d2

Betrachten Sie eine Zufallsgröße X_p, die die Anzahl der Fahrräder beschreibt, für die beim Online-Kauf von 80 Fahrrädern eine Garantieverlängerung abgeschlossen wird.

Überlegen Sie, welche Hypothese gestützt werden soll, und wählen Sie die gegenteilige Hypothese als Nullhypothese.

Überlegen Sie, ob Sie die Nullhypothese ggf. durch einen rechts- oder linksseitigen Test verwerfen können.

Bestimmen Sie den Verwerfungsbereich der Nullhypothese bei einem Signifikanzniveau von 5 %.

Teilaufgabe e

Zeigen Sie die Behauptung durch schrittweise Umformungen/Einsetzungen. Nutzen Sie dabei die Voraussetzung.

Nutzen Sie außerdem die folgenden Zusammenhänge:

$P(B) = 1 - P(\overline{B})$

$P(A) = P(A \cap B) + P(A \cap \overline{B})$

Lösung

a1) Die Zufallsgröße X_n beschreibt die Anzahl der Mountainbikes. Sie ist binomialverteilt mit den Parametern $n = 100$ und $p = 0{,}4$.

$P(X_{100} = 30) \approx 0{,}0100 = 1\,\%$

$P(35 \leq X_{100} < 45) = P(X_{100} \leq 44) - P(X_{100} \leq 34)$

$\approx 0{,}8211 - 0{,}1303 = 0{,}6908 = 69{,}08\,\%$

Mit der Wahrscheinlichkeit 1 % sind unter den 100 verkauften Fahrrädern genau 30 Mountainbikes und mit der Wahrscheinlichkeit 69,08 % sind es mindestens 35 und weniger als 45 Mountainbikes.

a2) X_n ist nun binomialverteilt mit den Parametern $n = 250$ und $p = 0{,}4$. Es ist $\mu = 0{,}4 \cdot 250 = 100$ und somit:

$P(X_{250} \geq \mu + 10) = P(X_{250} \geq 110)$

$= 1 - P(X_{250} \leq 109) \approx 1 - 0{,}8896 = 0{,}1104 = 11{,}04\,\%$

a3) Zufallsexperiment: Zehn verkaufte Fahrräder werden zufällig ausgewählt.

Ereignis: „Mindestens zwei der Fahrräder sind Mountainbikes."

a4) X_n ist nun binomialverteilt mit unbekanntem n und $p = 0{,}4$. Es ist:

$P(X_n > 800) > 0{,}96 \quad \Leftrightarrow \quad P(X_n \leq 800) < 0{,}04$

Systematisches Probieren mit dem Taschenrechner liefert:

$P(X_{2099} \leq 800) \approx 4{,}05\,\%$ und $P(X_{2100} \leq 800) \approx 3{,}90\,\%$

Der Händler ist von mindestens 2100 verkauften Fahrrädern ausgegangen.

b) M: „Ein zufällig ausgewähltes verkauftes Fahrrad ist ein Mountainbike."

A: „Ein zufällig ausgewähltes verkauftes Fahrrad hat einen Rahmen aus Aluminium."

Der gesuchte Anteil ist $\frac{5\,\%}{40\,\%} = 12{,}5\,\%$.

	M	$\overline{M}$	
A	5 %		20 %
$\overline{A}$	35 %	45 %	80 %
	40 %		100 %

c1) Die gesuchte Anzahl ist $\frac{810}{0{,}36} = 2250$.

c2) Es ist möglich. Wurden beispielsweise im Juli 10 000 Fahrräder verkauft und im August 1 000, so ergibt sich für diese beiden Monate insgesamt für den Anteil der verkauften Mountainbikes:

$$\frac{0{,}44 \cdot 10\,000 + 0{,}52 \cdot 1\,000}{11\,000} \approx 0{,}4472 < 0{,}46$$

d1) Zu prüfen ist, ob $P(G) < 0{,}7$ ist.
$P(G) = 0{,}56 + 0{,}135 = 0{,}695 < 0{,}7$

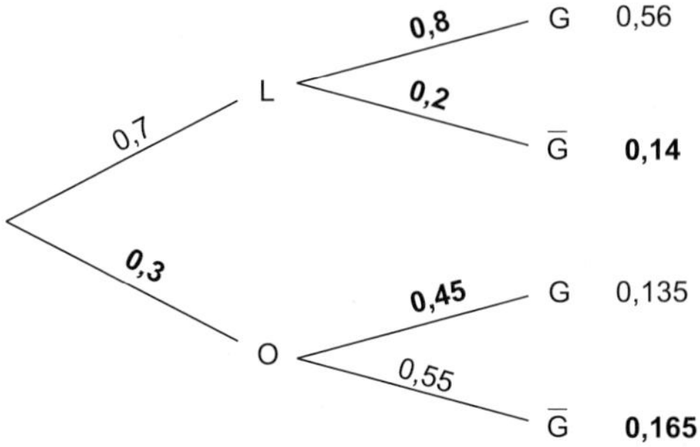

d2) Die Zufallsgröße X_p beschreibt die Anzahl der Fahrräder, für die beim Onlinekauf eine Garantieverlängerung abgeschlossen wird.

X_p ist binomialverteilt mit den Parametern $n = 80$ und p.

Da die Hypothese H_1: $p > 0{,}45$ gestützt werden soll, wird H_0: $p \leq 0{,}45$ als Nullhypothese gewählt.

Wenn die Hypothese H: $p = 0{,}45$ rechtsseitig verworfen werden kann, so auch die Hypothese H_0.

Zu bestimmen ist die kleinste natürliche Zahl k mit:

$P(X_p \geq k) \leq 0{,}05 \quad \Leftrightarrow \quad 1 - P(X_p \leq k-1) \leq 0{,}05 \quad \Leftrightarrow \quad P(X_p \leq k-1) \geq 0{,}95$

Aus $P(X_{0,45} \leq 42) \approx 0{,}9276$ und $P(X_{0,45} \leq 43) \approx 0{,}9537$ ergibt sich $k - 1 = 43$.
Somit ist $k = 44$.

Wird also für mindestens 44 der 80 Fahrräder beim Onlinekauf eine Garantieverlängerung abgeschlossen, so wird die Nullhypothese abgelehnt und die Vermutung des Händlers gestützt.

e) Mit $P(A) \cdot P(\overline{B}) = P(A \cap \overline{B})$ folgt:

$$\begin{aligned} P(A) \cdot P(B) &= P(A) \cdot \left(1 - P(\overline{B})\right) \\ &= P(A) - P(A) \cdot P(\overline{B}) \\ &= P(A) - P(A \cap \overline{B}) \\ &= \left(P(A \cap B) + P(A \cap \overline{B})\right) - P(A \cap \overline{B}) \\ &= P(A \cap B) \end{aligned}$$

Hinweis: Verschiedene Beweise sind möglich.

a) Die folgende Abbildung zeigt den Längsschnitt durch das Modell eines Blauwals. Eine Längeneinheit beträgt 1 Meter in der Wirklichkeit.

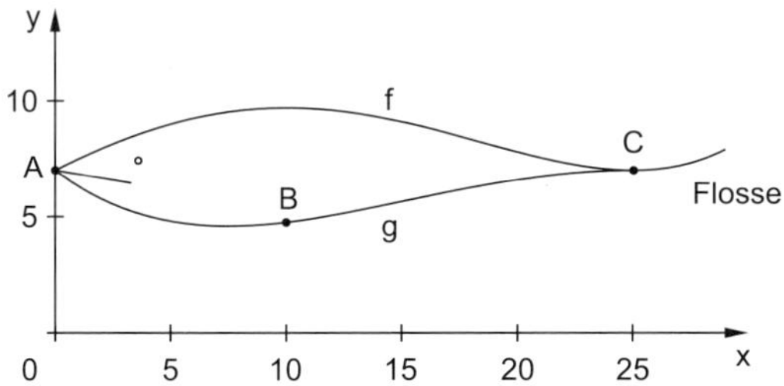

Die obere Begrenzung inklusive Flosse wird durch den Graphen der Funktion f mit

$$f(x) = \frac{1}{25\,000}x^4 - \frac{3}{2\,500}x^3 - \frac{3}{200}x^2 + \frac{1}{2}x + 7$$

im Intervall [0; 29] beschrieben.
Die untere Begrenzung wird im Intervall [0; 25] durch den Graphen einer ganzrationalen Funktion g vierten Grades modelliert. Der Graph von g verläuft durch die Punkte $A(0\,|\,7)$, $B\left(10\,\middle|\,\frac{19}{4}\right)$ und $C(25\,|\,7)$. Seine Tangente an der Stelle $x = 7{,}5$ ist waagerecht. Im Punkt C erfolgt ein knickfreier Anschluss an den Graphen von f.

a1) Bestimmen Sie einen Funktionsterm von g. 7 P
[Zur Kontrolle: $g(x) = \frac{1}{50\,000}x^4 - \frac{11}{5\,000}x^3 - \frac{29}{400}x^2 - \frac{3}{4}x + 7$]

a2) Für jedes x aus dem Intervall [0; 25] wird die Dicke des Längsschnitts durch die Differenz der Funktionswerte von f und g an dieser Stelle x beschrieben.
Berechnen Sie die maximale Dicke des Längsschnitts. 6 P

b) Ein Blauwal ist bei der Geburt 6 m lang. Seine Wachstumsrate wird modelliert durch die Funktion w mit

$$w(x) = \frac{120 \cdot e^{0,9 \cdot (x-5)}}{(e^{0,9 \cdot (x-5)} + 6)^2}.$$

Dabei steht x für die Zeit in Jahren seit der Geburt und w(x) für den Längenzuwachs in Meter pro Jahr.

b1) Ermitteln Sie die Körperlänge des Blauwals nach acht Jahren. 2 P

b2) Zeigen Sie, dass ein Blauwal, dessen Wachstumsrate durch die Funktion w modelliert wird, immer weiter wachsen würde, aber eine Körperlänge von 29 m nie erreichen könnte. 4 P

b3) Ein Blauwal ist nach diesem Modell ausgewachsen, wenn er eine Körperlänge von 27,6 m erreicht hat.
Bestimmen Sie das Alter, ab dem der Blauwal ausgewachsen ist. 3 P

c) Die Funktion w ist in der Schar w_k mit

$$w_k(x) = \frac{120 \cdot e^{k \cdot (x-5)}}{(e^{k \cdot (x-5)} + 6)^2}$$

mit $k > 0$ enthalten.
Die nebenstehende Abbildung zeigt die Graphen von w_1, $w_{\frac{1}{2}}$ und $w_{\frac{1}{3}}$.

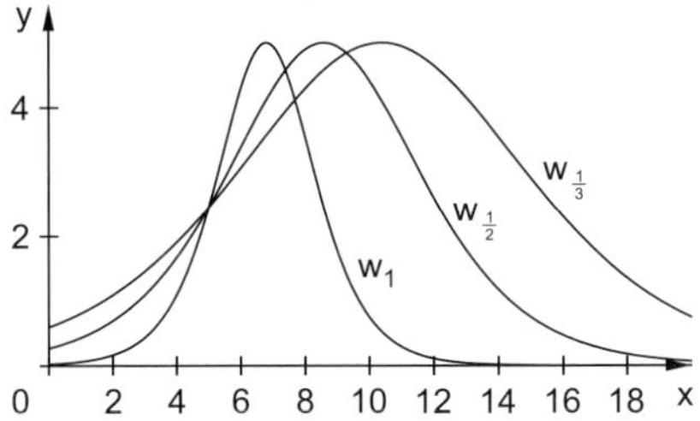

c1) Beschreiben Sie anhand der dargestellten Graphen den Einfluss des Parameters k auf die Koordinaten des Hochpunktes und auf den y-Achsenabschnitt. 3 P

c2) Zeigen Sie, dass der Punkt $P\left(5 \mid \frac{120}{49}\right)$ für alle $k > 0$ auf dem Graphen von w_k liegt.
Weisen Sie nach, dass P für kein $k > 0$ ein Wendepunkt sein kann. 5 P

c3) Zeigen Sie rechnerisch, dass alle Hochpunkte der Graphen von w_k auf einer Geraden liegen.
Bestimmen Sie einen Wert für k, sodass w_k an der Stelle $x = 6$ ein lokales Maximum annimmt. 6 P

c4) Jeder Graph der Funktionenschar w_k ist symmetrisch zu einer Parallelen zur y-Achse durch den Punkt $Q_k\left(5 + \frac{\ln(6)}{k} \mid 0\right)$. Der Punkt $P\left(5 \mid \frac{120}{49}\right)$ besitzt somit auf jedem Funktionsgraphen einen Spiegelpunkt P_k'. Die Punkte P, Q_k und P_k' bilden die Eckpunkte eines Dreiecks.
Bestimmen Sie den Parameter k so, dass der Flächeninhalt des Dreiecks genau 1 beträgt. 4 P

Hinweise und Tipps

Teilaufgabe a1

- Verwenden Sie den Ansatz $g(x) = ax^4 + bx^3 + cx^2 + dx + e$.
- Entnehmen Sie dem Text insgesamt 5 Bedingungen an g bzw. die Ableitung von g.
- Aus dem Ansatz und den 5 Bedingungen ergibt sich ein Gleichungssystem. Lösen Sie dieses.

Teilaufgabe a2

- Zu bestimmen ist das globale Maximum der Funktion d mit $d(x) = f(x) - g(x)$ im Intervall [0; 25].
- Bestimmen Sie zunächst die lokalen Extrema im Intervall [0; 25] und prüfen Sie danach, ob diese auch globale Extrema sind. Untersuchen Sie dazu auch die Ränder des betrachteten Intervalls.
- Notwendig für ein lokales Maximum von d an der Stelle x ist $d'(x) = 0$.

Teilaufgabe b1

- Beachten Sie, dass die Funktion w die Änderungsrate der Blauwallänge darstellt und nicht die Länge selbst!
- Das Integral von a bis b über die Änderungsrate der Länge ergibt die Längenänderung des Wals im Zeitintervall [a; b].

Teilaufgabe b2

- Begründen Sie, dass die Wachstumsrate w für alle $x > 0$ positiv ist.
- Erläutern Sie die Bedeutung dieser Tatsache für die Länge des Wals.
- Untersuchen Sie, wie sich die Länge des Wals für $x \to \infty$ verhält.

Teilaufgabe b3

- Zu lösen ist die Gleichung: $6 + \int_0^z w(x)\,dx = 27{,}6$

Teilaufgabe c1

- Beschreiben Sie anhand der Abbildung, wie sich die x-Koordinaten der Maxima, die y-Werte der Hochpunkte und die y-Achsenabschnitte mit k verändern.

Teilaufgabe c2

- Berechnen Sie $w_k(5)$.
- Damit P auch ein Wendepunkt des Graphen von w_k ist, muss die Bedingung $w_k''(x) = 0$ erfüllt sein.
- Zeigen Sie, dass dies nicht der Fall ist.

Teilaufgabe c3

Bestimmen Sie Kandidaten für lokale Extremstellen von w_k aus der notwendigen Bedingung $w_k'(x) = 0$.

Überprüfen Sie mithilfe der zweiten Ableitung von w_k, ob an diesen Stellen lokale Maxima vorliegen.

Bestimmen Sie die Koordinaten der Hochpunkte in Abhängigkeit von k.

Zeigen Sie, dass alle Hochpunkte auf einer Geraden liegen.

Bestimmen Sie k so, dass die x-Koordinate des Hochpunkts von w_k den Wert 6 hat.

Teilaufgabe c4

Erstellen Sie eine Skizze der Situation, in die Sie die in der Aufgabe benannten Punkte eintragen:

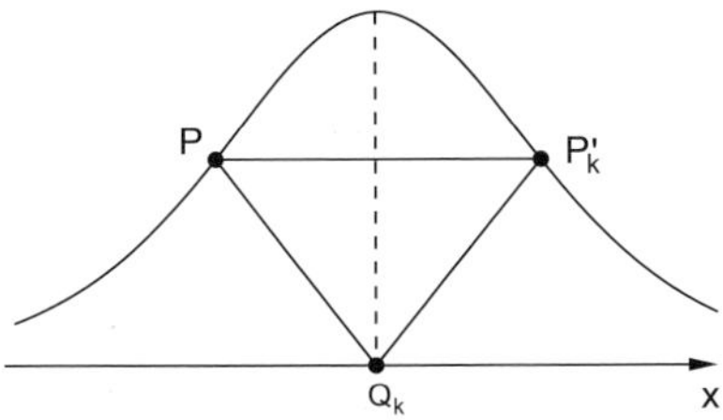

Berechnen Sie die Länge der Grundseite $\overline{PP_k'}$ in Abhängigkeit von k.

Bestimmen Sie die Höhe des Dreiecks; das ist die y-Koordinate von P.

Erstellen Sie einen Term für den Flächeninhalt des Dreiecks und bestimmen Sie den Wert von k so, dass dessen Wert 1 ist.

Lösung

a1) Aus dem Ansatz $g(x) = ax^4 + bx^3 + cx^2 + dx + e$ folgt mit den Bedingungen $g(0) = 7$, $g(10) = \frac{19}{4}$, $g(25) = 7$, $g'(7{,}5) = 0$ und $g'(25) = f'(25)$ für die Parameter a, b, c, d und e

$$a = \frac{1}{50\,000} \wedge b = -\frac{11}{5000} \wedge c = \frac{29}{400} \wedge d = -\frac{3}{4} \wedge e = 7$$

und somit:

$$g(x) = \frac{1}{50\,000}x^4 - \frac{11}{5000}x^3 + \frac{29}{400}x^2 - \frac{3}{4}x + 7$$

$g(x):=a\cdot x^4+b\cdot x^3+c\cdot x^2+d\cdot x+e$ *Fertig*

$g1(x):=\frac{d}{dx}(g(x))$ *Fertig*

$f(x):=\frac{1}{25000}\cdot x^4-\frac{3}{2500}\cdot x^3-\frac{3}{200}\cdot x^2+\frac{1}{2}\cdot x+$▸ *Fertig*

$f1(x):=\frac{d}{dx}(f(x))$ *Fertig*

$\text{solve}\left(g(0)=7 \text{ and } g(10)=\frac{19}{4} \text{ and } g(25)=7 \text{ and}\right.$▸

$a=\frac{1}{50000} \text{ and } b=\frac{-11}{5000} \text{ and } c=\frac{29}{400} \text{ and } d=$▸

$g(x)|a=\frac{1}{50000} \text{ and } b=\frac{-11}{5000} \text{ and } c=\frac{29}{400} \text{ and}$▸

$\frac{x^4}{50000}-\frac{11\cdot x^3}{5000}+\frac{29\cdot x^2}{400}-\frac{3\cdot x}{4}+7$

$g(x):=\frac{x^4}{50000}-\frac{11\cdot x^3}{5000}+\frac{29\cdot x^2}{400}-\frac{3\cdot x}{4}+7$ *Fertig*

a2) Gesucht ist das globale Maximum der Funktion d mit $d(x) = f(x) - g(x)$ im Intervall [0; 25].

Notwendig für ein lokales Maximum von d an der Stelle x ist $d'(x) = 0$. Damit gilt:

$d'(x) = 0 \quad \Leftrightarrow \quad x_1 \approx 8{,}77 \ \vee \ x_2 = 25$

Der Wert $x \approx -71{,}3$ entfällt als Lösung, da er nicht im betrachteten Intervall liegt.

Offensichtlich ist die Dicke an den Rändern des Intervalls null. Da zusätzlich $d(x_1) \approx 5{,}03 > 0$ gilt, ist eine hinreichende Bedingung für ein globales Maximum an der Stelle $x \approx 8{,}77$ erfüllt.

Die maximale Dicke des Längsschnitts beträgt somit ca. 5,03 m.

$d(x):=f(x)-g(x)$ *Fertig*

$d1(x):=\frac{d}{dx}(d(x))$ *Fertig*

$\text{solve}(d1(x)=0,x)$

$x=\frac{-25\cdot(\sqrt{41}+5)}{4} \text{ or } x=\frac{25\cdot(\sqrt{41}-5)}{4} \text{ or } x=25$

$\text{solve}(d1(x)=0,x)$

$x=-71.2695 \text{ or } x=8.76953 \text{ or } x=25.$

$d(8.76953)$ 5.02546

b1) Da

$$6+\int_0^8 \mathrm{w}(\mathrm{x})\,\mathrm{dx} \approx 21{,}80$$

ist, beträgt die Länge des Wals nach acht Jahren ca. 21,8 m.

$$w(x):=\frac{120\cdot e^{0.9\cdot(x-5)}}{\left(e^{0.9\cdot(x-5)}+6\right)^2} \qquad \textit{Fertig}$$

$$6+\int_0^8 w(x)\,dx \qquad 21.7954$$

b2) Da für alle $\mathrm{x} \in \mathbb{R}^+$ sowohl $120\cdot \mathrm{e}^{0{,}9\cdot(\mathrm{x}-5)}>0$ als auch $(\mathrm{e}^{0{,}9\cdot(\mathrm{x}-5)}+6)^2>0$ ist, ist auch der Quotient w(x) aus beiden Termen größer als null.

Da $6+\lim\limits_{\mathrm{z}\to\infty}\int_0^{\mathrm{z}} \mathrm{w}(\mathrm{x})\,\mathrm{dx} \approx 28{,}18$ ist,

erreicht der Wal im Modell nie eine Körperlänge von 29 m.

$$6+\lim_{z\to\infty}\left(\int_0^z w(x)\,dx\right) \qquad 28.1812$$

b3) Zu lösen ist die Gleichung:

$$6+\int_0^{\mathrm{z}} \mathrm{w}(\mathrm{x})\,\mathrm{dx}=27{,}6$$

Man erhält $\mathrm{z}\approx 11{,}01$. Der Wal ist also mit gut elf Jahren ausgewachsen

$$\mathrm{solve}\left(6+\int_0^z w(x)\,dx=27.6,z\right) \qquad z=11.0101$$

c1) Man sieht, dass bei größeren Werten von k die x-Koordinate des Maximums kleiner wird. Anhand der Zeichnung lässt sich zudem vermuten, dass alle Hochpunkte den gleichen y-Wert besitzen. Der y-Achsenabschnitt nimmt für zunehmende Werte von k ab.

c2) Für alle $\mathrm{k}>0$ ist $\mathrm{w}_\mathrm{k}(5)=\frac{120}{49}$. Also liegt der Punkt P auf allen Graphen der Funktionenschar.

Damit P auch ein Wendepunkt des Graphen von w_k ist, muss die Bedingung $\mathrm{w}_\mathrm{k}''(5)=0$ notwendigerweise erfüllt sein. Es gilt:

$$\mathrm{w}_\mathrm{k}''(5)=\frac{1560\cdot \mathrm{k}^2}{2401}\approx 0{,}65\cdot \mathrm{k}^2$$

Da laut Aufgabenstellung $\mathrm{k}>0$ gilt, ist $\mathrm{w}_\mathrm{k}''(5)$ stets größer als null. Daher besitzt kein Graph der Funktionenschar an der Stelle $\mathrm{x}=5$ einen Wendepunkt.

$$w(k,x):=\frac{120\cdot e^{k\cdot(x-5)}}{\left(e^{k\cdot(x-5)}+6\right)^2} \qquad \textit{Fertig}$$

$$w1(k,x):=\frac{d}{dx}\big(w(k,x)\big) \qquad \textit{Fertig}$$

$$w2(k,x):=\frac{d}{dx}\big(w1(k,x)\big) \qquad \textit{Fertig}$$

$$w(k,5) \qquad \frac{120}{49}$$

$$w2(k,5) \qquad \frac{1560\cdot k^2}{2401}$$

c3) Für jedes $k > 0$ liegt wegen

$w'_k(x) = 0 \quad \Leftrightarrow \quad x = \frac{5k + \ln(6)}{k}$ und

$w''_k\left(\frac{5k + \ln(6)}{k}\right) = -\frac{5}{2} \cdot k^2 < 0$

an der Stelle $x = \frac{5k + \ln(6)}{k}$ ein lokales Maximum von w_k vor.

solve$(w1(k,x)=0,x)$	$x=\frac{5\cdot k+\ln(6)}{k}$ or $k=0$
$w2\left(k,\frac{5\cdot k+\ln(6)}{k}\right)$	$\frac{-5\cdot k^2}{2}$
$w\left(k,\frac{5\cdot k+\ln(6)}{k}\right)$	5

Da zudem

$w_k\left(\frac{5k + \ln(6)}{k}\right) = 5$

ist, hat der Hochpunkt die Koordinaten:

$H_k\left(\frac{5k + \ln(6)}{k} \,\middle|\, 5\right)$

Somit liegen alle Hochpunkte auf der Geraden mit der Gleichung $y = 5$.

w_k hat an der Stelle $x = 6$ ein lokales Maximum, wenn $\frac{5k + \ln(6)}{k} = 6$ gilt. Daraus folgt $k = \ln(6)$.

solve$\left(\frac{5\cdot k+\ln(6)}{k}=6,k\right)$	$k=\ln(6)$

c4) Mit $P\left(5 \,\middle|\, \frac{120}{49}\right)$ und $Q_k\left(5 + \frac{\ln(6)}{k} \,\middle|\, 0\right)$ ergibt sich aufgrund der Symmetrie für die Grundseite $\overline{PP'_k}$ des Dreiecks die Länge $2 \cdot \frac{\ln(6)}{k}$. Die Höhe des Dreiecks beträgt dann $\frac{120}{49}$, sodass der Flächeninhalt durch

$A(k) = \frac{1}{2} \cdot 2 \cdot \frac{\ln(6)}{k} \cdot \frac{120}{49} = \frac{\ln(6)}{k} \cdot \frac{120}{49}$

beschrieben wird.

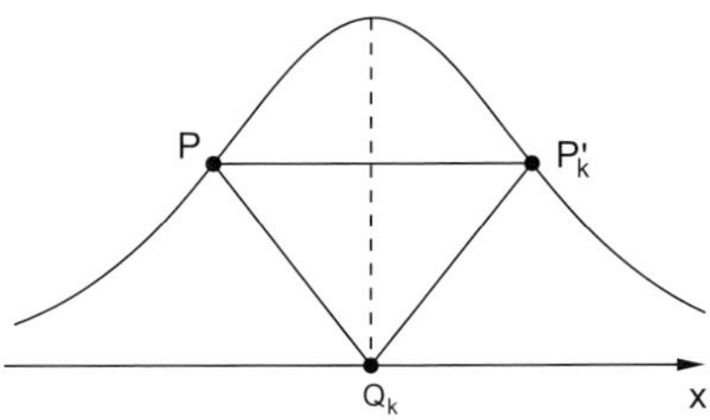

Aus dem Ansatz $A(k) = 1$ folgt:

$k = \frac{120}{49} \cdot \ln(6) \approx 4{,}39$

Somit besitzt das Dreieck $PQ_kP'_k$ für $k \approx 4{,}39$ einen Flächeninhalt von 1.

$a(k):=\frac{1}{2}\cdot 2\cdot\frac{\ln(6)}{k}\cdot\frac{120}{49}$	*Fertig*
solve$(a(k)=1,k)$	$k=\frac{120\cdot\ln(6)}{49}$
solve$(a(k)=1,k)$	$k=4.38798$

Schleswig-Holstein – Kernfach Mathematik
2020 – Aufgabe 2: Analysis (CAS)

Auf einer Waldfläche wurden neue Fichten gepflanzt. Alle Fichten hatten zum Zeitpunkt der Pflanzung eine Höhe von 50 cm.

a) Betrachtet wird die Rate des Höhenwachstums der Fichten in Abhängigkeit von der Zeit. Diese Wachstumsrate wird durch die Funktion w mit

$w(t) = 60 \cdot e^{-\frac{1}{3000} \cdot (t-40)^2}$ und $t \geq 0$

modellhaft beschrieben. Dabei ist t die seit der Pflanzung vergangene Zeit in Jahren und w(t) die Wachstumsrate in der Einheit Zentimeter pro Jahr $\left(\frac{\text{cm}}{\text{a}}\right)$. Die Abbildung zeigt den Graphen von w.

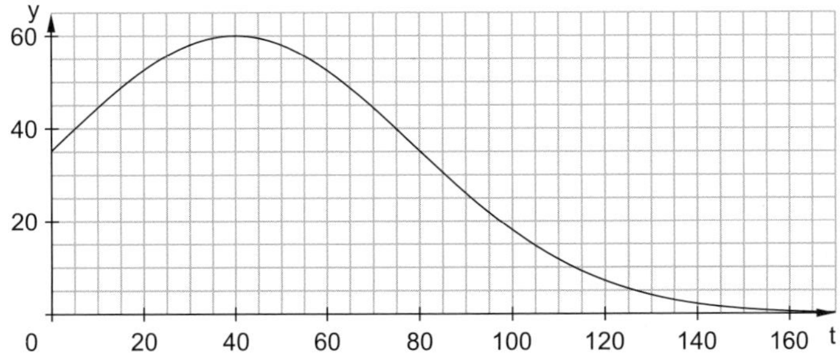

a1) Zeigen Sie rechnerisch, dass die Wachstumsrate 40 Jahre nach Pflanzung am größten ist. Berechnen Sie den Zeitraum, in dem die Fichten mehr als $50 \frac{\text{cm}}{\text{a}}$ wachsen. 5 P

a2) Ein bestimmter Wert der Wachstumsrate wiederholt sich nach genau 30 Jahren.
Berechnen Sie die beiden zugehörigen Zeitpunkte.
Veranschaulichen Sie den Sachverhalt in der obigen Abbildung. 4 P

a3) Geben Sie die Bedeutung des Terms $\frac{1}{100} \cdot \left(50 + \int_0^{60} w(t)\,dt\right)$ im Sachzusammenhang an und begründen Sie Ihre Angabe.
Skizzieren Sie die Höhe der Fichten in Abhängigkeit von der Zeit für die ersten 160 Jahre nach der Pflanzung. 5 P

b) In einem anderen Modell wird die Höhe der Fichten in Abhängigkeit von der Zeit mit Hilfe der Funktion h mit

$$h(t) = 50 \cdot \frac{e^{\frac{1}{10} \cdot t}}{e^{\frac{1}{10} \cdot t} + 99} \text{ und } t \geq 0$$

beschrieben. Dabei ist t die seit der Pflanzung vergangene Zeit in Jahren und h(t) die Höhe in der Einheit Meter. Der Graph von h hat genau einen Wendepunkt W.

b1) Bestimmen Sie die Koordinaten von W. 3 P
[Zur Kontrolle: $W(10\ln(99)\,|\,25)$]

b2) Eine Zeitschrift aus dem Jahr 1911 enthält folgenden Textabschnitt:
Von unseren einheimischen Bäumen steht die Fichte hinsichtlich ihres Höhenwachstums obenan, und zwar mit 37 Zentimeter durchschnittlich im Jahre. Doch sind von Forstbeamten Ausnahmen beobachtet worden, in denen Fichten in einem Jahre bis zu 150 Zentimeter ihrer Länge zusetzten.
(Quelle: Walther Kabel: Wachstumsgeschwindigkeit bei Pflanzen. In: Das Buch für Alle. Jahrgang 1911, Heft 1, Union Deutsche Verlagsgesellschaft. Stuttgart 1911, S. 23.)

Vergleichen Sie die durch die Funktion h bestimmte maximale Wachstumsgeschwindigkeit mit der entsprechenden Angabe in diesem Textabschnitt. 3 P

b3) Geben Sie eine Gleichung der Tangente an den Graphen von h im Punkt W an.
Die Höhe der Fichten kann im Zeitintervall von 40 bis 50 Jahren nach Pflanzung näherungsweise durch diese Tangente beschrieben werden. Bestimmen Sie die maximale prozentuale Abweichung im Vergleich zur Beschreibung mit Hilfe von h. 4 P

Um den Verkaufswert eines Baumstamms zu bestimmen, wird dessen Durchmesser in einer Höhe von 1,3 m verwendet. Dieser wird als Brusthöhendurchmesser (BHD) bezeichnet.

c) Für einen BHD ab 15 cm kann der Verkaufspreis von Fichtenstämmen in Abhängigkeit vom BHD näherungsweise mithilfe einer quadratischen Funktion bestimmt werden. Die nebenstehende Tabelle stellt für drei BHD den jeweiligen Preis dar.
Ermitteln Sie den Preis für einen Fichtenstamm mit einem BHD von 66 cm. 4 P

BHD	Preis
15 cm	6,25 €
40 cm	100 €
60 cm	250 €

d) Der BHD einer Fichte in Abhängigkeit von der Zeit t wird durch die Funktion d mit

$$d(t) = 0{,}7 \cdot \frac{e^{\frac{t+125}{40}}}{e^{\frac{t+125}{40}} + 250} \text{ und } t \geq 15$$

modelliert. Dabei ist t die seit der Pflanzung vergangene Zeit in Jahren und d(t) der BHD in Metern.

d1) Begründen Sie, dass der BHD im Modell stets geringer als 70 cm ist. 2 P

d2) Zeichnen Sie für den Zeitraum zwischen 15 und 80 Jahren nach der Pflanzung einen Graphen, der den BHD in Abhängigkeit von der Höhe darstellt.
Verwenden Sie für die Höhe der Fichte das Modell aus der Aufgabe b. 4 P

e) Ein Fichtenstamm hat einen BHD von 40 cm. Sein Volumen vom Boden bis zu einer Höhe von 1,3 m beträgt 0,17 m^3. Es soll davon ausgegangen werden, dass der Durchmesser des Stamms mit zunehmender Höhe linear abnimmt. Berechnen Sie den Durchmesser des Stamms in einer Höhe von 15 m. 6 P

Hinweise und Tipps

Teilaufgabe a1

- Zeigen Sie zunächst, dass an der Stelle 40 ein lokales Maximum der Funktion w vorliegt.
- Notwendig für eine lokale Maximalstelle t von w ist $w'(t)=0$.
- Hinreichend für eine lokale Maximalstelle t von w ist $w'(t)=0$ und $w''(t)<0$.
- Begründen Sie, dass diese lokale Maximalstelle auch die globale Maximalstelle für $t\geq 0$ ist.
- Lösen Sie die Ungleichung $w(t)>50$.

Teilaufgabe a2

- Wählen Sie z. B. die Variable t für den Beginn des zu bestimmenden Zeitraums.
- Dann steht $t+30$ für das Ende des betrachteten Zeitraums.
- Lösen Sie die Gleichung $w(t)=w(t+30)$.
- Zur Veranschaulichung tragen Sie die Punkte des Graphen, die zu den bestimmten Stellen gehören, ein; sie haben einen horizontalen Abstand von 30 und gleiche y-Koordinaten.

Teilaufgabe a3

- Das Integral beschreibt die Änderung der Baumhöhe in cm in dem Zeitraum, der durch die Integralgrenzen bestimmt wird.
- Der Summand 50 kann als Anfangswert interpretiert werden.
- Der Faktor 0,01 liefert eine Umrechnung in eine andere Einheit.

Teilaufgabe b1

- Notwendig für eine lokale Wendestelle t von h ist $h''(t)=0$.
- Beachten Sie, dass die Existenz genau eines Wendepunkts vorausgesetzt ist.
- Berechnen Sie die y-Koordinate des Wendepunkts.

Teilaufgabe b2

- Berechnen Sie die maximale Wachstumsgeschwindigkeit; diese entspricht der Steigung des Graphen von h an der Wendestelle.
- Vergleichen Sie diese mit den Angaben im Textabschnitt.

Teilaufgabe b3

- Die Tangente an den Graphen im Punkt $(t_0 \mid h(t_0))$ wird durch die Funktion g mit $g(t) = h'(t_0)(t - t_0) + h(t_0)$ dargestellt.
- Bestimmen Sie das Maximum der Funktion a mit $a(t) = \frac{|h(t) - g(t)|}{h(t)}$ für $40 \leq t \leq 50$.

  Diese Funktion beschreibt die prozentuale Abweichung vom Modell.
- Dieses Maximum befindet sich an einer der beiden Randstellen, weil der Graph der Funktion h nur genau einen Wendepunkt W hat und sich seine Krümmung daher nur in W ändert.

Teilaufgabe c

- Verwenden Sie den Ansatz $p(x) = a \cdot x^2 + b \cdot x + c$.
- Verwenden Sie die Bedingungen $p(15) = 6{,}25$, $p(40) = 100$ sowie $p(60) = 250$ und lösen Sie das entsprechende Gleichungssystem.
- Berechnen Sie den Wert der bestimmten Funktion an der Stelle 66.

Teilaufgabe d1

- Schätzen Sie den Wert des Bruchs nach oben ab.
- Begründen Sie, dass der Nenner stets größer als der Zähler ist.

Teilaufgabe d2

- Erstellen Sie eine Wertetabelle, die zu verschiedenen Zeiten jeweils die zugehörigen Funktionswerte der Funktion h und der Funktion d darstellt.
- Zeichnen Sie dann den Graphen der Funktion d(h).

Teilaufgabe e

- Der zu betrachtende Körper ist ein Kegelstumpf.
- Für das Volumen eines Kegelstumpfs gilt $V = \frac{\pi \cdot h}{3} \cdot (r_1^2 + r_1 \cdot r_2 + r_2^2)$; dabei ist h die Höhe des Stumpfs, r_1 der Radius der Grundfläche und r_2 der Radius der Deckfläche.
- Setzen Sie die gegebenen Werte ein und lösen Sie nach der gesuchten Größe (Radius der Grundfläche) auf.
- Ermitteln Sie nun die Abnahme des Radius pro Höhenmeter und bestimmen Sie damit den Radius und den Durchmesser in einer Höhe von 15 m.

Lösung

a1) Notwendig für eine lokale Extremstelle t von w ist $w'(t)=0$:
$w'(t)=0 \iff t=40$

Wegen $w''(40)=-\frac{1}{25}<0$ liegt bei $t=40$ ein lokales Maximum vor.

Da $t=40$ die einzige Extremstelle ist und zudem der Graph von w an der Stelle $t=40$ rechtsgekrümmt ist, muss $t=40$ das globale Maximum der Funktion w sein.

$w(t)>50$ liefert näherungsweise $16{,}6<t<63{,}4$.
Der Zeitraum liegt zwischen 16,6 und 63,4 Jahren nach der Pflanzung.

$w(t):=60\cdot e^{\frac{-1}{3000}\cdot(t-40)^2}$	*Fertig*
$w1(t):=\frac{d}{dt}(w(t))$	*Fertig*
$w2(t):=\frac{d}{dt}(w1(t))$	*Fertig*
$\text{solve}(w1(t)=0,t)$	$t=40$
$w2(40)$	$\frac{-1}{25}$
$\text{solve}(w(t)>50,t)$	$16.6127<t<63.3873$

a2) Die Wachstumsrate w soll zu den Zeitpunkten t und $t+30$ den gleichen Wert annehmen. Aus dem Ansatz $w(t)=w(t+30)$ folgt $t=25$, sodass die gesuchten Zeitpunkte bei 25 und 55 Jahren nach der Pflanzung liegen.

$\text{solve}(w(t)=w(t+30),t)$	$t=25$

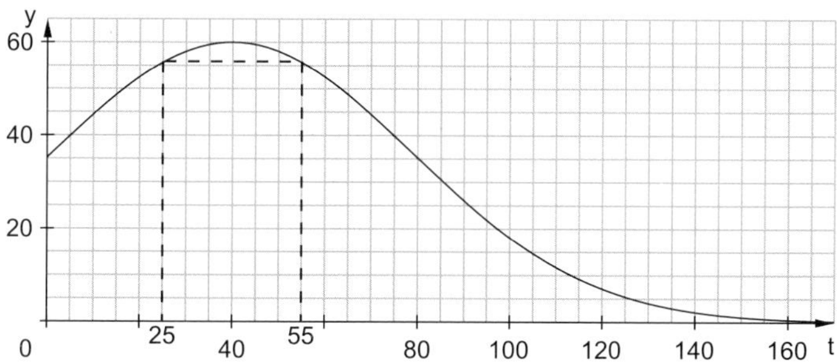

a3) Der Term gibt die Höhe der Fichten 60 Jahre nach Pflanzung in Metern an.

Begründung: 50 ist die Anfangshöhe in Zentimetern, der Wert des Integrals gibt die Änderung der Höhe innerhalb der ersten 60 Jahre nach dem Pflanzen in Zentimetern an. Der Faktor $\frac{1}{100}$ führt zu einem Wert in Metern.

Hinweis zur Skizze (siehe nächste Seite): Es muss erkennbar sein, dass der Graph qualitativ den dargestellten Verlauf hat, d. h., dass der Graph die y-Achse oberhalb von $(0\,|\,0)$ schneidet sowie einen Wendepunkt bei $t=40$ und eine waagerechte Asymptote besitzt.

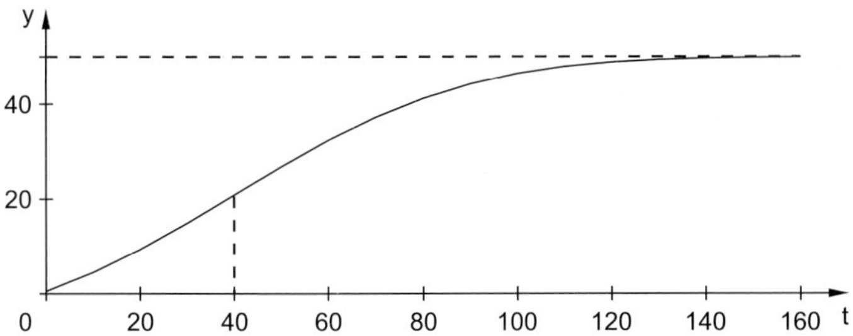

b1) Notwendig für eine lokale Wendestelle t von h ist $h''(t)=0$:
$h''(t)=0 \quad \Leftrightarrow \quad t=10\ln(99)$

Da laut Aufgabenstellung genau ein Wendepunkt existiert und $h(10\ln(99))=25$ gilt, besitzt der Graph der Funktion seinen Wendepunkt bei $W(10\ln(99)\,|\,25)$.

$h(t):=50\cdot\dfrac{e^{\frac{1}{10}\cdot t}}{e^{\frac{1}{10}\cdot t}+99}$	*Fertig*
$h1(t):=\dfrac{d}{dt}(h(t))$	*Fertig*
$h2(t):=\dfrac{d}{dt}(h1(t))$	*Fertig*
$\text{solve}(h2(t)=0,t)$	$t=10\cdot\ln(99)$
$h(10\cdot\ln(99))$	25

b2) Es gilt:
$h'(10\ln(99))=1{,}25$

$h1(10\cdot\ln(99))$	1.25

Die maximale Wachstumsgeschwindigkeit beträgt $125\,\frac{\text{cm}}{\text{a}}$. Somit ist die berechnete maximale Wachstumsgeschwindigkeit geringer als die beobachtete maximale Wachstumsgeschwindigkeit von $150\,\frac{\text{cm}}{\text{a}}$.

b3) Die Tangente wird durch die Funktion g mit

$$g(t)=\frac{5}{4}t+25-\frac{25}{2}\cdot\ln(99)$$

dargestellt.

Das Maximum der Funktion a mit

$$a(t)=\frac{|h(t)-g(t)|}{h(t)}$$

befindet sich an einer der beiden Randstellen. Da $a(40)\approx 0{,}0119$ größer als $a(50)\approx 0{,}0023$ ist, beträgt die maximale Abweichung etwa 1,19 %.

$g(t):=h1(10\cdot\ln(99))\cdot(t-10\cdot\ln(99))+h(10\cdot\ln($▸	*Fertig*
$g(t)$	$\dfrac{5\cdot t}{4}-\dfrac{25\cdot\ln(99)}{2}+25$
$ab(t):=\left\lvert\dfrac{h(t)-g(t)}{h(t)}\right\rvert$	*Fertig*
$ab(40)$	0.011931
$ab(50)$	0.002268

c) Der Ansatz $p(x) = a \cdot x^2 + b \cdot x + c$ mit $p(15) = 6{,}25$, $p(40) = 100$ und $p(60) = 250$ liefert:

$a = \frac{1}{12}, \quad b = -\frac{5}{6}, \quad c = 0$

Da $p(66) = 308$, beträgt der Preis 308 €.

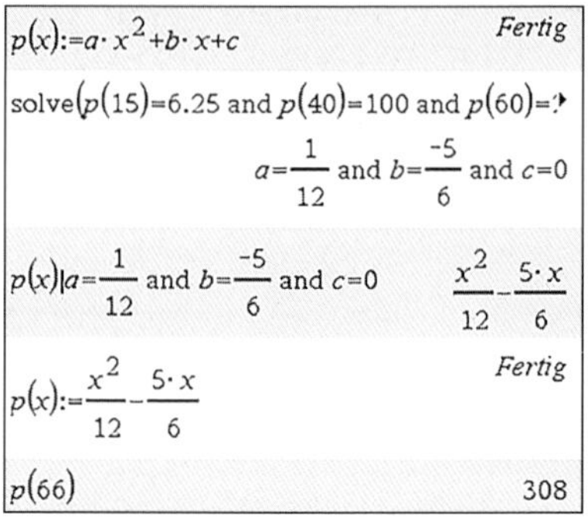

d1) Wegen $e^{\frac{t+125}{40}} + 250 > e^{\frac{t+125}{40}}$ ist $0{,}7 \cdot \frac{e^{\frac{t+125}{40}}}{e^{\frac{t+125}{40}} + 250} < 0{,}7$.

Somit ist der BHD im Modell immer kleiner als 70 cm.

d2)

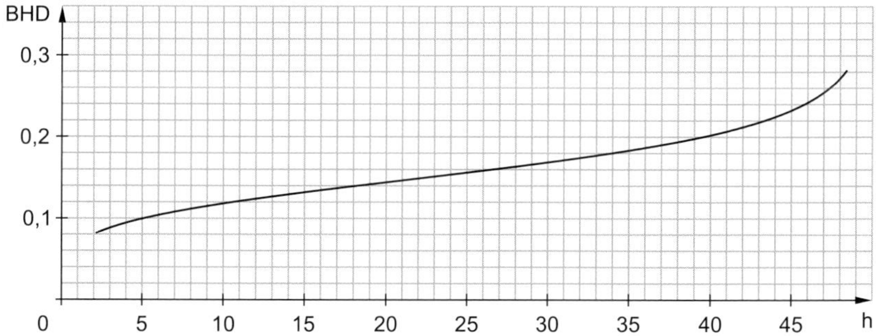

Diesen Graphen erhält man z. B. mithilfe zweier Wertetabellen.

	A zeit	B hoehe	C bhd	D
=				
1	15.	2.16545	0.081878	
2	20.	3.47266	0.091357	
3	30.	8.43324	0.113111	
4	40.	17.773	0.138865	
5	50.	29.993	0.168795	

B1 =h(a1)

	A zeit	B hoehe	C bhd	D
=				
4	40.	17.773	0.138865	
5	50.	29.993	0.168795	
6	60.	40.1479	0.202845	
7	70.	45.8599	0.240651	
8	80.	48.3928	0.281514	

C8 =d(a8)

e) Mithilfe der Formel zur Berechnung des Volumens eines Kegelstumpfes,

$$V = \frac{\pi \cdot h}{3} \cdot (r_1^2 + r_1 \cdot r_2 + r_2^2),$$

erhält man durch Einsetzen der gegebenen Werte die Gleichung

$$\frac{\pi \cdot 1{,}3}{3} \cdot (r^2 + 0{,}2 \cdot r + 0{,}2^2) = 0{,}17,$$

wobei $r > 0$ der Radius der Grundfläche ist. Als Lösung ergibt sich $r \approx 0{,}208$.

Der Radius des Stamms nimmt somit pro Meter Höhe prozentual um

$$\frac{0{,}208\text{ m} - 0{,}2\text{ m}}{1{,}3\text{ m}} \approx 0{,}00615$$

ab. In 15 m Höhe ergibt sich dann ein Radius von

$0{,}208\text{ m} - 15\text{ m} \cdot 0{,}00615 \approx 0{,}116\text{ m}$,

was einem ungefähren Durchmesser von 23 cm entspricht.

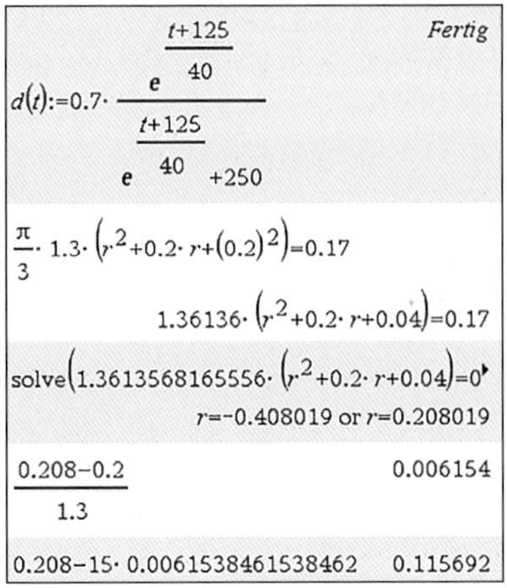

Schleswig-Holstein – Kernfach Mathematik
2021 – hilfsmittelfreier Teil

1 **Analysis (Pool 1)**

Gegeben ist die Funktion f mit $f(x) = 4x^3 - 12x$.

1.1 Zeigen Sie, dass $x = 1$ eine lokale Minimalstelle von f ist. 3 P

1.2 Geben Sie einen Funktionsterm einer Stammfunktion F von f mit $F(0) \neq 0$ an. 2 P

2 **Analysis (Pool 1)**

Im Koordinatensystem ist der Graph der Funktion f mit $f(x) = -\frac{1}{2}x^3 + \frac{3}{2}x^2 + 2x$ dargestellt.

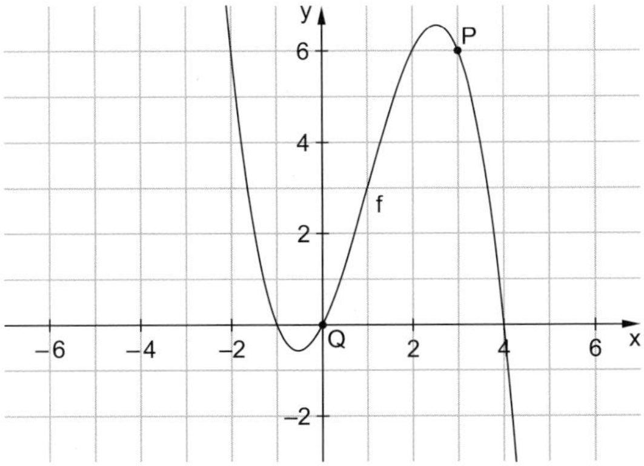

Die Tangente an den Graphen von f im Punkt $P(3 \mid 6)$ heißt t_P, diejenige im Punkt $Q(0 \mid 0)$ heißt t_Q.

2.1 Es ist $f'(3) = -\frac{5}{2}$.
Ermitteln Sie zeichnerisch die Nullstelle der Tangente t_P. 2 P

2.2 Prüfen Sie rechnerisch, ob die Tangente t_Q durch P verläuft. 3 P

3 **Analysis (Pool 1)**

Es gibt Funktionen f mit den folgenden Eigenschaften:

(1.) $f(0) = 2$

(2.) $f'(-1) = 0$ und $f''(-1) < 0$

3.1 Zeichnen Sie den Graphen einer Funktion mit diesen Eigenschaften in das abgebildete Koordinatensystem.

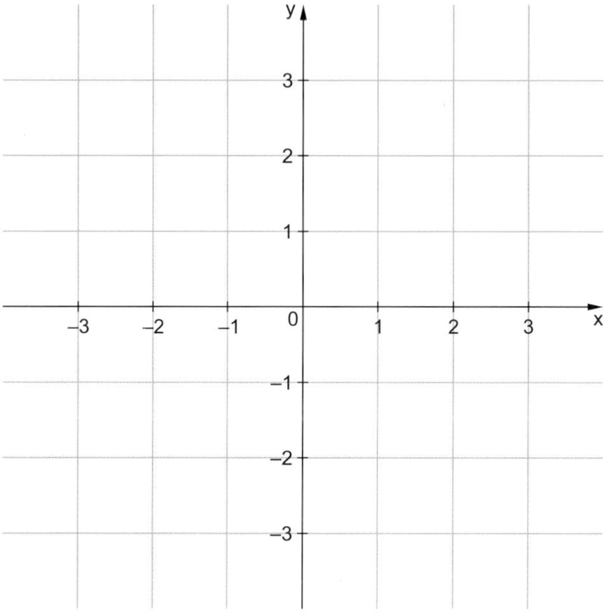

2 P

3.2 Eine der Funktionen mit den obigen Eigenschaften hat den Funktionsterm $-0{,}5x^4 + bx + c$.

Bestimmen Sie die Werte von b und c. 3 P

4 **Analysis (Pool 2)**

Die Abbildung zeigt den Graphen der Funktion f mit $f(x) = (2x + 3)e^{-0{,}5x}$.

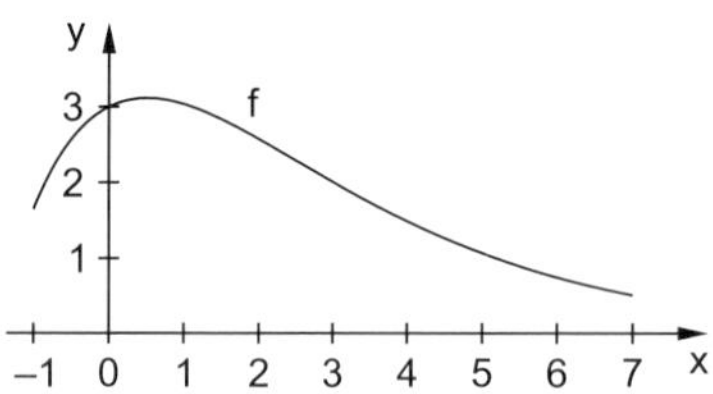

4.1 Zeigen Sie, dass die Funktion F mit $F(x) = (-4x - 14)e^{-0{,}5x}$ eine Stammfunktion von f ist. 2 P

4.2 Untersuchen Sie, ob für jede reelle Zahl $k > 0$ gilt:

$$\int_0^k f(x)\,dx < 14$$ 3 P

5 **Analytische Geometrie (Pool 1)**

Gegeben ist die Ebene E mit E: $x_1 + 3x_2 + 2x_3 = 6$.
Die Schnittpunkte der Ebene E mit den Koordinatenachsen sind die sogenannten Spurpunkte der Ebene E. So ist $S_1(6|0|0)$ ein Spurpunkt der Ebene E.

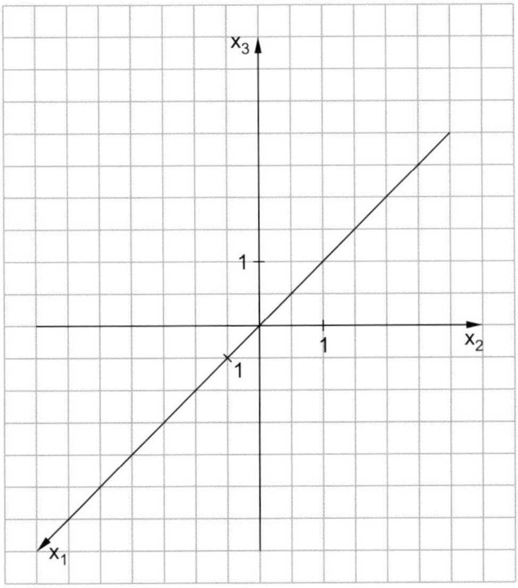

5.1 Geben Sie die Koordinaten der anderen beiden Spurpunkte S_2 und S_3 der Ebene E an und zeichnen Sie das Dreieck $S_1S_2S_3$ in das Koordinatensystem ein. 3 P

5.2 Es gibt unendlich viele Geraden, die parallel zu E sind und durch den Punkt $P(2|5|7)$ verlaufen.
Bestimmen Sie eine Gleichung einer solchen Geraden g. 2 P

6 **Analytische Geometrie (Pool 1)**

Gegeben ist die Ebene E: $2x_1 + 2x_2 + x_3 = 3$.

6.1 Geben Sie diejenige Zahl a an, für die der Punkt $A(a|0|-1)$ in der Ebene E liegt. 1 P

6.2 Der Punkt S ist der Schnittpunkt der Ebene E mit der Geraden g, die senkrecht auf E steht und durch den Punkt $B(1|3|4)$ verläuft.
Bestimmen Sie die Koordinaten von S. 4 P

7 **Analytische Geometrie (Pool 2)**

Für alle reellen Zahlen a ist sowohl eine Ebene E_a mit E_a: $x_1+2x_2+ax_3=5$ als auch eine Gerade g_a mit $g_a: \vec{x}=\begin{pmatrix}1\\0\\0\end{pmatrix}+t\cdot\begin{pmatrix}1\\2+a\\-3\end{pmatrix}$ gegeben.

7.1 Zeigen Sie, dass es keine Zahl a gibt, für die g_a orthogonal zu E_a verläuft. 2 P

7.2 Untersuchen Sie, ob es einen Wert für a gibt, sodass die Gerade g_a und die Ebene E_a keinen gemeinsamen Punkt haben. 3 P

8 **Stochastik (Pool 1)**

8.1 Vervollständigen Sie das folgende Baumdiagramm. 3 P

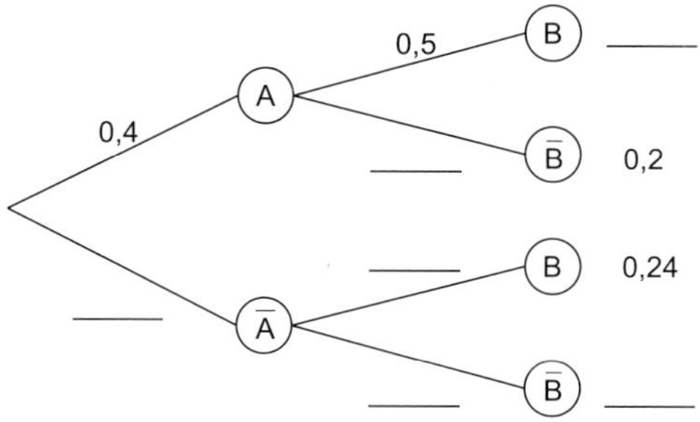

8.2 Bestimmen Sie für das folgende Baumdiagramm denjenigen Wert für x, für den $P(D)=0{,}6$ ist. 2 P

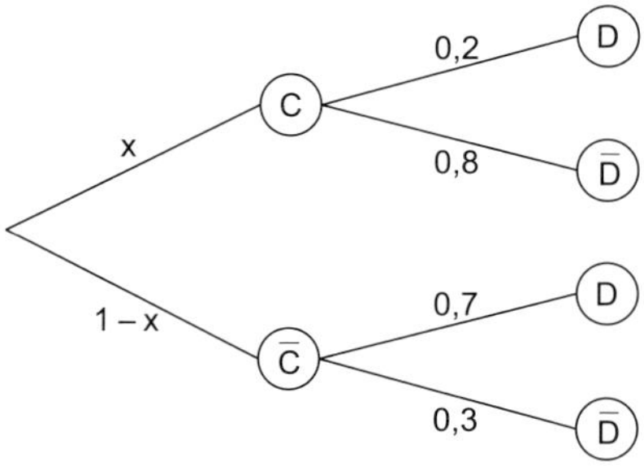

9 **Stochastik (Pool 1)**

Ein sechsseitiger Spielwürfel wird fünfmal geworfen.

9.1 Ordnen Sie durch Ankreuzen jedem Ereignis denjenigen Term zu, dessen Wert die Wahrscheinlichkeit des Ereignisses ist. 3 P

	I	II	III	IV	V
Es werden genau zwei Sechsen geworfen.					
Es wird mindestens eine Sechs geworfen.					
Es werden genau zwei Sechsen geworfen, wobei die zweite Sechs erst im letzten Wurf fällt.					

I $4\cdot\left(\frac{1}{6}\right)^1\cdot\left(\frac{5}{6}\right)^3\cdot\frac{1}{6}$ II $\binom{5}{2}\cdot\left(\frac{1}{6}\right)^2\cdot\left(\frac{5}{6}\right)^3$ III $\frac{5}{2}\cdot\left(\frac{1}{6}\right)^2\cdot\left(\frac{5}{6}\right)^3$

IV $1-\left(\frac{5}{6}\right)^5$ V $\left(\frac{1}{6}\right)^1\cdot\left(\frac{5}{6}\right)^4$

9.2 Geben Sie ein Ereignis mit der Wahrscheinlichkeit

$\binom{5}{3}\cdot\left(\frac{1}{6}\right)^3\cdot\left(\frac{5}{6}\right)^2+\binom{5}{4}\cdot\left(\frac{1}{6}\right)^4\cdot\left(\frac{5}{6}\right)^1$ an. 2 P

10 **Stochastik (Pool 2)**

Eine Urne enthält weiße und rote Kugeln. Es wird fünfmal mit Zurücklegen gezogen.

10.1 Berechnen Sie die Wahrscheinlichkeit dafür, keine rote Kugel zu ziehen, falls sich in der Urne eine weiße und neun rote Kugeln befinden.

10.2 Es ist p die Wahrscheinlichkeit dafür, bei einem Zug eine rote Kugel zu ziehen.

Die Zufallsgröße X beschreibt die Anzahl der gezogenen roten Kugeln. Bestimmen Sie alle Werte für p, für die $P(X=0)=P(X=1)$ gilt. 3 P

Hinweise und Tipps

Teilaufgabe 1.1

- Zeigen Sie, dass eine hinreichende Bedingung dafür, dass $x = 1$ eine lokale Minimalstelle von f ist, erfüllt ist.
- Wenn $f'(x) = 0$ und $f''(x) > 0$, dann ist x eine lokale Minimalstelle von f.

Teilaufgabe 1.2

- F ist eine Stammfunktion von f, wenn $F' = f$ gilt.
- Wenn F_1 eine Stammfunktion von f ist, dann ist auch F_2 mit $F_2(x) = F_1(x) + c$ und einer beliebigen reellen Zahl c eine Stammfunktion von f.

Teilaufgabe 2.1

- Die Angabe des Ableitungswertes in 2.1 informiert Sie über die Steigung der Tangente t_P.
- Nutzen Sie diesen Wert, um die Tangente t_P mithilfe eines Steigungsdreiecks möglichst genau einzuzeichnen.

Teilaufgabe 2.2

- Berechnen Sie die Steigung des Graphen von f an der Stelle 0.
- Nutzen Sie den errechneten Wert, um zu begründen, dass der Punkt P auf der Tangente t_Q liegt.

Teilaufgabe 3.1

- Die Information (1.) fordert, dass ein bestimmter Punkt auf dem Graphen von f liegen soll.
- Die Informationen (2.) stellen Bedingungen an die Steigung und an die Krümmung des Graphen von f an der Stelle –1.
- Wegen $f'(-1) = 0$ muss der Graph von f an der Stelle –1 eine waagerechte Tangente haben.
- Wegen $f''(-1) < 0$ muss der Graph von f an der Stelle –1 rechtsgekrümmt sein und daher in einer Umgebung dieser Stelle eine Rechtskurve beschreiben.

Teilaufgabe 3.2

- Bestimmen Sie den Funktionsterm der ersten Ableitung der Funktion mit dem angegebenen Term.
- Stellen Sie damit die Gleichungen $f(0) = 2$ und $f'(-1) = 0$ auf und lösen Sie diese nach b bzw. c auf.

Teilaufgabe 4.1

Zeigen Sie, dass $F'(x) = f(x)$ ist.

Zur Ableitung von F müssen Sie unter anderem die Produktregel und die Kettenregel verwenden.

Produktregel: $(u(x) \cdot v(x))' = u'(x) \cdot v(x) + u(x) \cdot v'(x)$

Kettenregel: $(f(g(x)))' = f'(g(x)) \cdot g'(x)$

Teilaufgabe 4.2

Berechnen Sie das bestimmte Integral mithilfe des Hauptsatzes:

$$\int_a^b f(x)\,dx = F(b) - F(a)$$

Beachten Sie bei der Interpretation des Ergebnisses, dass die e-Funktion nur positive Funktionswerte hat.

Teilaufgabe 5.1

S_1 ist der Spurpunkt der Ebene E mit der x_1-Achse. Da er auf der x_1-Achse liegt, müssen die x_2- und die x_3-Koordinaten des Punktes null sein.

Bestimmen Sie die Schnittpunkte der Ebene mit der x_2- und der x_3-Achse, indem Sie jeweils zwei Koordinaten in der Ebenengleichung gleich null setzen.

Teilaufgabe 5.2

Aus der gegebenen Koordinatenform der Ebene E können Sie einen Normalenvektor $\vec{n}$ der Ebene ablesen.

Der Richtungsvektor $\vec{v}$ einer zu E parallelen Geraden muss orthogonal zu diesem Normalenvektor $\vec{n}$ sein.

Die Orthogonalität können Sie mit dem Skalarprodukt von $\vec{v}$ und $\vec{n}$ prüfen. Bestimmen Sie einen Vektor $\vec{v}$ (nicht den Nullvektor!) so, dass $\vec{v} \circ \vec{n} = 0$ ist.

Um sicherzustellen, dass die Gerade durch den Punkt P verläuft, können Sie dessen Ortsvektor als Ortsvektor in der Parameterform der Geraden verwenden.

Teilaufgabe 6.1

Setzen Sie die Koordinaten des Punktes A in die Koordinatenform von E ein und bestimmen Sie so die Zahl a.

Teilaufgabe 6.2

Aus der gegebenen Koordinatenform der Ebene E können Sie einen Normalenvektor $\vec{n}$ der Ebene ablesen.

Damit die Gerade g orthogonal zur Ebene E ist, können Sie als Richtungsvektor der Geraden den Normalenvektor $\vec{n}$ der Ebene wählen.

- Um sicherzustellen, dass die Gerade g durch den Punkt B verläuft, können Sie dessen Ortsvektor als Ortsvektor in der Parameterform der Geraden verwenden.
- Um den Schnittpunkt von g und E zu bestimmen, setzen Sie die Komponenten der Parametergleichung von g in die Koordinatenform von E ein und lösen die entsprechende Gleichung.

Teilaufgabe 7.1

- Aus der gegebenen Koordinatenform der Ebene E_a können Sie einen Normalenvektor $\vec{n}_a$ der Ebene ablesen.
- Damit die Gerade g_a orthogonal zur Ebene E_a verläuft, müssten der Richtungsvektor $\vec{v}_a$ der Geraden g_a und der Normalenvektor $\vec{n}_a$ der Ebene E_a linear abhängig sein.
- Es müsste dann eine Zahl a und eine reelle Zahl r geben, sodass $\vec{n}_a = r \cdot \vec{v}_a$.

Teilaufgabe 7.2

- Damit eine Gerade und eine Ebene keinen gemeinsamen Punkt haben, muss die Gerade echt parallel zur Ebene liegen.
- Die Parallelität von E_a und g_a ist genau dann gegeben, wenn $\vec{n}_a \circ \vec{v}_a = 0$ ist. Bestimmen Sie aus dieser Bedingung den Wert von a.
- Es bleibt dann noch nachzuweisen, dass g_a für diesen Wert von a nicht in der Ebene E_a liegt. Dazu reicht es nachzuweisen, dass ein Punkt von g_a nicht in E_a liegt.

Teilaufgabe 8.1

- An jeder Verzweigung muss die Summe der Zweigwahrscheinlichkeiten den Wert 1 haben.
- Die Pfadwahrscheinlichkeit eines Pfades ist das Produkt der Zweigwahrscheinlichkeiten längs des Pfades.

Teilaufgabe 8.2

- Es gilt $P(D) = P(C \cap D) + P(\overline{C} \cap D)$.
- In diesem Baumdiagramm gilt $P(C \cap D) = x \cdot 0{,}2$ und $P(\overline{C} \cap D) = (1-x) \cdot 0{,}7$.

Teilaufgabe 9.1

- Stellen Sie sich das Zufallsexperiment als in einem Baumdiagramm dargestellt vor.
- Die Zufallsgröße X, die die Anzahl der Sechsen beschreibt, ist binomialverteilt mit $n = 5$ und $p = \frac{1}{6}$.
- Bedenken Sie, dass man bestimmte Wahrscheinlichkeiten besser über die Wahrscheinlichkeit des Gegenereignisses bestimmen kann.

Teilaufgabe 9.2

Interpretieren Sie die Summanden einzeln.

Wenn man die Zufallsgröße X passend definiert, beschreibt jeder Summand eine Wahrscheinlichkeit der Art $P(X=k)$.

Teilaufgabe 10.1

Stellen Sie den Vorgang in einem Baumdiagramm dar und wenden Sie eine Pfadregel an.

Teilaufgabe 10.2

Stellen Sie $P(X=0)$ und $P(X=1)$ durch Terme mit der Variablen p dar.

Lösen Sie die Gleichung, die durch Gleichsetzen dieser Terme entsteht.

Dabei können Sie durch Potenzen von $(1-p)$ dividieren, da $p<1$ ist.

Lösung

1.1 $f'(x) = 12x^2 - 12$, $f''(x) = 24x$
Wegen $f'(1) = 0$ und $f''(1) = 24 > 0$ ist $x = 1$ eine lokale Minimalstelle.

1.2 Eine Lösung ist beispielsweise: $F(x) = x^4 - 6x^2 + 2021$

Anstelle der Zahl 2021 kann auch eine beliebige andere von Null verschiedene Zahl stehen.

2.1

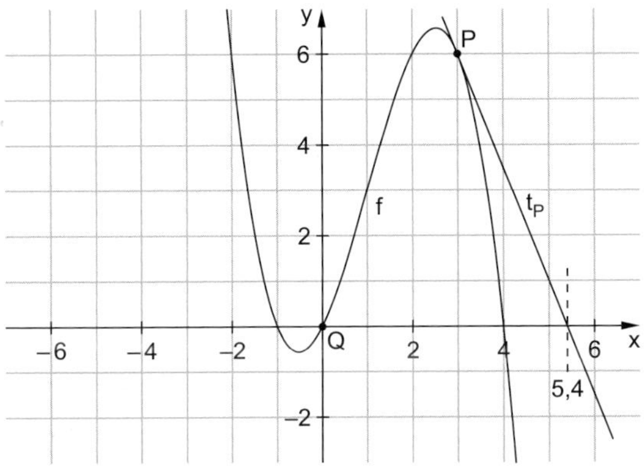

Die Nullstelle ist 5,4.

Das Ableseergebnis sollte im Intervall [5,2; 5,6] liegen.

2.2 Es ist $f'(x) = -\frac{3}{2}x^2 + 3x + 2$ und damit $f'(0) = 2$.
Da zudem $f(0) = 0$ ist, ist $y = 2x$ eine Gleichung für t_Q.
$P(3 \mid 6)$ liegt auf dieser Tangente, denn es ist: $6 = 2 \cdot 3$

3.1

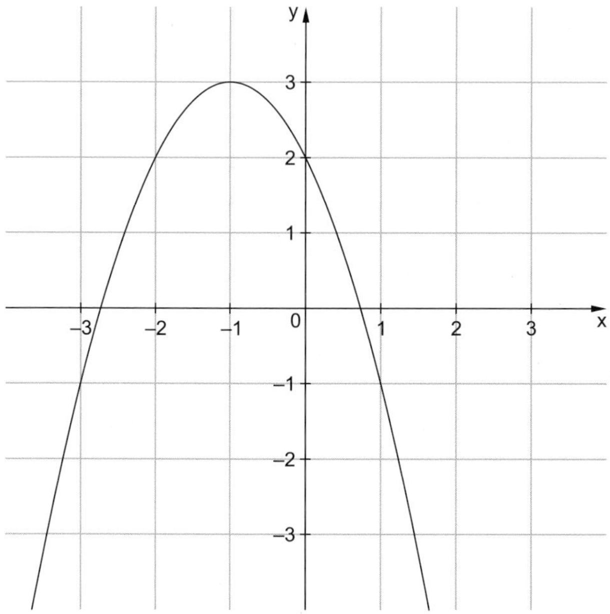

Der Punkt $(0|2)$ muss auf dem Graphen liegen. Der Graph muss an der Stelle $x=-1$ einen Hochpunkt besitzen.

3.2 Es ist $2=f(0)=c$.

Mit $f'(x)=-2x^3+b$ ist $0=f'(-1)=-2\cdot(-1)^3+b=2+b \quad\Leftrightarrow\quad b=-2$.

4.1 Wegen

$$F'(x)=-4\cdot e^{-0,5x}+(-4x-14)\cdot(-0,5)\cdot e^{-0,5x}=-4\cdot e^{-0,5x}+(2x+7)\cdot e^{-0,5x}$$
$$=(2x+3)\cdot e^{-0,5x}=f(x)$$

ist F eine Stammfunktion von f.

4.2 Es ist:

$$\int_0^k f(x)\,dx=F(k)-F(0)=(-4k-14)\cdot e^{-0,5k}-(-4\cdot 0-14)\cdot e^{-0,5\cdot 0}$$
$$=(-4k-14)\cdot e^{-0,5k}+14$$

Für jede Zahl $k>0$ ist $-4k-14$ negativ und $e^{-0,5k}$ positiv. Somit ist das Produkt dieser beiden Terme stets negativ. Der Wert des bestimmten Integrals ist somit immer kleiner als 14.

Die zu untersuchende Aussage ist daher wahr.

5.1 $S_2(0|2|0)$, $S_3(0|0|3)$

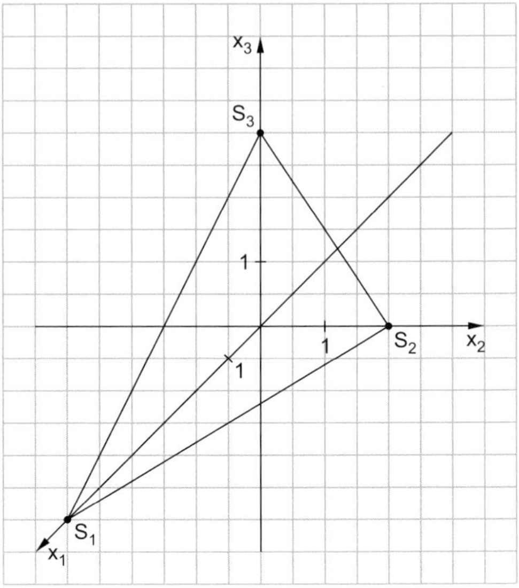

5.2 $\begin{pmatrix}1\\3\\2\end{pmatrix}$ ist ein Normalenvektor von E. Wegen

$$\begin{pmatrix}1\\3\\2\end{pmatrix}\circ\begin{pmatrix}-3\\1\\0\end{pmatrix}=0$$

ist

$$\vec{x}=\begin{pmatrix}2\\5\\7\end{pmatrix}+s\cdot\begin{pmatrix}-3\\1\\0\end{pmatrix}$$

eine Gleichung einer solchen Geraden g.

6.1 $2\cdot a+2\cdot 0+1\cdot(-1)=3 \;\Leftrightarrow\; 2a-1=3 \;\Leftrightarrow\; a=2$

6.2 $\begin{pmatrix}2\\2\\1\end{pmatrix}$ ist ein Normalenvektor von E. Damit ist g: $\vec{x}=\begin{pmatrix}1\\3\\4\end{pmatrix}+r\cdot\begin{pmatrix}2\\2\\1\end{pmatrix}$ die Lotgerade von E durch B. Wegen

$2\cdot(1+2r)+2\cdot(3+2r)+1\cdot(4+r)=3 \;\Leftrightarrow\; 12+9r=3 \;\Leftrightarrow\; r=-1$

ist:

$$\overrightarrow{OS}=\begin{pmatrix}1\\3\\4\end{pmatrix}-1\cdot\begin{pmatrix}2\\2\\1\end{pmatrix}=\begin{pmatrix}-1\\1\\3\end{pmatrix}$$

Damit ist $S(-1|1|3)$.

7.1 Der Vektor $\begin{pmatrix}1\\2\\a\end{pmatrix}$ ist ein Normalenvektor der Ebene E_a, der Vektor $\begin{pmatrix}1\\2+a\\-3\end{pmatrix}$ ein Richtungsvektor der Geraden g_a.

Wäre g_a orthogonal zu E_a, müsste es reelle Zahlen a und r geben, sodass

$$\begin{pmatrix}1\\2\\a\end{pmatrix}=r\cdot\begin{pmatrix}1\\2+a\\-3\end{pmatrix}$$

gilt. Aus der 1. Komponente folgt $r=1$, aus der 3. Komponente dann $a=-3$. Damit ist aber die durch die zweite Komponente gegebene Gleichung $2=r\cdot(2+a)$ nicht erfüllt.

7.2 Die Gerade g_a verläuft parallel zu E_a, wenn

$$\begin{pmatrix} 1 \\ 2+a \\ -3 \end{pmatrix} \circ \begin{pmatrix} 1 \\ 2 \\ a \end{pmatrix} = 0$$

ist:

$$\begin{pmatrix} 1 \\ 2+a \\ -3 \end{pmatrix} \circ \begin{pmatrix} 1 \\ 2 \\ a \end{pmatrix} = 0 \quad \Leftrightarrow \quad 1+(2+a)\cdot 2-3\cdot a=0 \quad \Leftrightarrow \quad 5-a=0 \quad \Leftrightarrow \quad a=5$$

Der Punkt $(1\,|\,0\,|\,0)$ liegt auf g_5, wegen $1\cdot 1+2\cdot 0+5\cdot 0=1\neq 5$ aber nicht in E_5. Also sind g_5 und E_5 echt parallel und haben keinen gemeinsamen Punkt.

8.1

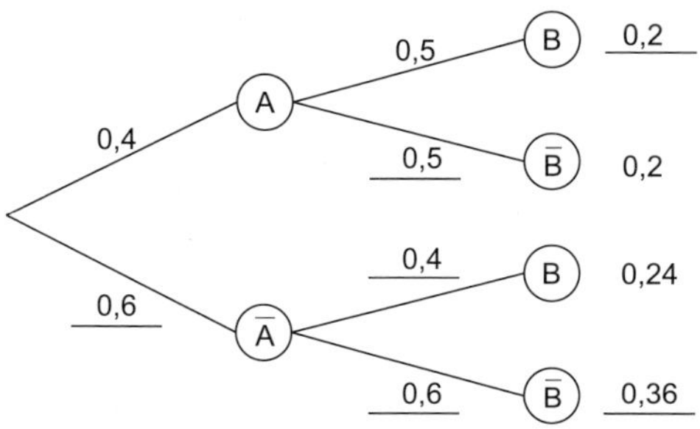

8.2 $x\cdot 0{,}2+(1-x)\cdot 0{,}7=0{,}6 \quad \Leftrightarrow \quad -0{,}5x=-0{,}1 \quad \Leftrightarrow \quad x=0{,}2$

9.1

	I	II	III	IV	V
Es werden genau zwei Sechsen geworfen.		×			
Es wird mindestens eine Sechs geworfen.				×	
Es werden genau zwei Sechsen geworfen, wobei die zweite Sechs erst im letzten Wurf fällt.	×				

9.2 Es werden insgesamt drei oder vier Sechsen geworfen.

10.1 $P(\text{fünfmal keine rote Kugel}) = P(\text{fünfmal eine weiße Kugel}) = \left(\frac{1}{10}\right)^5 = \frac{1}{100\,000}$

10.2 $P(X=0)=P(X=1) \quad \Leftrightarrow \quad (1-p)^5=5\cdot p\cdot(1-p)^4$

Wegen $p<1$ gilt:

$$(1-p)^5=5\cdot p\cdot(1-p)^4 \quad \Leftrightarrow \quad 1-p=5p \quad \Leftrightarrow \quad 1=6p \quad \Leftrightarrow \quad p=\frac{1}{6}$$

Schleswig-Holstein – Kernfach Mathematik
2021 – Aufgabe 1: Analysis

Im Jahr 2019 zerstörte ein Großbrand das Dach der Kathedrale Notre-Dame de Paris. Eine der vielen Ideen für den geplanten Wiederaufbau sieht die Errichtung eines Glasdachs mit einem gläsernen Turm darauf vor.

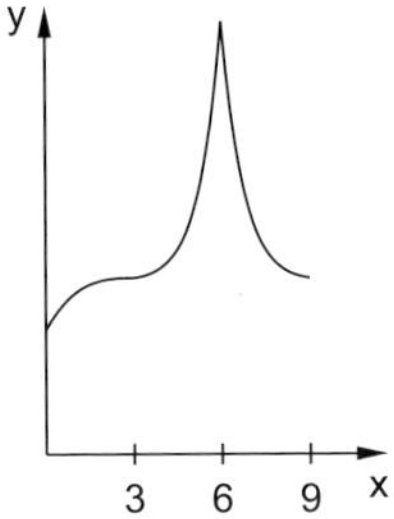

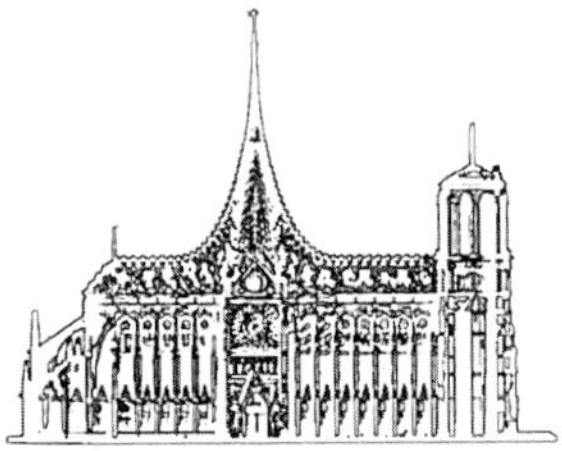

In einem geeigneten Koordinatensystem wird der Dachfirst mithilfe von Funktionsgraphen modelliert. Die Funktionswerte geben die Höhe des Dachfirsts über dem Boden an; die x-Achse beschreibt das Bodenniveau. Dabei entspricht eine Längeneinheit 10 m in der Wirklichkeit.

a) Zunächst wird eine ganzrationale Funktion f dritten Grades betrachtet. Der Graph von f verläuft durch die beiden Punkte $P(0|3)$ und $W(3|4)$. Dabei ist W ein Wendepunkt mit waagerechter Tangente. Mithilfe des Graphen von f wird über dem Intervall [0; 3] ein erstes Teilstück des Dachfirsts modelliert.

a1) Leiten Sie einen Funktionsterm von f her.
[*Kontrolle:* $f(x) = \frac{1}{27}x^3 - \frac{1}{3}x^2 + x + 3$] 6 P

a2) Berechnen Sie die Höhe des Dachfirsts über dem Boden an der Stelle $x = 1$. 2 P

a3) Geben Sie einen Funktionsterm der Ableitungsfunktion f' und die Steigung des Graphen von f an der Stelle $x = 0$ an. 2 P

a4) Weisen Sie mithilfe einer Rechnung nach, dass der Graph von f für $x < 3$ rechtsgekrümmt ist. 3 P

b) Nun werden eine Funktion g und ihre Ableitungsfunktion g' mit
$g(x) = (x-3) \cdot e^{x-5,5} + 4$ und $g'(x) = (x-2) \cdot e^{x-5,5}$
betrachtet. Mithilfe des Graphen von g wird über dem Intervall [3; 6] ein weiteres Teilstück des Dachfirsts modelliert.

b1) Ergänzen Sie die Wertetabelle zu g auf dem Beiblatt, und zeichnen Sie den Graphen von g über dem Intervall [3; 6] in das dort vorgegebene Koordinatensystem. 4 P

b2) Die Graphen von f und g verlaufen beide durch den Punkt $W(3\,|\,4)$. Prüfen Sie, ob der Dachfirst dort knickfrei modelliert wird. 3 P

b3) Bestimmen Sie alle Extrem- und Wendestellen der auf ganz $\mathbb{R}$ definierten Funktion g. 8 P

b4) Der Graph der Funktion g wird an der y-Achse gespiegelt und dann um zwölf Längeneinheiten nach rechts verschoben. Dadurch ergibt sich der Graph der Funktion g*, der über dem Intervall [6; 9] auf dem Beiblatt gezeigt wird.
Ermitteln Sie einen Funktionsterm g*(x), und stellen Sie diesen Term in der Form $(ax+b) \cdot e^{-x+c} + 4$ mit geeigneten reellen Werten a, b, c dar. 4 P

c) Für eine verbesserte Modellierung des Dachfirsts wird anstelle der Funktion g aus Teilaufgabe b die Verwendung der Funktionen h_k und ihrer Ableitungsfunktionen h'_k mit

$$h_k(x) = \frac{5}{9}(x-3)^2 \cdot e^{k(x-6)} + 4$$

und

$$h'_k(x) = \frac{5}{9}(x-3) \cdot (kx - 3k + 2) \cdot e^{k(x-6)}$$

mit $k \geq 0$ vorgeschlagen.

c1) Weisen Sie nach, dass die Funktion g aus Teilaufgabe b nicht in der Schar der Funktionen h_k enthalten ist. 2 P

c2) Zeigen Sie, dass der Term $5k + \frac{10}{3}$ die Steigung des Graphen von h_k an der Stelle $x = 6$ angibt. 2 P

c3) So wie in der Teilaufgabe b4 lässt sich aus dem Graphen von h_k der Graph einer Funktion h_k^* erzeugen. Bei $x = 6$ modellieren die Graphen von h_k und h_k^* dann die Spitze des Dachfirsts.
Bestimmen Sie denjenigen Wert für k, für den der Innenwinkel der Spitze 30° beträgt. 4 P

Beiblatt zu den Teilaufgaben b1 und b4

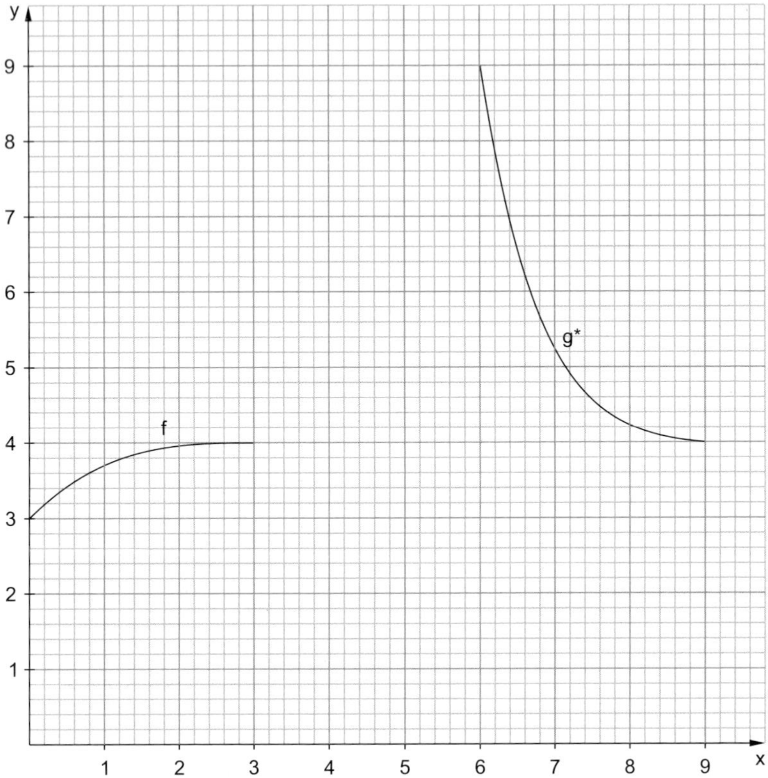

x	3	3,5	4	4,5	5	5,5	6
g(x)	4,00		4,22			6,50	

Hinweise und Tipps

Teilaufgabe a1

- Gesucht wird eine ganzrationale Funktion f dritten Grades.
- Zu finden sind also reelle Parameter a, b, c und d mit $f(x) = ax^3 + bx^2 + cx + d$.
- Im Aufgabentext zu Teilaufgabe a sind Informationen, die in die mathematische Sprache übersetzt werden müssen.
- Für den Wendepunkt von f an der Stelle $x = 3$ mit waagerechter Tangente gilt $f'(3) = f''(3) = 0$.
- Es sind insgesamt vier Gleichungen zu finden.

Teilaufgabe a2

- Bedenken Sie, dass die Funktion f den Dachfirst modelliert.
- Der Funktionswert der Funktion f an einer Stelle x gibt die jeweilige Höhe über dem Boden an.

Teilaufgabe a3

- Bilden Sie die Ableitungsfunktion von f.
- Berechnen Sie den Funktionswert von f' an der Stelle $x = 0$.

Teilaufgabe a4

- Die Krümmung eines Funktionsgraphen f ist durch die zweite Ableitung charakterisiert.
- Ist $f'' > 0$, dann ist f linksgekrümmt; ist hingegen $f'' < 0$, dann ist f rechtsgekrümmt.
- Untersuchen Sie den Funktionsterm von f'' im Intervall [0; 3].
- Betrachten Sie dafür die Ungleichung $f''(x) = \frac{2}{9}x - \frac{2}{3} < 0$.

Teilaufgabe b1

- Bedenken Sie, dass für den Aufgabenteil b eine neue Funktion g den Dachfirst im Intervall [3; 6] modelliert.
- Für die Berechnung der fehlenden Werte nutzen Sie den Taschenrechner.
- Denken Sie beim Zeichnen auch an die Symmetrie des Dachfirsts (siehe die Funktion g* in Teilaufgabe b4).

Teilaufgabe b2

- Die beiden Funktionen f und g verlaufen durch denselben Punkt $W(3 \mid 4)$, d. h., die Funktion f „endet“ dort, wo die Funktion g „anfängt“. Das sichert schon mal den „Anschluss“.
- Was bedeutet in diesem Zusammenhang der Begriff „knickfrei“?

- In der Abbildung rechts sieht man einen deutlichen Knick am Punkt W.
- Es soll ein „fließender und nicht abrupter Übergang" der beiden Funktionen sichergestellt werden.
- Einen knickfreien Übergang erhält man durch die Bedingung, dass der Wert der Steigung an der Stelle 3 sowohl bei f als auch bei g übereinstimmt.
- Die Bedingung lautet $f'(3) = g'(3)$.
- $f'(3)$ ist ohne große Rechnung zu ermitteln.

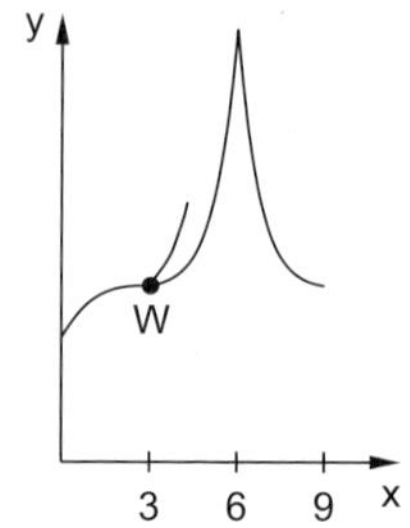

- Es gilt $g'(3) = e^{-2,5}$. Warum ist dieser Wert der e-Funktion stets größer als null?

Teilaufgabe b3

- Bilden Sie zur Bestimmung der Extrem- und Wendestellen zunächst die Ableitungsfunktionen.
- Denken Sie daran, dass g auf ganz $\mathbb{R}$ definiert ist (und nicht nur auf dem Intervall [3; 6]).
- Verwenden Sie dazu die bekannten Regeln wie Summen-, Produkt-, Kettenregel.
- Es gilt für die Ableitung der e-Funktion: $(e^x)' = e^x$
- Bedenken Sie, dass für die innere Ableitung bei der Funktion $e^{x-5,5}$ gilt: $1 \cdot e^{x-5,5}$
- Vereinfachen Sie so weit wie möglich die Ableitungsfunktion g''.
- Gehen Sie entsprechend bei der Bestimmung von g''' vor.
- Bedenken Sie die Äquivalenz: $0 = a \cdot b \iff a = 0$ oder $b = 0$
- Für alle reellen Zahlen x gilt für die e-Funktion stets: $e^x > 0$
- Es ergibt sich aus der notwendigen Bedingung $g'(x) = 0$ eine einzige Extremstelle.
- Die notwendige Bedingung für die Existenz einer Wendestelle an einer Stelle x der Funktion g lautet $g''(x) = 0$.
- Es ist auch nur eine Wendestelle zu erwarten.

Teilaufgabe b4

- Zunächst wird g an der y-Achse gespiegelt, dann um 12 LE nach rechts parallel zur x-Achse verschoben (siehe Abbildung).

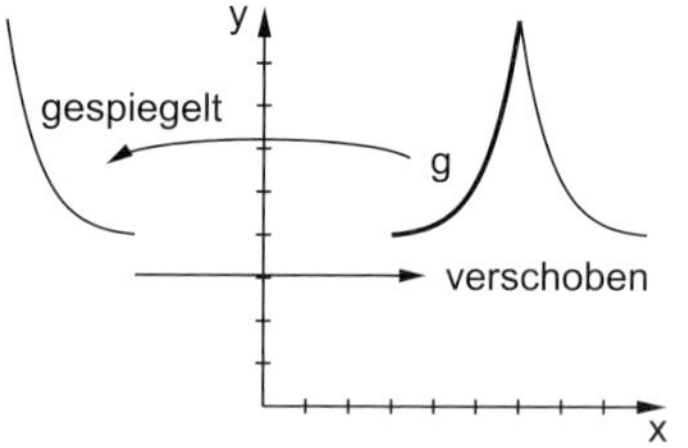

- Dann entsteht die Funktion g^*.
- Für die Funktion g gilt:
  $g: \mathbb{R} \to \mathbb{R},\ x \mapsto (x-3) \cdot e^{x-5,5} + 4$
- Die erst gespiegelte und dann verschobene Funktion g^* soll in die Form $g^*(x) = (ax + b) \cdot e^{x+c} + 4$ mit den Werten a, b und c gebracht werden.
- Versuchen Sie zunächst, die nur gespiegelte Funktion darzustellen.

- Eine an der y-Achse gespiegelte Funktion erhält man durch: $f(x) \to f(-x)$
- Ersetzen Sie also x im Funktionsterm von g durch –x. Dadurch erhalten Sie die in der Abbildung gespiegelte Funktion für das Intervall [3; 6].
- Der gespiegelte Funktionsterm lautet also: $(-x-3) \cdot e^{-x-5{,}5}+4$
- Verschieben Sie nun diesen Term um 12 LE entlang der x-Achse.
- Diese Verschiebung leistet $x \to x-12$.
- Aus $(-x-3) \cdot e^{-x-5{,}5}+4$ wird dann $(-(x-12)-3) \cdot e^{-(x-12)-5{,}5}+4$
- Bringen Sie den Term $(-(x-12)-3) \cdot e^{-(x-12)-5{,}5}+4$ in die Form $(ax+b) \cdot e^{x+c}+4$ und lesen Sie die gesuchten Parameter ab.

Teilaufgabe c1

- Wenn die Funktion g aus Teilaufgabe b in der Schar „enthalten" sein soll, dann muss es eine nichtnegative reelle Zahl k so geben, dass für alle reellen x gilt: $g(x)=h_k(x)$
- Untersuchen Sie die Gleichung $g(x)=h_k(x)$.
- Wenn Sie nur eine einzige Stelle (eine einzige Zahl x) finden, für die die Gleichung nicht erfüllt ist, dann kann es keine Zahl k geben.

Teilaufgabe c2

- Die Steigung der Funktion h_k an der Stelle $x=6$ wird durch die erste Ableitung ermittelt.
- Bilden Sie $h_k'(6)$.
- Setzen Sie also für x die Zahl 6 in die angegebene Ableitungsfunktion von h_k ein.
- Denken Sie daran, dass $e^0=1$ gilt.

Teilaufgabe c3

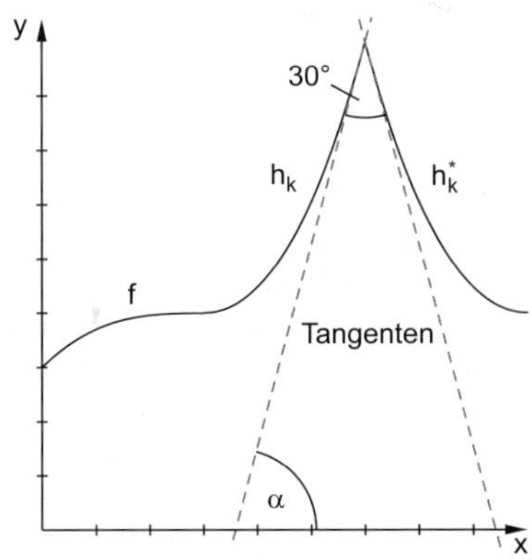

- Die Spitze (siehe Abbildung) kann durch zwei lineare Funktionen modelliert werden.
- Der Winkel in der Spitze soll 30° betragen.
- Legen Sie jeweils eine Tangente am Punkt $(6 \mid h_k(6))$ und am Punkt $(6 \mid h_k^*(6))$ an.
- Nutzen Sie den Term aus Teilaufgabe c2 für die Berechnung des Parameters k zum Winkel an der Spitze des Dachfirsts der Größe $30° : 2 = 15°$.
- Bedenken Sie den Zusammenhang von Steigungswinkel und Tangens.
- Wenn der Winkel an der Spitze 15° groß ist, dann gilt für den Winkel α, den die Tangente mit der x-Achse einschließt, $90° - 15° = \alpha$.
- Es gilt $\tan(\alpha) = 5k + \frac{10}{3}$.

Lösung

a1) Gesucht wird eine ganzrationale Funktion f dritten Grades. Es sind also reelle Zahlen a, b, c und d so zu finden, dass die im Text gestellten Bedingungen der Funktion f mit der Gleichung $f(x)=ax^3+bx^2+cx+d$ erfüllt werden.

Folgende Informationen werden im Aufgabentext über die Funktion f aufgeführt:
(1) Der Graph von f verläuft durch $P(0|3)$.
(2) Der Graph von f verläuft durch $W(3|4)$.
(3) Der Punkt W ist ein Wendepunkt von f.
(4) Im Wendepunkt besitzt der Graph von f eine waagerechte Tangente.

Übersetzt man diese Informationen in die mathematische Sprache, so ergeben sich folgenden Gleichungen:
Aus (1) folgt: $f(0)=3$
Aus (2) folgt: $f(3)=4$
Aus (3) folgt: $f''(3)=0$
Aus (4) folgt: $f'(3)=0$

Mit $f(x)=ax^3+bx^2+cx+d$, $f'(x)=3ax^2+2bx+c$ und $f''(x)=6ax+2b$ ergibt sich nach oben das Gleichungssystem:
$3=a\cdot 0^3+b\cdot 0^2+c\cdot 0+d$, also: $d=3$
$4=a\cdot 3^3+b\cdot 3^2+c\cdot 3+d$, also mit $d=3$: $1=27a+9b+3c$
$0=6a\cdot 3+2b$, also: $0=18a+2b$
$0=3a\cdot 3^2+2b\cdot 3+c$, also: $0=27a+6b+c$

Aus den letzten drei Gleichungen ergeben sich nach Vereinfachung (per Hand oder Taschenrechner) die noch zu bestimmenden reellen Parameter a, b, und c:

$$a=\frac{1}{27},\quad b=-\frac{1}{3},\quad c=1$$

Hierdurch kann die in der Aufgabenstellung zur Kontrolle aufgeführte Funktion bestätigt werden:

$$f(x)=\frac{1}{27}x^3-\frac{1}{3}x^2+x+3$$

a2) Zur Bestimmung der Höhe des Dachfirsts an der Stelle $x=1$ ist $f(1)$ zu berechnen. Es ergibt sich:

$$f(1)=\frac{1}{27}-\frac{1}{3}+1+3=\frac{100}{27}\approx 3{,}704$$

Unter Berücksichtigung, dass eine Längeneinheit 10 m in der Realität entspricht, erhält man an der Stelle 1 eine ungefähre Firsthöhe von 37 m.

a3) Aus der obigen allgemeinen Ableitungsfunktion f' mit $f'(x) = 3ax^2 + 2bx + c$ folgt nach Einsetzung der errechneten Parameter a, b, c der Funktionsterm:

$$f'(x) = \frac{1}{9}x^2 - \frac{2}{3}x + 1$$

Daraus ergibt sich eine Steigung des Funktionsgraphen von f an der Stelle $x = 0$ zu $f'(0) = 1$.

a4) Die Art der Krümmung von Funktionsgraphen wird durch die zweite Ableitung bestimmt. Eine Linkskrümmung liegt genau dann vor, wenn $f''(x) > 0$, eine Rechtskrümmung genau dann, wenn $f''(x) < 0$.

Daher muss man hier für alle reellen $x < 3$ zeigen, dass $f''(x) = \frac{2}{9}x - \frac{2}{3} < 0$ gilt.

Für ein gewähltes $x < 3$ gelten die Äquivalenzen:

$$\frac{2}{9}x - \frac{2}{3} < 0 \quad \Leftrightarrow \quad \frac{2}{9}x < \frac{2}{3} \quad \Leftrightarrow \quad x < 3$$

Somit ist der Graph von f für $x < 3$ rechtsgekrümmt.

b) Nun werden eine Funktion g und ihre Ableitungsfunktion g' mit $g(x) = (x-3) \cdot e^{x-5,5} + 4$ und $g'(x) = (x-2) \cdot e^{x-5,5}$ betrachtet. Der Graph von g modelliert den Dachfirst über dem Intervall [3; 6].

b1) Der Taschenrechner liefert die fehlenden vier Werte in der Tabelle:

x	3	3,5	4	4,5	5	5,5	6
g(x)	4,00	**4,07**	4,22	**4,55**	**5,21**	6,50	**8,95**

Durch die angegebenen Werte lässt sich die Zeichnung folgendermaßen ergänzen:

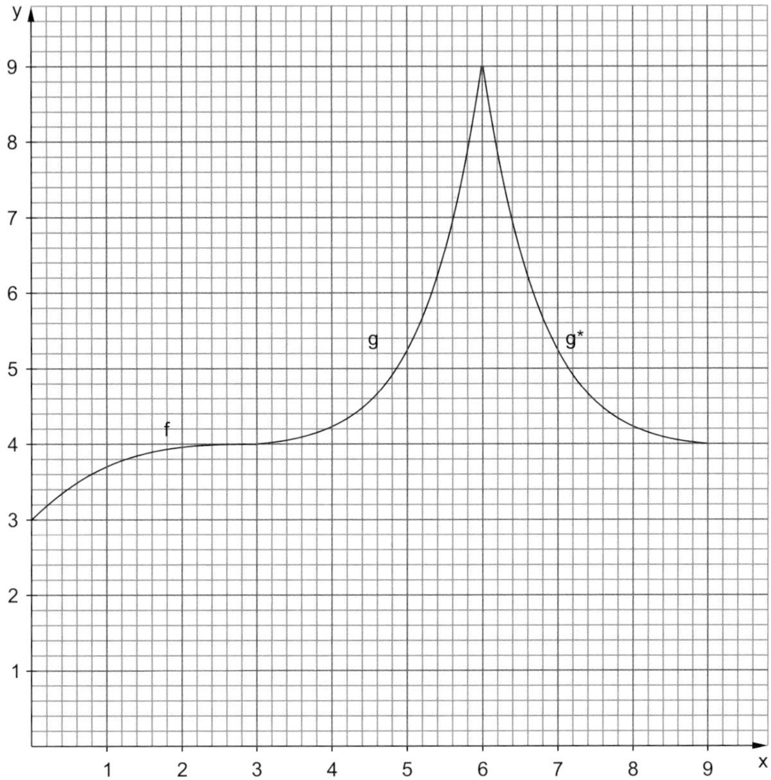

b2) Um einen knickfreien Verlauf zweier „aneinander anschließender" Funktionen an einer Stelle x zu gewährleisten, müssen die Werte der ersten Ableitung beim Übergang von f und g übereinstimmen, d. h., im vorliegenden Fall muss gelten: $f'(3) = g'(3)$

Eine Berechnung der beiden Funktionswerte an der Stelle $x = 3$ ergibt $f'(3) = 0$ und $g'(3) = (3 - 2)\ e^{3-5{,}5} = e^{-2{,}5}$. Damit gilt offenbar $g'(3) > 0$.

Daher modelliert die Funktion g keinen knickfreien Übergang an der Stelle $x = 3$.

b3) Die Funktion g ist für die Modellierung des Dachfirsts über dem Intervall [3; 6] definiert. Nun wird der Definitionsbereich auf alle reellen Zahlen erweitert. Also ist g eine reelle Funktion, definiert durch:
$g\colon \mathbb{R} \to \mathbb{R},\ x \mapsto (x - 3) \cdot e^{x-5{,}5} + 4$

Ihre erste Ableitung ist im Aufgabentext gegeben. Zur Bestimmung der zweiten und dritten Ableitung nutzt man die Produkt- und die Kettenregel.

Es gilt:

$$g''(x) = ((x-2)\cdot e^{x-5,5})' = (x-2)'\cdot e^{x-5,5} + (x-2)\cdot(e^{x-5,5})'$$
$$= 1\cdot e^{x-5,5} + (x-2)\cdot(1\cdot e^{x-5,5}) = e^{x-5,5}\cdot(1+x-2)$$
$$= (x-1)\cdot e^{x-5,5}$$

Entsprechend erhält man für die dritte Ableitung von g:

$$g'''(x) = ((x-1)\cdot e^{x-5,5})' = x\cdot e^{x-5,5}$$

Eine notwendige Bedingung für die Existenz einer Extremstelle an einer Stelle x der Funktion g lautet $g'(x)=0$.

Die Funktion g hat höchstens eine Extremstelle, denn es gilt unter Beachtung von $e^{x-5,5}>0$ für alle reellen Zahlen x:

$$g'(x)=0$$
$$\Leftrightarrow \quad (x-2)\cdot e^{x-5,5}=0$$
$$\Leftrightarrow \quad x-2=0$$
$$\Leftrightarrow \quad x=2$$

An der Stelle $x=2$ liegt tatsächlich eine Extremstelle vor, weil auch die hinreichende Bedingung für die Existenz einer Extremstelle erfüllt ist: An der Stelle $x=2$ ist die zweite Ableitung von g ungleich null. Es gilt nämlich:
$g''(2)=(2-1)\cdot e^{2-5,5}=e^{-3,5}>0$
Also liegt an der Stelle $x=2$ ein Minimum vor.

Eine notwendige Bedingung für die Existenz einer Wendestelle an einer Stelle x der Funktion g lautet $g''(x)=0$. Wie oben hat die Funktion g auch nur eine Wendestelle, und zwar bei $x=1$, denn es gilt für die notwendige Bedingung:

$$g''(x)=0$$
$$\Leftrightarrow \quad (x-1)\cdot e^{x-5,5}=0$$
$$\Leftrightarrow \quad x-1=0$$
$$\Leftrightarrow \quad x=1$$

Für die dritte Ableitung von g erhält man bzgl. der hinreichenden Bedingung an der Stelle $x=1$ wieder einen positiven Wert, es gilt nämlich $g'''(1)=e^{-4,5}>0$. Also befindet sich an der Stelle $x=1$ die einzige Wendestelle.

b4) Die Funktion g wird zunächst an der y-Achse gespiegelt. Diese Spiegelung wird durch folgende allgemeine Transformation bei einer Funktion f erreicht:
$f(x)\rightarrow f(-x)$

Für die gegebene Funktion g erhält man dadurch:

$g\colon \mathbb{R}\rightarrow\mathbb{R},\ x\mapsto(x-3)\cdot e^{x-5,5}+4$

$g_{Spiegelung}\colon \mathbb{R}\rightarrow\mathbb{R},\ x\mapsto(-x-3)\cdot e^{-x-5,5}+4$

Dann wird diese gespiegelte Funktion noch um 12 Einheiten nach rechts verschoben. Dies geschieht durch die Transformation:
$f(x) \to f(x-12)$

$g^* = g_{\text{Spiegelung/Verschiebung}}: \mathbb{R} \to \mathbb{R},\ x \mapsto (-(x-12)-3) \cdot e^{-(x-12)-5,5} + 4$

Man erhält durch Vereinfachung die folgende Funktion:

$g^*: \mathbb{R} \to \mathbb{R},\ x \mapsto (-x+9) \cdot e^{-x+6,5} + 4$

Daher lauten die reellen Parameter $a=-1$, $b=9$ und $c=6{,}5$.

c) Die verbesserte Modellierung des Dachfirsts wird durch eine Funktion h_k mit einem Parameter $k \geq 0$ dargestellt: Es soll gelten:

$$h_k(x) = \frac{5}{9}(x-3)^2 \cdot e^{k(x-6)} + 4 \quad \text{und} \quad h'_k(x) = \frac{5}{9}(x-3) \cdot (kx - 3k + 2) \cdot e^{k(x-6)}$$

c1) Wenn die Funktion g aus Teilaufgabe b in der Schar „enthalten" sein soll, dann muss es eine nichtnegative reelle Zahl k so geben, dass für alle reellen x gilt:
$g(x) = h_k(x)$

Man nimmt an, dass es ein solches $k \geq 0$ gibt. Dann gilt für alle reellen $x \neq 3$ (somit kann durch $x-3$ geteilt werden):

$$\begin{aligned}
& g(x) = h_k(x) \\
\Leftrightarrow\quad & (x-3) \cdot e^{x-5,5} + 4 = \frac{5}{9}(x-3)^2 \cdot e^{k(x-6)} + 4 \\
\Leftrightarrow\quad & e^{x-5,5} = \frac{5}{9}(x-3) \cdot e^{k(x-6)} \\
\Leftrightarrow\quad & e^{(x-5,5)-k(x-6)} = \frac{5}{9}(x-3) \\
\Leftrightarrow\quad & e^{x-kx+0,5} = \frac{5}{9}(x-3)
\end{aligned}$$

An dieser letzten Gleichung erkennt man, dass z. B. für $x=2$ die rechte Seite negativ ist, die linke Seite aber für jedes reelle k positiv ist.

Also ist die Funktion g nicht in der Funktionenschar h_k enthalten.

Alternativ: Für alle $k \geq 0$ nimmt h_k für $x=6$ den exakten Wert 9 an, hingegen ergibt sich für g der von 9 verschiedene Term $3 \cdot e^{0,5} + 4$.

c2) Die Steigung der Funktion h_k an der Stelle $x=6$ wird durch die erste Ableitung ermittelt. Es gilt an dieser Stelle für die im Aufgabentext angegebene erste Ableitung von h_k:

$$h'_k(6) = \frac{5}{9}(6-3) \cdot (k \cdot 6 - 3k + 2) \cdot e^{k(6-6)} = \frac{5}{3} \cdot (3k+2) \cdot e^0 = 5k + \frac{10}{3}$$

Dieser Term ist in der Aufgabenstellung angegeben.

c3) Die folgende Skizze soll den Sachzusammenhang verdeutlichen:

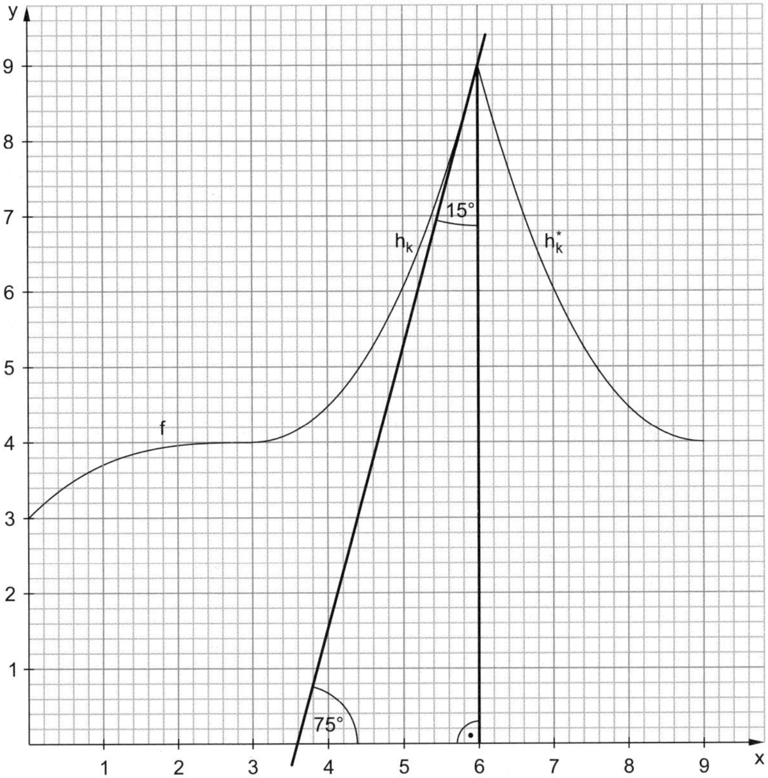

Die Spitze des Dachfirsts wird durch die beiden Funktionen h_k und h_k^* modelliert, genauer durch die beiden Tangenten (nur die von h_k ist eingezeichnet) an h_k und h_k^* an der Stelle $x = 6$. In Teilaufgabe c2 ist der Term für die Steigung (der Tangente) an dieser Stelle gegeben. Daher gilt für diesen Term:

$$\tan(\alpha) = 5k + \frac{10}{3}$$

Da der Innenwinkel der Spitze 30° betragen soll, ist der „halbe" Winkel 15° groß. Dementsprechend hat der „untere (Tangens-)Winkel α" die Größe $90° - 15° = 75°$. Also gilt:

$$\tan(75°) = 5k + \frac{10}{3}$$

Mit dem Taschenrechner erhält man daraus den ungefähren Wert $k \approx 0{,}08$.

Schleswig-Holstein – Kernfach Mathematik
2021 – Aufgabe 2: Analysis

Ein digitales Messgerät misst bei einem Diabetes-Patienten kontinuierlich den Glukosewert (Blutzuckerwert). Der Glukosewert dieses Patienten wird in Abhängigkeit von der Zeit t im Intervall [0; 3,75] mithilfe der Funktion g mit

$g(t) = 13 \cdot t^3 - 78 \cdot t^2 + 104 \cdot t + 96$

modelliert. Dabei wird der Glukosewert g(t) in u (Units) und die Zeit t in h (Stunden) seit Messbeginn angegeben. Die Abbildung 1 auf dem Beiblatt zeigt den Graphen von g im betrachteten Intervall.

a) a1) Bei einem Glukosewert von unter 70 u spricht man von Unterzuckerung. Bestimmen Sie mithilfe des Graphen die Länge des Zeitraums, in dem Unterzuckerung vorliegt. 2 P

a2) Etwas mehr als drei Stunden nach Messbeginn liegt im Bereich der Unterzuckerung der niedrigste Glukosewert. Berechnen Sie den zugehörigen Zeitpunkt. 3 P

a3) Weisen Sie nach, dass der Glukosewert eine Stunde nach Messbeginn um mehr als 40 % größer ist als zu Beginn der Messung. 3 P

a4) Berechnen Sie den durchschnittlichen Glukosewert innerhalb der ersten zwei Stunden nach Messbeginn. 3 P

b) Aus medizinischer Sicht ist ein zu schnelles Absinken des Glukosewerts gefährlich.

b1) $T(2\,|\,-52)$ ist der tiefste Punkt des Graphen der Ableitungsfunktion g' über dem Intervall [0; 3,75].
Interpretieren Sie dies im Sachzusammenhang. 3 P

b2) Die folgenden Terme beschreiben unterschiedliche Änderungsraten der Funktion g.

Term A: $\frac{g(3) - g(1)}{3 - 1}$

Term B: $\lim\limits_{h \to 0} \frac{g(1 + h) - g(1)}{h}$

Geben Sie an, welche Änderungsraten diese beiden Terme beschreiben. 4 P

b3) Liegt die momentane Änderungsrate unter einem Wert von −40 u/h, so zeigt das Messgerät des Patienten ein Warnsymbol an.
Weisen Sie nach, dass dieses Warnsymbol im betrachteten Zeitintervall mehr als eine Stunde lang angezeigt wird. 4 P

Gegeben ist die Funktionenschar f_a mit
$f_a(t) = a \cdot (t^3 - 4 \cdot t)$ und $a > 0$.
Die Abbildung 2 auf dem Beiblatt zeigt den Graphen von f_1.

c) c1) Für jedes $a > 0$ hat der Graph von f_a genau einen Hochpunkt H_a. Beschreiben Sie, wie sich die Lage von H_a ändert, wenn sich der Wert des Parameters a verdreifacht. 3 P

c2) Die Tangente an den Graphen von f_a im Punkt $(2\,|\,0)$ schließt mit der t-Achse einen Winkel ein.
Bestimmen Sie denjenigen Wert für a, für den dieser Winkel 45° beträgt. 3 P

c3) Weisen Sie durch Rechnung nach:
Verschiebt man den Graphen von g nach links entlang der t-Achse um 2 Einheiten und anschließend entlang der y-Achse nach unten um 96 Einheiten, so erhält man einen Graphen, der zur Schar f_a gehört. 5 P

d) Gegeben ist die Funktionenschar h_a mit $h_a(t) = -a \cdot t$ und $a > 0$.
Betrachtet wird der folgende Term:

$$\left| \int_1^{t_0} f_a(t)\, dt \right| - \left| \int_1^{t_0} h_a(t)\, dt \right|$$

Dabei ist t_0 diejenige Lösung der Gleichung $f_a(t) = h_a(t)$, für die $1 < t_0 < 2$ gilt.

d1) Zeichnen Sie in Abbildung 2 ein Flächenstück ein, dessen Inhalt mit dem angegebenen Term für $a = 1$ berechnet werden kann. 2 P

d2) Berechnen Sie t_0 sowie den Wert des obigen Terms in Abhängigkeit von a. 5 P

Beiblatt

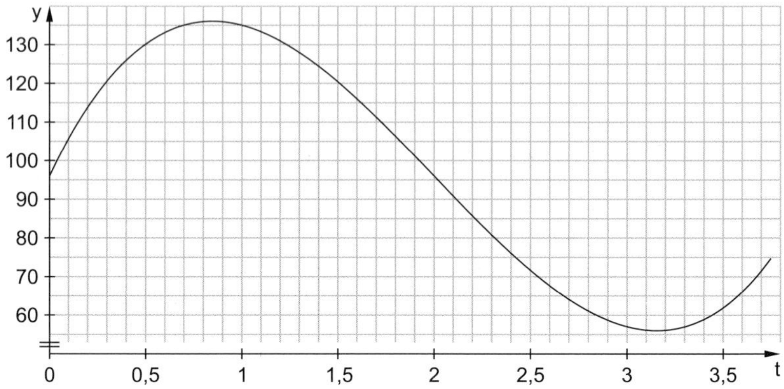

Abbildung 1: der Graph von g im betrachteten Zeitintervall [0; 3,75]

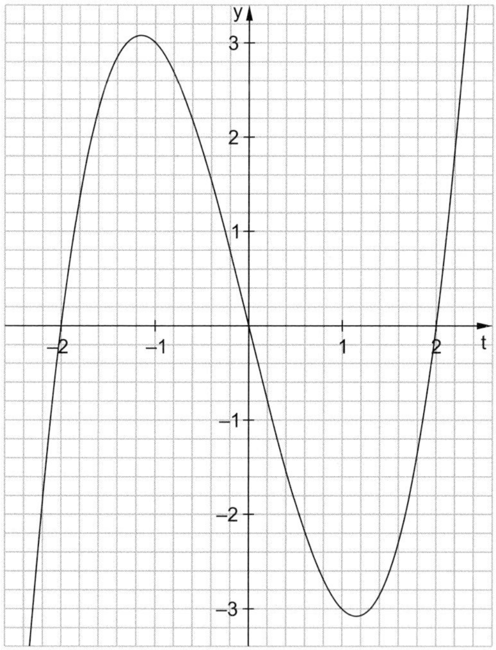

Abbildung 2: der Graph von f_1

Hinweise und Tipps

Teilaufgabe a1

- Gegeben ist eine auf dem Intervall [0; 3,75] definierte reelle ganzrationale Funktion g dritten Grades, die zum Zeitpunkt t (angegeben in Stunden) den Glukosewert g(t) (angegeben in Units) einer Person angibt.
- In der gegebenen Abbildung 1 erkennt man einen wellenartigen und für diesen Funktionstyp charakteristischen Verlauf des Graphen von g: Nach einem anfänglichen Zuwachs fällt der Blutzuckerspiegel, daraufhin steigt er wieder.
- Wenn der Glukosewert unter 70 u ist, dann spricht man von Unterzuckerung; suchen Sie Werte unter 70 u.
- Für welche Zeitpunkte t gilt $g(t) \leq 70$? Sie können ein ganzes Intervall in der Abbildung 1 ablesen, über dem diese Ungleichung erfüllt ist.
- Dieser Aufgabenteil verlangt lediglich einen Schätzwert durch Ablesen, also keine Rechnung.
- Es wird keine Umrechnung in Minuten erwartet.

Teilaufgabe a2

- In der Abbildung 1 ist der niedrigste Glukosewert (etwas mehr als 55 u) kurz nach 3 Stunden nach Messbeginn schon zu erkennen.
- Offenbar wird hier ein lokales Minimum der Funktion gesucht.
- Die Nullstellen der Ableitungsfunktion g' von g sind hier die Extremstellen von g, d. h. diejenigen Stellen mit waagerechter Tangente an den Graphen von g.
- Bilden Sie zunächst die erste Ableitung von g nach den bekannten Ableitungsregeln.
- Sie erhalten eine quadratische Funktion mit zwei Nullstellen, die mit dem Taschenrechner ermittelt werden können.
- Da im Aufgabentext der Zeitpunkt (t etwa bei 3 Stunden) schon angegeben ist, können Sie den betreffenden Zeitpunkt ohne weitere Rechnung angeben.
- *Alternativ* bilden Sie die zweite Ableitung und untersuchen die hinreichende Bedingung für die Existenz eine Minimalstelle, also $g''(t) > 0$.

Teilaufgabe a3

- Bestimmen Sie die Werte für $t = 0$ (Beginn der Messung) und für $t = 1$ (eine Stunde nach Beginn der Messung).
- Für $t = 0$ ergibt sich ein Glukosewert von 96 u.
- 40 % von 96 u sind $0{,}4 \cdot 96\ \text{u} = 38{,}4\ \text{u}$.
- Beantworten Sie die Frage: Ist $g(1) > g(0) + 38{,}4$ u oder $g(1) \leq g(0) + 38{,}4$ u?

Teilaufgabe a4

- Zur Bestimmung der durchschnittlichen Glukosemenge hilft die Integralrechnung.
- Die Glukosemenge zwischen zwei Zeitpunkten t_1 und t_2 entspricht dem Flächeninhalt unterhalb des Graphen der Funktion (siehe Abbildung).
- Für die Berechnung des Durchschnitts muss man den Wert der Fläche noch durch die Länge des Intervalls, also $t_2 - t_1$, dividieren.

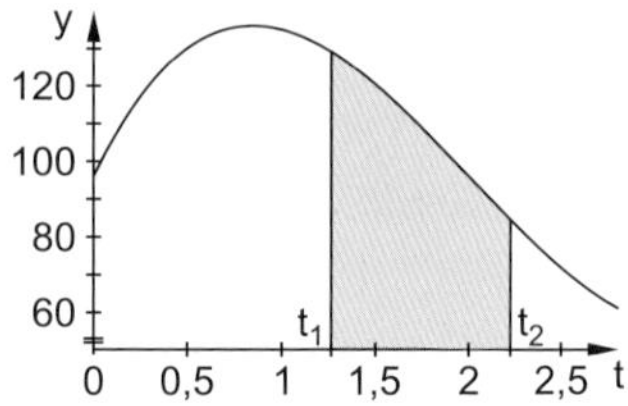

- In diesem Aufgabenteil ergibt sich der Term $\frac{1}{2-0} \cdot \int_0^2 g(t)\,dt$.
- Eine Stammfunktion G von g erhält man durch die bekannten Integrationsregeln.
- Es gilt mit den üblichen Bezeichnungen: $\int_{t_1}^{t_2} ax^n\,dx = a \cdot \left[\frac{1}{n+1} x^{n+1}\right]_{t_1}^{t_2}$

Teilaufgabe b1

- Lesen Sie den Vortext von Teilaufgabe b.
- Die Ableitungsfunktion einer Funktion ist ein Maß für die Veränderung der Funktion.
- Nach Aufgabenstellung hat g' an der Stelle $x = 2$ ein lokales Minimum.
- Was bedeutet dies für die Veränderung des Glukosewerts?

Teilaufgabe b2

- Beziehen Sie die Begriffe „mittlere (durchschnittliche)“ und „momentane (lokale)“ Änderungsrate auf die beiden Terme.
- Bedenken Sie im Term B das Grenzwertverhalten der Variablen h.
- Welche Stelle wird im Term B fokussiert?

Teilaufgabe b3

- Die erste Ableitung kann als momentane Änderungsrate einer Funktion interpretiert werden.
- Suchen Sie eine Ungleichung, die den Sachzusammenhang „momentane Änderungsrate sinkt unter -40 u pro Stunde“ beschreibt.
- Es soll gelten: $g'(t) < -40$.
- Lösen Sie diese Ungleichung
- *Alternativ* können Sie auch die beiden Stellen (Zeitpunkte) t_1 und t_2 aus der Bedingungsgleichung $g'(t) = -40$ bestimmen und anschließend das Intervall so eingrenzen, dass augenscheinlich „mehr als eine Stunde für das Aufleuchten des Warnsymbols“ übrig bleibt.

Teilaufgabe c1

- Die Funktionen $f_a(t) = a \cdot (t^3 - 4 \cdot t)$ mit dem Parameter $a > 0$ sind ganzrationale Funktionen dritten Grades.
- Die beiden offensichtlichen Nullstellen $t = 0$ und $t = 2$ (siehe Abbildung 2) von f_a ändern sich bei Veränderung von a nicht. Warum?
- Ändern sich die Extremstellen (also die x- bzw. t-Koordinate), wenn sich a verändert? Es gibt eine inhaltliche und eine rechnerische Begründung für die Antwort „nein".
- Rechnerisch ergibt sich für die erste Ableitung $f_a'(t) = a \cdot (3 \cdot t^2 - 4)$. Man erhält die notwendige Bedingung für eine Extremstelle durch die Gleichung $0 = a \cdot (3 \cdot t^2 - 4)$.
- Bei Division durch den positiven Parameter a erhält man $0 = 3 \cdot t^2 - 4$. Also hängt die Nullstelle von f' nicht von a ab.
- Der Wert der Extremstellen wird wegen $f_{3 \cdot a}(t) = 3 \cdot a \cdot (t^3 - 4 \cdot t)$ schlicht verdreifacht, wenn a verdreifacht wird.

Teilaufgabe c2

- Für den Wert der Steigung (der Tangente) im Punkt $A(2\,|\,0)$ gilt $f_a'(2)$.
- Berechnen Sie diesen Wert in Abhängigkeit von a.
- Bedenken Sie für die Bestimmung des Parameters die Gleichung $\tan(45°) = f_a'(2)$.
- Für den Tangens gilt allgemein $\tan(45°) = 1$.

Teilaufgabe c3

- Eine Verschiebung einer Funktion f in Richtung der x-Achse um k Einheiten nach links erhält man durch die Transformation $f(x) \to f(x + k)$.
- Eine Verschiebung einer Funktion f in Richtung der y-Achse um m Einheiten nach unten erhält man durch die Transformation $f(x) \to f(x) - m$.
- Ersetzen Sie im ersten Schritt in der Funktionsgleichung von g die Variable x durch $x + 2$.
- Addieren Sie im zweiten Schritt zur neuen Funktionsgleichung den Wert –96.
- Bringen Sie nun die neue Funktionsgleichung durch schrittweise Vereinfachung auf die Form $f_a(t) = a \cdot (t^3 - 4 \cdot t)$ und begründen Sie damit, dass diese Transformation eine Funktion der Funktionenschar f_a ist.
- Es lässt sich auch schon der Parameter a „erraten". Versuchen Sie es!
- Vergleichen Sie dafür $f_a(t) = a \cdot (t^3 - 4 \cdot t)$ mit $g(t) = 13 \cdot t^3 - 78 \cdot t^2 + 104 \cdot t + 96$. Schauen Sie dabei auf den Koeffizienten vor der höchsten Potenz von t.

Teilaufgabe d1

- Offensichtlich beschreibt der Term $\left|\int_1^{t_0} f_a(t)\,dt\right| - \left|\int_1^{t_0} h_a(t)\,dt\right|$ zunächst eine Differenz zweier nichtnegativer Zahlen.
- Um welche Art von Funktionen handelt es sich bei $h_a(t) = -a \cdot t$?
- Alle Funktionen dieser Schar sind lineare Funktionen mit negativer Steigung, die durch den Ursprung verlaufen.
- Beschreiben Sie inhaltlich/geometrisch die beiden Teil-Terme. Welche Flächen werden dabei angesprochen? Welche Bedeutung haben dabei die Betragsstriche?
- Bedenken Sie die Intervallgrenzen 1 und 2 für die obere Integrationsvariable t_0.
- Veranschaulichen Sie nun den obigen Term, indem Sie das dadurch veranschaulichte Flächenstück identifizieren.

Teilaufgabe d2

- Da t_0 die Lösung der Gleichung $f_a(t) = h_a(t)$ sein soll, müssen Sie diese Gleichung aufstellen und lösen.
- Die Division durch a ist ohne Einschränkung möglich.
- Sie erhalten eine Gleichung dritten Grades mit insgesamt drei Lösungen.
- Nur eine Lösung liegt im Intervall [1; 2].
- Berechnen Sie mit dieser Lösung den Wert des Terms.
- Wenden Sie die bekannten Integrationsregeln an.

Lösung

a) Gegeben ist eine reelle ganzrationale Funktion g dritten Grades $g(t) = 13 \cdot t^3 - 78 \cdot t^2 + 104 \cdot t + 96$, die im Intervall [0; 3,75] zum Zeitpunkt t den Glukosewert g(t) eines Patienten angibt.

a1) 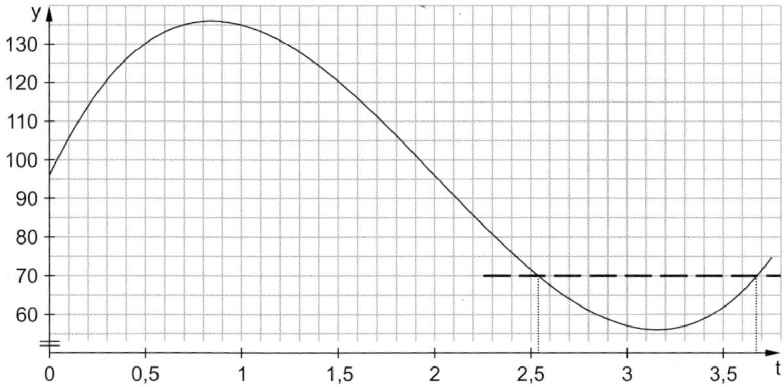

Zeichnet man in der gegebenen Abbildung eine Waagerechte auf Höhe von 70 u, liegt unterhalb der Waagerechten der Bereich der Unterzuckerung. Man liest in der Zeichnung folgendes Zeitintervall ab: Beginn der Unterzuckerung nach ca. 2,55 Stunden und Ende der Unterzuckerung etwa zum Zeitpunkt 3,7 Stunden. Also beträgt die Länge des Zeitraumes ungefähr 1,15 Stunden.

a2) Der niedrigste Glukosewert im Bereich der Unterzuckerung, also im Intervall [2,55; 3,7], kann als lokale Extremstelle interpretiert werden. Die notwendige Bedingung für die Existenz eines Minimums lautet $g'(t) = 0$. Mithilfe der Ableitungsregeln bestimmt man g'; es gilt dafür:

$g'(t) = 3 \cdot 13 \cdot t^2 - 2 \cdot 78 \cdot t + 104 = 39 \cdot t^2 - 156 \cdot t + 104$

Nun gilt:

$$g'(t) = 0$$
$$\Leftrightarrow \quad 39 \cdot t^2 - 156 \cdot t + 104 = 0$$
$$\Leftrightarrow \quad t^2 - 4 \cdot t + \frac{8}{3} = 0$$
$$\Leftrightarrow \quad t_1 = 2 + \frac{2}{3}\sqrt{3} \approx 3{,}15 \text{ oder } t_2 = 2 - \frac{2}{3}\sqrt{3} \approx 0{,}85$$

Für die zweite Ableitung von g gilt:

$g''(t) = 78 \cdot t - 156$

Für $t_1 = 2 + \frac{2}{3}\sqrt{3}$ erhält man sofort $g''(t_1) > 0$ und für $t_2 = 2 - \frac{2}{3}\sqrt{3}$ entsprechend $g''(t_2) < 0$.

Also liegt an der Stelle $t = 2 + \frac{2}{3}\sqrt{3}$ ein lokales Minimum vor. Der Zeitpunkt lautet etwa $t \approx 3{,}15$ Stunden.

a3) Man bestimmt zu den Zeitpunkten $t=0$ und $t=1$ den jeweiligen Glukosewert. Es ergibt sich $g(0)=96$ und $g(1)=135$. Für die Differenz ergibt sich ein Wert von 39 u. 40 % vom Wert zum Zeitpunkt $t=0$ sind 40 % von 96 u, also 38,4 u. Also ist nach einer Stunde der Glukosewert um mehr als 40 % größer als zu Beginn der Messung.

a4) Zur Bestimmung der durchschnittlichen Glukosemenge hilft die Integralrechnung. Die Glukosemenge M im Intervall [0; 2] wird durch das folgende Integral bestimmt:

$$M = \int_0^2 g(t)\,dt$$

Man erhält für eine Stammfunktion G von g:

$$G(t) = \frac{13}{4} \cdot t^4 - 26 \cdot t^3 + 52 \cdot t^2 + 96 \cdot t + c$$

Für die durchschnittliche Glukosemenge innerhalb der ersten zwei Stunden erhält man damit

$$\frac{M}{2} = \frac{1}{2} \cdot [G(t)]_0^2 = \frac{1}{2} \cdot (G(2) - G(0)) = 122$$

Der durchschnittliche Glukosewert der ersten zwei Stunden beträgt also 122 u.

b1) Der angegebene Punkt T ist laut Aufgabenstellung ein lokales Minimum der Ableitungsfunktion von g. Das heißt, dass die Änderungsrate des Blutzuckerspiegels mit –52 u pro Stunde am kleinsten ist. Dies bedeutet im Kontext des Sachzusammenhangs, dass nach zwei Stunden der Glukosewert am stärksten abfällt.

b2) Der Term A beschreibt als sogenannter Differenzenquotient die durchschnittliche Rate oder mittlere Änderungsgrate der Glukose-Funktion g im Intervall [1; 3]. Er beschreibt also einen „Durchschnitt in einem Intervall“.

Der Term B hingegen beschreibt eine punktuelle Veränderung. In diesem Fall gibt der Term B die lokale oder momentane Änderungsrate der Glukose-Funktion g an der Stelle $t=1$ oder im Punkt $(1 \mid g(1))$ an. Diese momentane Änderungsrate entspricht dem Wert $g'(1)$.

b3) Die momentane Änderungsrate wird durch die erste Ableitungsfunktion von g charakterisiert. Es gilt nach oben:
$g'(t) = 39 \cdot t^2 - 156 \cdot t + 104$

Gesucht sind Zeitpunkte t für g', für die gilt:

$$g'(t) < -40$$

$$\Leftrightarrow \quad 39 \cdot t^2 - 156 \cdot t + 104 < -40$$

$$\Leftrightarrow \quad 39 \cdot t^2 - 156 \cdot t + 144 < 0$$

$$\Leftrightarrow \quad t^2 - 4 \cdot t + \frac{48}{13} < 0$$

$$\Leftrightarrow \quad t > 2 - \frac{2}{13}\sqrt{13} \approx 1{,}445 \text{ und } t < 2 + \frac{2}{13}\sqrt{13} \approx 2{,}555$$

Also liegt im Intervall

$$\left[2 - \frac{2}{13}\sqrt{13}; 2 + \frac{2}{13}\sqrt{13}\right]$$

die momentane Änderungsrate unter einem Wert von -40 u pro Stunde.

Zusätzlich gilt für die Länge des Zeitintervalls:

$$2 + \frac{2}{13}\sqrt{13} - \left(2 - \frac{2}{13}\sqrt{13}\right) = \frac{4}{13}\sqrt{13} \approx 1{,}11 > 1$$

Damit beträgt die Zeitdauer des Leuchtens des Warnsymbols mehr als eine Stunde.

c) Für ein reelles $a > 0$ ist eine Funktionenschar f_a gegeben durch $f_a(t) = a \cdot (t^3 - 4 \cdot t)$.

c1) Der Parameter a in der Funktion f_a bewirkt grafisch eine Streckung oder Stauchung von f_a, aber keine Verschiebung in Richtung der x-Achse. Das bedeutet für die Lage des Hochpunktes, dass sich die x-Koordinate nicht ändert, aber die y-Koordinate nach „oben oder unten", also vertikal verschiebt; im Falle der Verdreifachung des Parameters a verdreifacht sich auch der y-Wert.

c2) Für die Ableitungsfunktion von f_a gilt:

$$f_a'(t) = a \cdot (3 \cdot t^2 - 4)$$

Der Wert der Steigung der Tangente an der Stelle $t = 2$ beträgt also in Abhängigkeit des Parameters a:

$$f_a'(2) = a \cdot (3 \cdot 2^2 - 4) = 8a$$

Damit der mit der x-Achse eingeschlossene Winkel der Tangente an den Graphen von f_a wie gefordert 45° beträgt, muss daher gelten:

$$\tan(45°) = 8a$$

$$\Leftrightarrow \quad 1 = 8a$$

$$\Leftrightarrow \quad a = \frac{1}{8}$$

Der Wert für a beträgt also $\frac{1}{8}$.

c3) Eine Verschiebung in Richtung der x-Achse um zwei Einheiten nach links erhält man durch die Transformation $g(x) \rightarrow g(x+2)$.

Für die Funktion g bedeutet dies:

$g^*(t) = 13 \cdot (t+2)^3 - 78 \cdot (t+2)^2 + 104 \cdot (t+2) + 96$

Eine Verschiebung in Richtung der y-Achse um 96 Einheiten nach unten erhält man durch die auf g* angewandte Transformation $g^*(x) \rightarrow g^*(x) - 96$.

Man erhält damit:

$$\begin{aligned} g^{**}(t) &= 13 \cdot (t+2)^3 - 78 \cdot (t+2)^2 + 104 \cdot (t+2) + 96 - 96 \\ &= 13 \cdot (t+2)^3 - 78 \cdot (t+2)^2 + 104 \cdot (t+2) \end{aligned}$$

Es gilt:

$$\begin{aligned} g^{**}(t) &= 13 \cdot (t+2)^3 - 78 \cdot (t+2)^2 + 104 \cdot (t+2) && \text{[Ausklammern der Zahl 13]} \\ &= 13 \cdot \left((t+2)^3 - 6 \cdot (t+2)^2 + 8 \cdot (t+2)\right) && \text{[Ausklammern von } (t+2)\text{]} \\ &= 13 \cdot (t+2) \cdot \left((t+2)^2 - 6 \cdot (t+2) + 8\right) && \text{[Vereinfachung]} \\ &= 13 \cdot (t+2) \cdot (t^2 + 4t + 4 - 6t - 12 + 8) && \text{[Zusammenfassung]} \\ &= 13 \cdot (t+2) \cdot (t^2 - 2t) && \text{[Vereinfachung]} \\ &= 13 \cdot (t^3 - 2t^2 + 2t^2 - 4 \cdot t) && \text{[Zusammenfassung]} \\ &= 13 \cdot (t^3 - 4 \cdot t) && \text{[Vergleich mit } f_a(t)\text{]} \\ &= f_{13}(t) \end{aligned}$$

Also enthält die Schar mit $a = 13$ eine wie oben transformierte Funktion.

d) Gegeben ist nun eine weitere Funktionenschar h_a mit $a > 0$ und $h_a(t) = -a \cdot t$, also eine fallende lineare Funktion durch den Ursprung.

d1) Der angegebene Term veranschaulicht die in der Abbildung auf der folgenden Seite grau schraffierte Fläche. Denn der erste Term

$$\left| \int_1^{t_0} f_a(t)\, dt \right|$$

zur Funktion f_1 gibt den Flächeninhalt zwischen dem Graphen von f_1 und der x-Achse im Intervall $[1; t_0]$ an; dabei sorgen die Betragsstriche für die Positivität, die bei Flächenmaß-Angaben nötig ist.

Der zweite Term

$$\left| \int_1^{t_0} h_a(t)\, dt \right|$$

beschreibt entsprechend im selben Intervall das trapezartige Flächenstück zwischen der Funktion h_1 und der x-Achse.

Die Differenz der beiden Flächenstücke ist somit das graue Flächenstück.

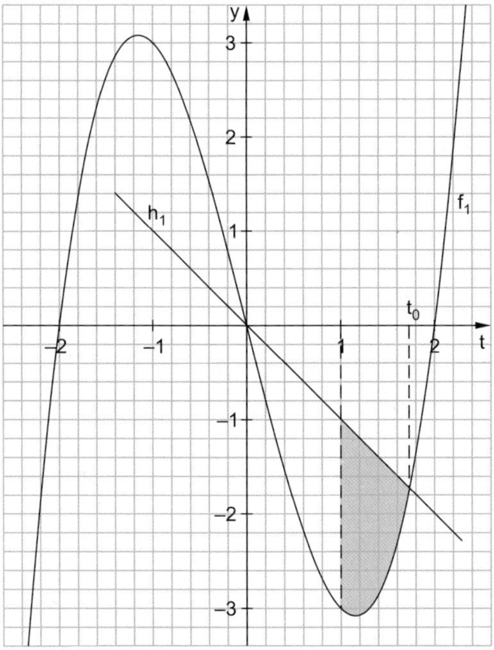

d2) Zur Bestimmung von t_0 löst man folgende Gleichung:
$f_a(t) = h_a(t)$

Es sind für $a > 0$ (daher ist Kürzen mit a möglich) gleichwertig:

$$\begin{aligned} & f_a(t) = h_a(t) \\ \Leftrightarrow\quad & a \cdot (t^3 - 4t) = -at \\ \Leftrightarrow\quad & t^3 - 4t = -t \\ \Leftrightarrow\quad & t^3 - 3t = 0 \\ \Leftrightarrow\quad & t \cdot (t^2 - 3) = 0 \\ \Leftrightarrow\quad & t = 0 \text{ oder } t^2 - 3 = 0 \\ \Leftrightarrow\quad & t = 0 \text{ oder } t = \sqrt{3} \text{ oder } t = -\sqrt{3} \end{aligned}$$

Da t_0 im Intervall [1; 2] liegen soll, folgt $t_0 = \sqrt{3}$.

Der Wert des Terms

$$\left| \int_1^{t_0} f_a(t)\,dt \right| - \left| \int_1^{t_0} h_a(t)\,dt \right|$$

ergibt sich unter Berücksichtigung von $a > 0$ durch die folgende Rechnung, wobei für die obere Integrationsgrenze $t_0 = \sqrt{3}$ eingesetzt wurde.

$$\left|\int_1^{t_0} f_a(t)\,dt\right| - \left|\int_1^{t_0} h_a(t)\,dt\right| = \left|\int_1^{\sqrt{3}} a\cdot(t^3-4t)\,dt\right| - \left|\int_1^{\sqrt{3}} -a\cdot t\,dt\right|$$

$$= \left|a\cdot\int_1^{\sqrt{3}} (t^3-4t)\,dt\right| - \left|a\cdot\int_1^{\sqrt{3}} t\,dt\right|$$

$$= a\cdot\left|\left[\frac{1}{4}t^4-2t^2\right]_1^{\sqrt{3}}\right| - a\cdot\left|\left[\frac{1}{2}t^2\right]_1^{\sqrt{3}}\right|$$

$$= a\cdot\left|\frac{9}{4}-6-\left(\frac{1}{4}-2\right)\right| - a\cdot\left|\frac{3}{2}-\frac{1}{2}\right|$$

$$= a\cdot|-2| - a\cdot 1$$

$$= 2a - a$$

$$= a$$

Somit nimmt der Wert des obigen Terms stets die positive Zahl a an.

Schleswig-Holstein – Kernfach Mathematik
2021 – Aufgabe 3: Analytische Geometrie

Ein Sportler trainiert in einer Kletterhalle. Die Situation wird in einem geeigneten Koordinatensystem modelliert, wobei eine Längeneinheit einem Meter in der Realität entspricht.
Die x_1x_2-Ebene stellt den Hallenboden dar. Der Kletterer steht zunächst auf dem Startpunkt $(0|0|0)$. Er klettert an der Wand PQRS hoch, greift von dort auf die Wand RSTU über und hangelt sich an ihr nach vorne bis zur Kante $\overline{TU}$.

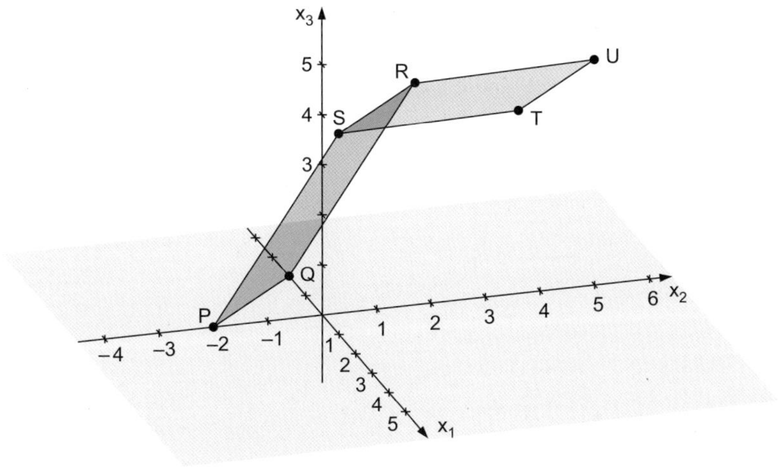

Die ebenen Vierecke PQRS und RSTU haben die Eckpunkte $P(0|-2|0)$, $Q(-2|0|0)$, $R(-1|2|4)$, $S(1|0|4)$, $T(2|3|4{,}5)$ und $U(0|5|4{,}5)$.
Das Viereck PQRS liegt in der Ebene E.

a) a1) Berechnen Sie die Länge der Kante $\overline{PQ}$. 2 P

a2) Zeigen Sie, dass das Viereck PQRS ein Parallelogramm, aber kein Rechteck ist. 5 P

a3) Bestimmen Sie eine Gleichung der Ebene E in Koordinatenform. [*Kontrolle:* E: $4x_1 + 4x_2 - 3x_3 = -8$] 4 P

a4) Berechnen Sie den Schnittpunkt der Ebene E mit der x_3-Achse und geben Sie die Höhe der Wand senkrecht über dem Startpunkt an. 4 P

a5) Untersuchen Sie, ob es in der Ebene E einen Punkt $(x_1|x_2|2)$ mit ganzzahligen Koordinaten x_1 und x_2 gibt. 3 P

b) In der Nähe der Kante $\overline{TU}$ hängt bei $G(3\,|\,3{,}5\,|\,4{,}5)$ eine Glocke, die mit einer Leine am Hallendach befestigt ist. Zum Abschluss seiner Trainingseinheit läutet der Kletterer diese Glocke mit der einen Hand, während er sich mit der anderen Hand an demjenigen Punkt K auf der Kante $\overline{TU}$ festhält, der den geringsten Abstand zu G hat.

Durch T und U verläuft die Gerade g: $\vec{x} = \overrightarrow{OT} + r \cdot \overrightarrow{TU} = \begin{pmatrix} 2 \\ 3 \\ 4{,}5 \end{pmatrix} + r \cdot \begin{pmatrix} -2 \\ 2 \\ 0 \end{pmatrix}$.

b1) Bestimmen Sie den Fußpunkt F des Lotes von G auf g.
[*Kontrolle:* $F(2{,}25\,|\,2{,}75\,|\,4{,}5)$] 5 P

b2) Begründen Sie, dass K und F nicht identisch sind. 2 P

b3) Künftig soll die Glocke an einem anderen Punkt G* platziert werden. Der Punkt G* befindet sich in einer Höhe von 4,5 m und ist gleich weit von T und U entfernt; sein Abstand vom Mittelpunkt M der Kante $\overline{TU}$ beträgt 35 cm.
Ermitteln Sie die Koordinaten des Punktes M und die Koordinaten eines Punktes G* mit den beschriebenen Eigenschaften. 5 P

c) Im Rahmen einer Renovierung wird darüber nachgedacht, den Winkel zwischen den beiden Wänden zu verändern. Für jedes $a \in \mathbb{R}$ ist durch E_a: $x_1 + x_2 - ax_3 = 1 - 4a$ eine Ebene E_a gegeben. Jede dieser Ebenen enthält die Gerade durch R und S.

c1) Es gibt genau eine Zahl a mit $E_a = E$. Bestimmen Sie diese Zahl. 3 P

c2) E_8 ist diejenige Ebene, in der das Viereck RSTU liegt. Berechnen Sie den Schnittwinkel der Ebenen E und E_8. 3 P

c3) Bestimmen Sie alle Zahlen a, sodass sich E und E_a unter einem 60°-Winkel schneiden. 4 P

Hinweise und Tipps

Teilaufgabe a1

- Für die Bestimmung der Länge der Kante $\overline{PQ}$ bilden Sie den Vektor $\overrightarrow{PQ}$.
- Für die Länge eines Vektors $\vec{a}$ mit den reellen Koordinaten a_1, a_2, a_3 gilt allgemein:

$$|\vec{a}| = \left|\begin{pmatrix} a_1 \\ a_2 \\ a_3 \end{pmatrix}\right| = \sqrt{a_1^2 + a_2^2 + a_3^2}$$

- Wenden Sie diesen Ausdruck auf den Vektor $\overrightarrow{PQ}$ an.

Teilaufgabe a2

- Wenn bei einem allgemeinen Viereck ABCD zwei sich gegenüberliegende Kanten (also entweder $\overline{AB}$ und $\overline{CD}$ oder $\overline{AD}$ und $\overline{BC}$) parallel und gleichlang sind, ist dieses Viereck bereits ein Parallelogramm.
- Wählen Sie ein Kantenpaar des Vierecks PQRS und bilden Sie die zugehörigen Vektoren.
- Weisen Sie die Gleichheit der Vektoren nach.
- Damit ein Parallelogramm kein Rechteck ist, muss mindestens ein benachbartes Kantenpaar nicht senkrecht zueinander sein.
- Zeigen Sie dafür, dass das Skalarprodukt zweier benachbarter Kanten verschieden von null ist.

Teilaufgabe a3

- Bilden Sie einen Normalenvektor $\vec{n}$ zur Ebene E durch Anwendung des Kreuz- oder Vektorproduktes.
- Es gilt allgemein:

$$\vec{n} = \vec{a} \times \vec{b} = \begin{pmatrix} a_1 \\ a_2 \\ a_3 \end{pmatrix} \times \begin{pmatrix} b_1 \\ b_2 \\ b_3 \end{pmatrix} = \begin{pmatrix} a_2b_3 - a_3b_2 \\ a_3b_1 - a_1b_3 \\ a_1b_2 - a_2b_1 \end{pmatrix}$$

- Wählen Sie zwei linear unabhängige Richtungsvektoren, die die Ebene E aufspannen, am besten diejenigen, die Sie am Ende von Teilaufgabe a2 benutzt haben.
- Achten Sie darauf, dass der einfach abzulesende Normalenvektor $\begin{pmatrix} 4 \\ 4 \\ -3 \end{pmatrix}$ in der Kontroll-Ebene ein Vielfaches Ihres Vektors sein kann.
- Berechnen Sie für die Gleichung $n_1 \cdot x_1 + n_2 \cdot x_2 + n_3 \cdot x_3 = a$ mithilfe eines beliebigen Punktes der Ebene E, z. B. für P gegeben durch den Vektor $\begin{pmatrix} 0 \\ -2 \\ 0 \end{pmatrix}$, einen Wert a.
- Offenbar ergibt sich daraus $a = -8$.

Teilaufgabe a4

Alle Punkte der x_3-Achse haben die Koordinaten $(0|0|x)$ mit einer reellen Zahl x und müssen als Schnittpunkte Teil der Ebene E sein. Setzen Sie $(0|0|x)$ in die zuvor in Teilaufgabe a3 errechnete Koordinatengleichung ein.

Sie erhalten die Gleichung $-3x=-8$ und daraus sofort die Koordinaten des gesuchten Schnittpunktes.

Dieser Schnittpunkt gibt auch direkt die gesuchte Höhe der Wand über dem Startpunkt an.

Teilaufgabe a5

Der Punkt $(x_1|x_2|2)$ soll in der Ebene liegen, also muss er die gegebene Koordinatengleichung von E erfüllen

Setzen Sie diesen Punkt in E ein und vereinfachen Sie anschließend die Gleichung.

Sie erhalten eine lineare Gleichung mit den zwei Unbekannten x_1 und x_2.

Ist es möglich, dass darin **beide** Koordinaten ganzzahlig sind?

Bedenken Sie: Die Summe zweier ganzer Zahlen ist stets eine ganze Zahl, also $5+(-6)=-1$ oder $2+8=10$ oder $-3+(-4)=-7$ etc.

Teilaufgabe b1

Der Lotfußpunkt F des Lotes von G auf g ist der Schnittpunkt der Geraden g mit der Senkrechten zu g durch den Punkt G.

Ein Verfahren, diesen Lotfußpunkt zu bestimmen, lautet:

(1) Man stellt eine Hilfsebene H auf, die senkrecht zu g und durch den Punkt G verläuft.
  - Nehmen Sie für diese Hilfsebene den Richtungsvektor $\overrightarrow{TU}$ von g.
  - Stellen Sie dann mit dem Punkt G eine Normalenform für H auf, also:
    $$H: \left(\begin{pmatrix} x_1 \\ x_2 \\ x_3 \end{pmatrix} - \overrightarrow{OG}\right) \circ \overrightarrow{TU} = 0$$
  - Vereinfachen Sie diese Normalenform in die Koordinatenform.

(2) Durch Einsetzen der Geradengleichung in die Hilfsebene erhält man den gesuchten Lotfußpunkt.
  - Bilden Sie $H \cap g$, indem Sie g: $\vec{x} = \overrightarrow{OT} + r \cdot \overrightarrow{TU}$ in H einsetzen.
  - Sie erhalten einen Wert für r.
  - Wenn Sie diesen Wert wieder in g einsetzen, erhalten Sie schließlich den Punkt F.

Teilaufgabe b2

Beide Punkte K und F liegen nach Aufgabenstellung auf der Geraden g.

Bedenken Sie, dass der Punkt K auf der Kante, also auf der Strecke $\overline{TU}$ (die Strecke ist „nur" ein Teil der Geraden g) liegt.

- Welche Bedingung muss für den Parameter r in der Geradengleichung gelten, damit die Geradengleichung nur die Strecke beschreibt?
- Setzen Sie $r=0$ und $r=1$ in g ein und rechnen Sie die Punkte aus.
- Sie erhalten für $r=0$ den Punkt T und für $r=1$ den Punkt U, also die Endpunkte der Strecke.
- Offenbar gilt für die Strecke $\overline{TU}=\{X \mid \overrightarrow{OX}=\overrightarrow{OT}+r\cdot\overrightarrow{TU}, 0\leq r\leq 1\}$.
- Der für F berechnete Parameter liegt nicht im Intervall [0; 1], also sind F und K verschieden.

Teilaufgabe b3

- Bestimmen Sie zunächst den Mittelpunkt M der Strecke $\overline{TU}$.
- Dazu können Sie für den Parameter (in der Gleichung von g) $r=\frac{1}{2}$ setzen (siehe die Hinweise in Teilaufgabe b2).
- Wählen Sie einen zum Richtungsvektor $\begin{pmatrix}-2\\2\\0\end{pmatrix}$ von g senkrechten Vektor.
- Bilden Sie daraus die Senkrechte zu g durch M unter Berücksichtigung, dass der Punkt G* in einer Höhe von 4,5 m platziert wird.
- Wählen Sie als Richtungsvektor z. B. $\begin{pmatrix}1\\1\\0\end{pmatrix}$, so erhalten Sie eine Senkrechte s mit $s\colon \vec{x}=\overrightarrow{OM}+t\cdot\begin{pmatrix}1\\1\\0\end{pmatrix}$.
- Nun müssen Sie den geforderten Abstand von 0,35 m noch einbringen.
- Dazu können Sie die Geradengleichung von s „normieren", d. h., den Richtungsvektor „auf die Länge 1" setzen, also einen Einheitsvektor bilden.
- Man erhält dann die Geradengleichung $s\colon \vec{x}=\begin{pmatrix}1\\4\\4{,}5\end{pmatrix}+t\cdot\frac{1}{\sqrt{2}}\begin{pmatrix}1\\1\\0\end{pmatrix}$.
- Wie in Teilaufgabe b2 lässt sich hierin der Abstand vom Punkt M zu anderen Punkten der Geraden mithilfe des Parameters t beschreiben.
- So gilt für $t=1$: Der dadurch entstehende Punkt $\begin{pmatrix}1\\4\\4{,}5\end{pmatrix}+1\cdot\frac{1}{\sqrt{2}}\begin{pmatrix}1\\1\\0\end{pmatrix}$ hat von M einen Abstand von 1 m (und liegt natürlich auf s).

Teilaufgabe c1

- Betrachten Sie die beiden gegebenen Ebenengleichungen, also $E\colon 4\cdot x_1+4\cdot x_2-3\cdot x_3=-8$ und $E_a\colon x_1+x_2-a\cdot x_3=1-4a$.
- Wie können Sie die Gleichung der Ebene E vereinfachen?
- *Alternativ* kann auch ein Vergleich der beiden Normalenvektoren $\begin{pmatrix}4\\4\\-3\end{pmatrix}$ und $\begin{pmatrix}1\\1\\-a\end{pmatrix}$ helfen.
- Offenbar soll gelten: $\begin{pmatrix}4\\4\\-3\end{pmatrix}=4\cdot\begin{pmatrix}1\\1\\-a\end{pmatrix}$

Teilaufgabe c2

Bilden Sie E_8.

Sie können die beiden Normalenvektoren nun ablesen. Es ergibt sich $\begin{pmatrix} 4 \\ 4 \\ -3 \end{pmatrix}$ und $\begin{pmatrix} 1 \\ 1 \\ 8 \end{pmatrix}$.

Mit den Normalenvektoren $\vec{n}$ und $\vec{m}$ gilt allgemein für den Schnittwinkel α:

$$\cos\alpha = \frac{|\vec{n} \circ \vec{m}|}{|\vec{n}| \cdot |\vec{m}|}$$

Teilaufgabe c3

Verfahren Sie genau wie in Teilaufgabe c2, mit dem einzigen Unterschied, dass jetzt die Winkelgröße gegeben ist und der Parameter a gesucht wird.

Dies führt auf die Gleichung:

$$\cos(60°) = \frac{1}{2} = \frac{\left|\begin{pmatrix} 4 \\ 4 \\ -3 \end{pmatrix} \circ \begin{pmatrix} 1 \\ 1 \\ -a \end{pmatrix}\right|}{\left|\begin{pmatrix} 4 \\ 4 \\ -3 \end{pmatrix}\right| \cdot \left|\begin{pmatrix} 1 \\ 1 \\ -a \end{pmatrix}\right|}$$

Diese Gleichung führt auf eine quadratische Gleichung mit der Variablen a und liefert zwei Lösungen.

Lösung

a1) Für die Bestimmung der Länge der Kante $\overline{PQ}$ bildet man zunächst den Vektor $\overrightarrow{PQ}$. Dafür gilt:

$$\overrightarrow{PQ} = \begin{pmatrix} -2 \\ 0 \\ 0 \end{pmatrix} - \begin{pmatrix} 0 \\ -2 \\ 0 \end{pmatrix} = \begin{pmatrix} -2 \\ 2 \\ 0 \end{pmatrix}$$

Für die Länge eines Vektors $\vec{a}$ mit den reellen Koordinaten a_1, a_2, a_3 gilt allgemein:

$$|\vec{a}| = \left| \begin{pmatrix} a_1 \\ a_2 \\ a_3 \end{pmatrix} \right| = \sqrt{a_1^2 + a_2^2 + a_3^2}$$

Für die obige Kante gilt demnach:

$$|\overrightarrow{PQ}| = \left| \begin{pmatrix} -2 \\ 2 \\ 0 \end{pmatrix} \right| = \sqrt{(-2)^2 + 2^2 + 0^2} = \sqrt{8} = 2 \cdot \sqrt{2} \approx 2{,}83$$

Die Länge der Kante $\overline{PQ}$ beträgt also etwa 2,83 m.

a2) Wenn bei einem Viereck zwei sich gegenüberliegende Kanten parallel und gleichlang sind, ist dieses Viereck ein Parallelogramm.

Für das Viereck PQRS wird die Kante $\overline{SR}$ betrachtet. Der zugehörige Vektor $\overrightarrow{SR}$ berechnet sich wie in Teilaufgabe a1 zu:

$$\overrightarrow{SR} = \begin{pmatrix} -1 \\ 2 \\ 4 \end{pmatrix} - \begin{pmatrix} 1 \\ 0 \\ 4 \end{pmatrix} = \begin{pmatrix} -2 \\ 2 \\ 0 \end{pmatrix}$$

Man stellt fest: $\overrightarrow{PQ} = \overrightarrow{SR}$

Also ist das Viereck PQRS ein Parallelogramm.

Damit PQRS kein Rechteck ist, muss mindestens ein Paar benachbarter Seiten **nicht** senkrecht zueinander sein. Untersucht wird das Paar $\overrightarrow{PQ}$ und $\overrightarrow{PS}$. Es gilt:

$$\overrightarrow{PS} = \begin{pmatrix} 1 \\ 0 \\ 4 \end{pmatrix} - \begin{pmatrix} 0 \\ -2 \\ 0 \end{pmatrix} = \begin{pmatrix} 1 \\ 2 \\ 4 \end{pmatrix}$$

Nun bildet man das Skalarprodukt der beiden Vektoren:

$$\overrightarrow{PQ} \circ \overrightarrow{PS} = \begin{pmatrix} -2 \\ 2 \\ 0 \end{pmatrix} \circ \begin{pmatrix} 1 \\ 2 \\ 4 \end{pmatrix} = -2 \cdot 1 + 2 \cdot 2 + 0 \cdot 4 = 2 \neq 0$$

Damit ist gezeigt, dass die beiden Seiten nicht senkrecht zueinander sind und daher das Viereck PQRS kein Rechteck ist.

a3) Da das Viereck PQRS in der Ebene E liegt, bildet man aus seinen Punkten zunächst einen senkrecht zur Ebene E stehenden Normalenvektor. Dafür kann man das Kreuzprodukt nutzen. Es gilt:

$$\overrightarrow{PQ} \times \overrightarrow{PS} = \begin{pmatrix} -2 \\ 2 \\ 0 \end{pmatrix} \times \begin{pmatrix} 1 \\ 2 \\ 4 \end{pmatrix} = \begin{pmatrix} 8 \\ 8 \\ -6 \end{pmatrix}$$

Nach einer Vereinfachung ergibt sich $\vec{n} = \begin{pmatrix} 4 \\ 4 \\ -3 \end{pmatrix}$ als Normalenvektor für E.

Für einen beliebigen Punkt der Ebene, zum Beispiel für den Punkt P mit seinem Ortsvektor $\begin{pmatrix} 0 \\ -2 \\ 0 \end{pmatrix}$, und diesen Normalenvektor $\vec{n} = \begin{pmatrix} 4 \\ 4 \\ -3 \end{pmatrix}$ gilt die Gleichheit:

$$n_1 \cdot p_1 + n_2 \cdot p_2 + n_3 \cdot p_3 = 4 \cdot 0 + 4 \cdot (-2) + (-3) \cdot 0 = -8$$

Also ist die zur Kontrolle gegebene Koordinatenform von E gefunden durch:
E: $4 \cdot x_1 + 4 \cdot x_2 - 3 \cdot x_3 = -8$

a4) Die Ebene E, in der das Viereck PQRS liegt, schneidet offenbar die x_3-Achse. Alle Punkte dieser Achse haben die Koordinaten $(0|0|x)$ mit einer reellen Zahl x und müssen als Schnittpunkte Teil der Ebene sein. Setzt man $(0|0|x)$ in die in Teilaufgabe a3 errechnete Koordinatengleichung ein, so erhält man:

$$4 \cdot 0 + 4 \cdot 0 - 3 \cdot x = -8 \quad \Leftrightarrow \quad x = \frac{8}{3}$$

Also hat der Schnittpunkt von E mit der x_3-Achse die Koordinaten $\left(0 \,\middle|\, 0 \,\middle|\, \frac{8}{3}\right)$.

Nach Aufgabenstellung liegt der Startpunkt im Koordinatenursprung, also in $(0|0|0)$. Daher gibt die eben errechnete x_3-Koordinate genau die gesuchte Höhe der Wand an. Die Wand ist also senkrecht über dem Punkt $(0|0|0)$ genau $\frac{8}{3}$ m, also etwa 2,67 m hoch.

a5) Zunächst setzt man den gegebenen Punkt $(x_1|x_2|2)$ in die Ebenengleichung E ein. Man erhält:

$$4 \cdot x_1 + 4 \cdot x_2 - 3 \cdot 2 = -8 \quad \Leftrightarrow \quad 4 \cdot x_1 + 4 \cdot x_2 = -2 \quad \Leftrightarrow \quad x_1 + x_2 = -\frac{1}{2}$$

Wenn **beide** Koordinaten x_1 und x_2 ganzzahlig sind, so ist auch deren Summe ganzzahlig. Da die Summe aber gemäß der letzten Gleichung den Wert $-\frac{1}{2}$ besitzt, existiert kein Punkt der Form $(x_1|x_2|2)$ mit ganzzahligen Koordinaten, der in der Ebene E liegt.

b1) Um den Lotfußpunkt F von G auf g zu bestimmen, stellt man zunächst eine Hilfsebene H auf, die senkrecht zu g und durch den Punkt G verläuft.

Als Normalenvektor der Ebene H kann man den Richtungsvektor $\begin{pmatrix} 2 \\ 2 \\ 0 \end{pmatrix}$ von g nehmen. Zusammen mit dem Punkt G ergibt sich eine Normalenform von H:

$$H: \left(\begin{pmatrix} x_1 \\ x_2 \\ x_3 \end{pmatrix} - \begin{pmatrix} 3 \\ 3{,}5 \\ 4{,}5 \end{pmatrix} \right) \circ \begin{pmatrix} -2 \\ 2 \\ 0 \end{pmatrix} = 0$$

Hieraus erhält man eine Koordinatengleichung für H:

$H: -2 \cdot x_1 + 2 \cdot x_2 + 0 \cdot x_3 - (-6 + 7 + 0) = 0 \quad \Leftrightarrow \quad -2 \cdot x_1 + 2 \cdot x_2 = 1$

Für den gesuchten Schnittpunkt F von H mit g ergibt sich durch Einsetzen von

$g: \vec{x} = \overrightarrow{OT} + r \cdot \overrightarrow{TU} = \begin{pmatrix} 2 \\ 3 \\ 4{,}5 \end{pmatrix} + r \cdot \begin{pmatrix} -2 \\ 2 \\ 0 \end{pmatrix}$ in H:

$$-2 \cdot (2 - 2r) + 2 \cdot (3 + 2r) = 1 \quad \Leftrightarrow \quad 2 + 8r = 1 \quad \Leftrightarrow \quad 8r = -1 \Leftrightarrow \quad r = -\frac{1}{8}$$

Damit erhält man die Koordinaten des gesuchten Punktes F durch Einsetzen dieses Wertes für r in die Geradengleichung von g:

$$\overrightarrow{OF} = \begin{pmatrix} 2 \\ 3 \\ 4{,}5 \end{pmatrix} + \left(-\frac{1}{8}\right) \cdot \begin{pmatrix} -2 \\ 2 \\ 0 \end{pmatrix} = \begin{pmatrix} 2{,}25 \\ 2{,}75 \\ 4{,}5 \end{pmatrix} \quad \Rightarrow \quad F(2{,}25 \,|\, 2{,}75 \,|\, 4{,}5)$$

b2) Der Punkt K, an dem sich der Kletterer festhält, liegt zwischen den Punkten T und U, also auf der oberen Kante $\overline{TU}$ der Kletterwand. Zudem liegt er auf der Geraden g. Für den Parameter r der Geraden g ergibt sich für $r = 0$ der Punkt T und für $r = 1$ der Punkt U (dies kann auch durch Einsetzen und anschließenden Vergleich mit den Koordinaten bestätigt werden). Daher gibt es für jeden Punkt auf der Kante eine eindeutig bestimmte reelle Zahl r mit $0 \leq r \leq 1$. Da der eben errechnete Lotfußpunkt F zum Parameter $r = -\frac{1}{8}$ gehört, liegt der Punkt F nicht auf der Kante und ist somit verschieden von K.

b3) Für den Mittelpunkt M der Strecke $\overline{TU}$ erhält man den Vektor:

$$\overrightarrow{OM} = \frac{1}{2} \cdot \left(\begin{pmatrix} 2 \\ 3 \\ 4{,}5 \end{pmatrix} + \begin{pmatrix} 0 \\ 5 \\ 4{,}5 \end{pmatrix} \right) = \begin{pmatrix} 1 \\ 4 \\ 4{,}5 \end{pmatrix} \quad \Rightarrow \quad M(1 \,|\, 4 \,|\, 4{,}5)$$

Alternative: Unter Verwendung der Geradengleichung von g ergibt sich mit dem Parameter $r = \frac{1}{2}$ ebenfalls:

$$\overrightarrow{OM} = \begin{pmatrix} 2 \\ 3 \\ 4{,}5 \end{pmatrix} + \frac{1}{2} \cdot \begin{pmatrix} -2 \\ 2 \\ 0 \end{pmatrix} = \begin{pmatrix} 1 \\ 4 \\ 4{,}5 \end{pmatrix} \quad \Rightarrow \quad M(1 \,|\, 4 \,|\, 4{,}5)$$

Der Punkt G* liegt auf einer Senkrechten zur Geraden g (zur Kante $\overline{TU}$) durch den Mittelpunkt M.

Zum Beispiel ist der Vektor $\begin{pmatrix}1\\1\\0\end{pmatrix}$ senkrecht zum Richtungsvektor $\begin{pmatrix}-2\\2\\0\end{pmatrix}$ von g, denn es gilt für das Skalarprodukt dieser beiden Vektoren:

$$\begin{pmatrix}1\\1\\0\end{pmatrix} \circ \begin{pmatrix}-2\\2\\0\end{pmatrix} = -2+2+0=0$$

Damit erhält man die folgende Senkrechte s zu g (zur Kante $\overline{TU}$) durch M:

$$s\colon \vec{x} = \overrightarrow{OM} + t \cdot \begin{pmatrix}1\\1\\0\end{pmatrix} = \begin{pmatrix}1\\4\\4{,}5\end{pmatrix} + t \cdot \begin{pmatrix}1\\1\\0\end{pmatrix}$$

Der Abstand der Punkte M und G* soll 0,35 m sein. Dafür transformiert man den Richtungsvektor $\begin{pmatrix}1\\1\\0\end{pmatrix}$ von s mittels Division durch $\sqrt{1^2+1^2} = \sqrt{2}$ zu einem Einheitsvektor und erhält für dieselbe Gerade s die Darstellung:

$$s\colon \vec{x} = \begin{pmatrix}1\\4\\4{,}5\end{pmatrix} + t \cdot \frac{1}{\sqrt{2}} \cdot \begin{pmatrix}1\\1\\0\end{pmatrix}$$

Für $t=0$ erhält man den Punkt M, für $t=1$ einen Punkt auf s, der einen Abstand von 1 m von M hat. Für $t=0{,}35$ erhält man schließlich den gesuchten Punkt G*.

Es gilt für seine Koordinaten:

$$\overrightarrow{OG^*} = \begin{pmatrix}1\\4\\4{,}5\end{pmatrix} + 0{,}35 \cdot \frac{1}{\sqrt{2}} \cdot \begin{pmatrix}1\\1\\0\end{pmatrix} = \frac{1}{\sqrt{2}} \cdot \begin{pmatrix}\sqrt{2}+0{,}35\\4\cdot\sqrt{2}+0{,}35\\4{,}5\end{pmatrix}$$

Mit gerundeten Werten gilt damit G*(1,25 | 4,25 | 4,5).

c) Nun ist eine Ebenenschar mit einem reellen Parameter a gegeben durch

(*) $E_a\colon x_1 + x_2 - ax_3 = 1 - 4a$

Alle Ebenen E_a enthalten die Gerade durch die Punkte R und S.

c1) Dividiert man die Ebenengleichung $E\colon 4 \cdot x_1 + 4 \cdot x_2 - 3 \cdot x_3 = -8$ durch 4, so erhält man:

$$E\colon x_1 + x_2 - \frac{3}{4} \cdot x_3 = -2$$

Damit ergibt sich aus (*):

$$a = \frac{3}{4}$$

c2) Für E_8 gilt: $E_8\colon x_1 + x_2 - 8 \cdot x_3 = -31$. Nach Aufgabenstellung liegen in dieser Ebene die vier Punkte R, S, T und U.

Für den Schnittwinkel α zwischen den Ebenen E und E_8 mit den Normalenvektoren $\begin{pmatrix}4\\4\\-3\end{pmatrix}$ und $\begin{pmatrix}1\\1\\-8\end{pmatrix}$ gilt:

$$\cos(\alpha)=\frac{\left|\begin{pmatrix}4\\4\\-3\end{pmatrix}\circ\begin{pmatrix}1\\1\\-8\end{pmatrix}\right|}{\left|\begin{pmatrix}4\\4\\-3\end{pmatrix}\right|\cdot\left|\begin{pmatrix}1\\1\\-8\end{pmatrix}\right|}=\frac{4+4+24}{\sqrt{16+16+9}\cdot\sqrt{1+1+64}}=\frac{32}{\sqrt{41}\cdot\sqrt{66}}$$

Daraus erhält man die Winkelgröße α zwischen den beiden Ebenen:

$$\alpha=\arccos\left(\frac{32}{\sqrt{41}\cdot\sqrt{66}}\right)\approx 52{,}04°$$

c3) Man erhält wie in Teilaufgabe c2 mit der gegebenen Größe $\alpha=60°$ für den Winkel und dem allgemeinen Normalenvektor $\begin{pmatrix}1\\1\\-a\end{pmatrix}$ von E_a folgende Gleichung:

$$\cos(60°)=\frac{\left|\begin{pmatrix}4\\4\\-3\end{pmatrix}\circ\begin{pmatrix}1\\1\\-a\end{pmatrix}\right|}{\left|\begin{pmatrix}4\\4\\-3\end{pmatrix}\right|\cdot\left|\begin{pmatrix}1\\1\\-a\end{pmatrix}\right|}\quad\Leftrightarrow\quad\frac{1}{2}=\frac{\left|\begin{pmatrix}4\\4\\-3\end{pmatrix}\circ\begin{pmatrix}1\\1\\-a\end{pmatrix}\right|}{\left|\begin{pmatrix}4\\4\\-3\end{pmatrix}\right|\cdot\left|\begin{pmatrix}1\\1\\-a\end{pmatrix}\right|}$$

Weil beide Seiten dieser Gleichung positiv sind, ist Quadrieren eine Äquivalenzumformung, was zu folgender Rechnung führt:

$$\frac{1}{2}=\frac{\left|\begin{pmatrix}4\\4\\-3\end{pmatrix}\circ\begin{pmatrix}1\\1\\-a\end{pmatrix}\right|}{\left|\begin{pmatrix}4\\4\\-3\end{pmatrix}\right|\cdot\left|\begin{pmatrix}1\\1\\-a\end{pmatrix}\right|}$$

$$\Leftrightarrow\quad\frac{1}{2}=\frac{|4+4+3a|}{\sqrt{41}\cdot\sqrt{2+a^2}}$$

$$\Leftrightarrow\quad\frac{1}{4}=\frac{(8+3a)^2}{41\cdot(2+a^2)}$$

$$\Leftrightarrow\quad 82+41a^2=256+192a+36a^2$$

$$\Leftrightarrow\quad 5a^2-192a-174=0$$

$$\Leftrightarrow\quad a^2-\frac{192}{5}a-\frac{174}{5}=0$$

$$\Leftrightarrow\quad a=\frac{96}{5}-\frac{41}{5}\sqrt{6}\ \text{ oder }\ a=\frac{96}{5}+\frac{41}{5}\sqrt{6}$$

Der gegebene Winkel zwischen den Ebenen E und E_a wird also bei den gerundeten Parametern $a\approx-0{,}89$ und $a\approx 39{,}29$ angenommen.

Schleswig-Holstein – Kernfach Mathematik
2021 – Aufgabe 4: Stochastik

Vorbemerkung: Alle in Ihren Lösungen verwendeten Zufallsgrößen müssen explizit eingeführt werden. Machen Sie auch Angaben über die Verteilung der jeweiligen Zufallsgrößen.

Eine Gruppe von Bogenschützen schießt im Training regelmäßig auf die in der Abbildung dargestellte Scheibe.
Es soll angenommen werden, dass für jedes Mitglied der Gruppe die Anzahl der Treffer ins Zentrum durch eine binomialverteilte Zufallsgröße beschrieben werden kann.
Die 18-jährige Nike trifft dabei das Zentrum der Scheibe mit einer Wahrscheinlichkeit von 70 %.

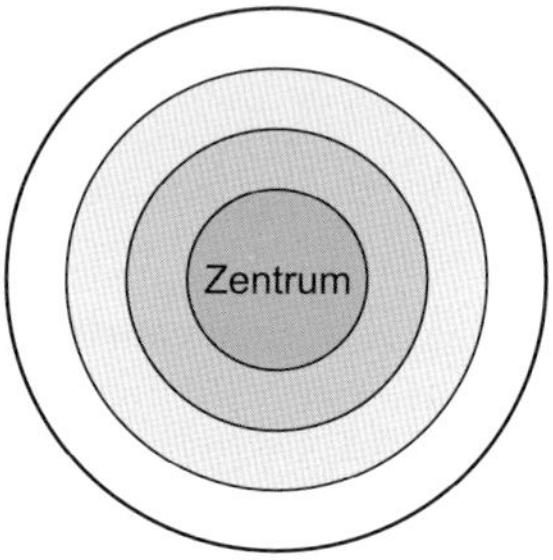

a) a1) Berechnen Sie die Wahrscheinlichkeit dafür, dass Nike in einer Serie von 20 Schüssen das Zentrum
- genau 14-mal trifft;
- mindestens 10-mal trifft;
- mit mehr als 60 % und weniger als 80 % ihrer Schüsse trifft. 7 P

a2) Bestimmen Sie – beispielsweise durch systematisches Probieren – die Anzahl an Schüssen, die Nike mindestens abgeben muss, um mit einer Wahrscheinlichkeit von mehr als 99 % mindestens zweimal das Zentrum zu treffen. 4 P

b) Nike und Victor trainieren oft gemeinsam. Die Wahrscheinlichkeiten in der abgebildeten Vierfeldertafel beruhen auf ihren bisherigen Trainingsergebnissen. Beschrieben wird eine Situation, in der beide jeweils einen Schuss abgeben.

Victor / Nike	V	$\overline{V}$	
N	0,28		0,7
$\overline{N}$			
	0,4		1

V: „Victor trifft ins Zentrum.“
N: „Nike trifft ins Zentrum.“

b1) Vervollständigen Sie die Vierfeldertafel. 3 P

b2) Zum Trainingsauftakt schießen die beiden jeweils einen Pfeil ab. Nur einer der beiden Pfeile landet im Zentrum. Berechnen Sie die Wahrscheinlichkeit dafür, dass dieser Pfeil von Nike abgeschossen wurde. 4 P

b3) Für das Spiel „Treffer gewinnt“ vereinbaren Nike und Victor folgende Regeln:

Sie schießen abwechselnd, wobei Victor beginnt.

Wer zuerst das Zentrum trifft, gewinnt. Das Spiel ist damit sofort beendet.

Sollten beide jeweils dreimal am Zentrum vorbeischießen, so endet das Spiel ebenfalls und Victor ist Sieger.

Untersuchen Sie, wer von den beiden bei diesem Spiel die bessere Gewinnchance hat. 4 P

c) Für die Teilnahme an einem Wettbewerb testet Nike einen neuen Bogen. Nach einer ausreichenden Eingewöhnungsphase hat sie die Vermutung, mit dem neuen Bogen ihre bisherige Trefferquote ins Zentrum auf mehr als 70 % verbessern zu können.

c1) Erstellen Sie für eine Serie von 150 Schüssen, die Nike mit dem neuen Bogen abgibt, einen Hypothesentest, der geeignet ist, ihre Vermutung auf einem Signifikanzniveau von 10 % zu stützen.
Geben Sie die entsprechende Entscheidungsregel an. 8 P

c2) Beschreiben Sie den Fehler zweiter Art im Sachzusammenhang. Bestimmen Sie dessen Wahrscheinlichkeit unter der Annahme, dass Nikes Trefferquote ins Zentrum mit dem neuen Bogen tatsächlich auf 75 % gestiegen ist. 4 P

d) In ihrem Köcher hat Nike 20 Pfeile, von denen 17 Pfeile rote Federn und zwei Pfeile blaue Federn haben. Einer der 20 Pfeile hat goldene Federn. Nike schießt eine Serie von zehn Pfeilen. Dabei zieht sie vor jedem Schuss ohne hinzusehen einen Pfeil aus ihrem Köcher und schießt diesen ab.

d1) Bestimmen Sie die Wahrscheinlichkeit dafür, dass in der Serie alle Pfeile rote Federn haben. 3 P

d2) Bestimmen Sie die Wahrscheinlichkeit dafür, dass die Serie mindestens einen Pfeil jeder Federnfarbe enthält. 3 P

Hinweise und Tipps

Teilaufgabe a1

- Betrachten Sie binomialverteilte Zufallsgrößen X mit den Parametern $p = 0{,}7$ und $n = 20$, die die Anzahl der Treffer Nikes ins Zentrum beschreibt.
- Es gilt $P(X \geq a) = 1 - P(X \leq a - 1)$ für $a \in \mathbb{N}$.
- Es gilt $P(a < X < b) = P(X \leq b - 1) - P(X \leq a)$ für $a, b \in \mathbb{N}$ mit $a < b$.

Teilaufgabe a2

- Betrachten Sie die binomialverteilte Zufallsgröße X_n mit den Parametern $p = 0{,}7$ und n, die die Anzahl der Treffer Nikes ins Zentrum bei n Schüssen beschreibt.
- Betrachten Sie die Ungleichung $P(X_n \geq 2) > 0{,}99$.
- Nutzen Sie aus, dass $P(X_n \geq 2) = 1 - P(X_n = 0) - P(X_n = 1)$ und lösen Sie die Ungleichung durch systematisches Probieren.

Teilaufgabe b1

- Wenn in einer Zeile bzw. Spalte einer Vierfeldertafel zwei der drei Werte gegeben sind, lässt sich der fehlende Wert direkt als Summe bzw. Differenz berechnen.

Teilaufgabe b2

- Betrachten Sie das Ereignis E: „Entweder trifft Nike ins Zentrum oder Victor trifft ins Zentrum.“
- P(E) ergibt sich als Summe zweier Werte der Vierfeldertafel.
- Zu bestimmen ist die bedingte Wahrscheinlichkeit $P_E(N)$.
- Es gilt: $P_E(N) = \frac{P(E \cap N)}{P(E)}$

Teilaufgabe b3

- Stellen Sie das Spiel in einem Baumdiagramm dar.
- Beachten Sie dabei, dass Victor beginnt, und nutzen Sie die gegebenen Trefferwahrscheinlichkeiten für Nike bzw. Victor.
- Zeichnen Sie die Pfade nur so weit, bis das Spiel beendet ist.
- Markieren Sie die Pfade, die zu Ergebnissen gehören, bei denen z. B. Nike gewinnt, und nutzen Sie die Pfadregeln.

Teilaufgabe c1

- Betrachten Sie die Zufallsgröße X_p, die die Anzahl der Treffer ins Zentrum beschreibt, die Nike bei 150 Schüssen mit dem neuen Bogen erzielt. X_p ist binomialverteilt mit den Parametern $n = 150$ und p.
- Überlegen Sie, welche Hypothese gestützt werden soll, und wählen Sie das Gegenteil als zu verwerfende Nullhypothese.

- Es handelt sich hier um einen rechtsseitigen Hypothesentest.
- Begründen Sie, dass es reicht, die Hypothese H: $p=0{,}7$ rechtsseitig zu verwerfen.
- Bestimmen Sie den Verwerfungsbereich der Hypothese H: $p=0{,}7$ bei einem Signifikanzniveau von 10 %.
- Die Untergrenze des Verwerfungsbereichs ist die kleinste natürliche Zahl k mit $P(X_{0,7} \geq k) \leq 0{,}10$.

Teilaufgabe c2

- Der Fehler 2. Art tritt ein, wenn die Nullhypothese nicht verworfen wird, obwohl diese falsch ist.
- In diesem Fall bedeutet das: Der Fehler 2. Art tritt ein, wenn bei den 150 Schüssen höchstens 112 Treffer ins Zentrum zu verzeichnen sind und die Nullhypothese damit nicht verworfen wird, obwohl der neue Bogen Nike zu einer höheren Trefferquote verhelfen würde.
- Die Wahrscheinlichkeit des Fehlers zweiter Art ist für $p=0{,}75$ gegeben durch $P(X_{0,75} \leq 112)$.

Teilaufgabe d1

- Sie können die Situation durch ein Ziehen aus einer Urne ohne Zurücklegen modellieren.
- Sie können die Situation durch eine hypergeometrische Verteilung modellieren. Unterscheiden Sie dabei „rote Federn“ und „nicht rote Federn“.

Teilaufgabe d2

- Überlegen Sie, wie viele Pfeile mit bestimmter Federnfarbe in der Serie vorkommen können, damit jede Federnfarbe mindestens einmal vorkommt. Es gibt hier prinzipiell zwei verschiedene Möglichkeiten.
- Berechnen Sie die Wahrscheinlichkeiten dieser Möglichkeiten getrennt.
- Nutzen Sie zur Bestimmung der Wahrscheinlichkeit für jede der Möglichkeiten den Binomialkoeffizienten $\binom{n}{k}$.

Lösung

a1) Die Zufallsgröße X beschreibt die Anzahl der Treffer Nikes ins Zentrum. Sie ist binomialverteilt mit den Parametern $n = 20$ und $p = 0{,}7$.

$P(X = 14) \approx 0{,}1916 \approx 19{,}2\,\%$

$P(X \geq 10) = 1 - P(X \leq 9) \approx 1 - 0{,}0171 = 0{,}9829 \approx 98{,}3\,\%$

$$P(20 \cdot 0{,}6 < X < 20 \cdot 0{,}8) = P(12 < X < 16) = P(X \leq 15) - P(X \leq 12)$$
$$\approx 0{,}7625 - 0{,}2277 = 0{,}5348 \approx 53{,}5\,\%$$

a2) Die Zufallsgröße X_n gibt die Anzahl der Treffer an, die Nike bei n Schüssen ins Zentrum erzielt. X_n ist binomialverteilt mit der Trefferwahrscheinlichkeit $p = 0{,}7$.

Gesucht ist das kleinste n mit $P(X_n \geq 2) > 0{,}99$.

$P(X_n \geq 2) = 1 - P(X_n = 0) - P(X_n = 1) = 1 - 0{,}3^n - n \cdot 0{,}7 \cdot 0{,}3^{n-1}$

Wegen $P(X_6 \geq 2) \approx 0{,}989$ und $P(X_7 \geq 2) \approx 0{,}996$ muss Nike mindestens 7 Schüsse abgeben.

b1)

Nike \ Victor	V	$\overline{V}$	
N	0,28	0,42	0,7
$\overline{N}$	0,12	0,18	0,3
	0,4	0,6	1

b2) E: „Entweder trifft Nike ins Zentrum oder Victor trifft ins Zentrum."

Es ist $P(E) = P(N \cap \overline{V}) + P(\overline{N} \cap V) = 0{,}42 + 0{,}12 = 0{,}54$.

Somit ist:

$$P_E(N) = \frac{P(E \cap N)}{P(E)} = \frac{P(N \cap \overline{V})}{P(E)} = \frac{0{,}42}{0{,}54} \approx 0{,}7778 \approx 77{,}8\,\%$$

b3) Die Wahrscheinlichkeit dafür, dass Nike

- mit ihrem ersten Schuss gewinnt, ist $0{,}6 \cdot 0{,}7 = 0{,}42$,
- mit ihrem zweiten Schuss gewinnt, ist $(0{,}6 \cdot 0{,}3) \cdot (0{,}6 \cdot 0{,}7) = 0{,}0756$,
- mit ihrem dritten Schuss gewinnt, ist $(0{,}6 \cdot 0{,}3) \cdot (0{,}6 \cdot 0{,}3) \cdot (0{,}6 \cdot 0{,}7) \approx 0{,}0136$.

Somit beträgt Nikes Gewinnwahrscheinlichkeit ungefähr
$0{,}42 + 0{,}0756 + 0{,}0136 = 0{,}5092$,
sodass sie die bessere Gewinnchance hat.

c1) Die Zufallsgröße X_p beschreibt die Anzahl der Treffer ins Zentrum, die Nike bei 150 Schüssen mit dem neuen Bogen erzielt.

X_p ist binomialverteilt mit den Parametern $n = 150$ und p.

Da die Hypothese H_1: $p > 0{,}7$ gestützt werden soll, wird H_0: $p \leq 0;7$ als Nullhypothese gewählt.

Wenn die Hypothese H: $p = 0{,}7$ rechtsseitig verworfen werden kann, so auch die Hypothese H_0.

Zu bestimmen ist die kleinste natürliche Zahl k mit:

$P(X_{0,7} \geq k) \leq 0{,}10 \quad \Leftrightarrow \quad 1 - P(X_{0,7} \leq k-1) \leq 0{,}10 \quad \Leftrightarrow \quad P(X_{0,7} \leq k-1) \geq 0{,}90$

Aus $P(X_{0,7} \leq 111) \approx 0{,}878$ und $P(X_{0,7} \leq 112) \approx 0{,}911$ ergibt sich $k - 1 = 112$. Somit ist $k = 113$.

Trifft Nike bei den 150 Schüssen mit dem neuen Bogen mindestens 113-mal ins Zentrum, so stützt dies ihre Vermutung, mit dem neuen Bogen eine höhere Trefferquote erreichen zu können als mit dem alten.

c2) Der Fehler 2. Art tritt ein, wenn bei den 150 Schüssen höchstens 112 Treffer ins Zentrum zu verzeichnen sind und die Nullhypothese damit nicht verworfen wird, also die Vermutung nicht gestützt werden kann, obwohl der neue Bogen Nike zu einer höheren Trefferquote verhelfen würde.

Mit $P(X_{0,75} \leq 112) \approx 0{,}4937$ beträgt die Wahrscheinlichkeit eines Fehlers 2. Art bei einer tatsächlichen Trefferquote von 75 % ungefähr 49,4 %.

d1) Die Zufallsgröße X gibt die Anzahl der Pfeile mit roten Federn unter den zehn gezogenen Pfeilen an. Dann ist X hypergeometrisch verteilt.

$$P(X = 10) = \frac{\binom{17}{10} \cdot \binom{3}{0}}{\binom{20}{10}} = \frac{2}{19} \approx 0{,}1053 \approx 10{,}5\,\%$$

d2) Die Wahrscheinlichkeit dafür, dass die Serie

- einen goldenen und einen blauen Pfeil sowie acht rote Pfeile enthält, beträgt:

$$\frac{\binom{1}{1} \cdot \binom{2}{1} \cdot \binom{17}{8}}{\binom{20}{10}} = \frac{5}{19} \approx 0{,}2632 \approx 26{,}3\,\%$$

- einen goldenen Pfeil sowie zwei blaue und sieben rote Pfeile enthält, beträgt:

$$\frac{\binom{1}{1} \cdot \binom{2}{2} \cdot \binom{17}{7}}{\binom{20}{10}} = \frac{2}{19} \approx 0{,}1053 \approx 10{,}5\,\%$$

Die gesuchte Wahrscheinlichkeit beträgt somit:

$$\frac{5}{19} + \frac{2}{19} = \frac{7}{19} \approx 0{,}3684 \approx 36{,}8\,\%$$

Schleswig-Holstein – Kernfach Mathematik
2021 – Aufgabe 1: Analysis (CAS)

Angesichts des vorhergesagten Anstiegs des Meeresspiegels wird an der Nordseeküste ein neuer Klimadeich geplant. Stellvertretend für den ganzen Deich wird ein ausgewählter Deichquerschnitt betrachtet, dessen obere Begrenzungslinie durch die Funktion f mit

$f(x) = -288 \cdot (x-9) \cdot e^{-0{,}1 \cdot (x-9)^2 - 6}$ und $0 \leq x \leq 9$

modelliert wird. Im Folgenden entspricht dabei eine Längeneinheit sowohl in x- als auch in y-Richtung stets 10 m in der Wirklichkeit.

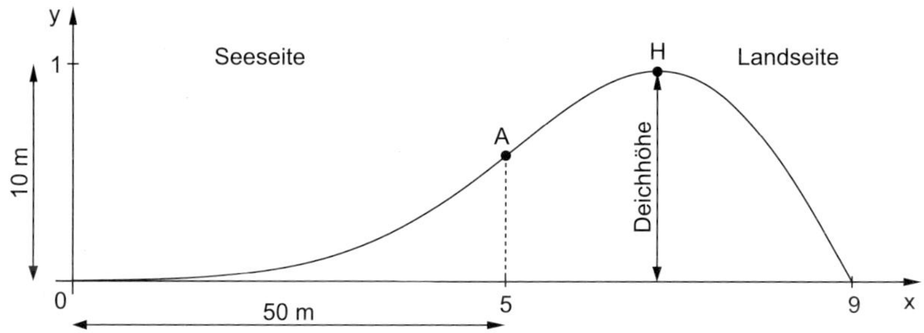

A ist ein Bezugspunkt auf dem Deich, der zur Vermessung dient. H ist der höchste Punkt des Deiches.

a) a1) Bestimmen Sie die Höhe des Punktes A und die Steigung des Deiches im Punkt A. 3 P

a2) Berechnen Sie die Breite des Deiches in einer Höhe von 5 m. 3 P

a3) Berechnen Sie die Deichhöhe. 4 P

b) Im Folgenden wird die Schar der Funktionen g_k mit

$g_k(x) = -8 \cdot k^2 \cdot (x-9) \cdot e^{-0{,}1 \cdot (x-9)^2 - k}$ für $k \in \mathbb{R}$ und $0 \leq x \leq 9$

betrachtet.

b1) Zeigen Sie, dass f ein Element dieser Schar ist. 2 P

b2) Begründen Sie anhand des Funktionsterms:
Für jedes $k \neq 0$ hat g_k genau eine Nullstelle. 2 P

Ein Planungsbüro modelliert mithilfe der Funktionen g_k die obere Begrenzungslinie von weiteren Deichquerschnitten.
Dazu werden im Folgenden ausschließlich die Parameterwerte k mit $5 \leq k \leq 7$ betrachtet.

b3) Für jedes solche k ist $H_k\left(9-\sqrt{5}\;\middle|\;8\cdot\sqrt{\frac{5}{e}}\cdot k^2\cdot e^{-k}\right)$ der Hochpunkt des Graphen von g_k. Die y-Koordinate von H_k entspricht der Deichhöhe.

- Bestimmen Sie denjenigen Wert für k, für den die Deichhöhe 11 m beträgt. 2 P
- Berechnen Sie die Deichhöhe des höchsten Deiches, der mithilfe einer dieser Funktionen g_k mit $5 \leq k \leq 7$ modelliert werden kann. 5 P

b4) Für jedes betrachtete k hat g_k im Intervall $[0; 9-\sqrt{5}]$ genau eine Wendestelle.
Bestimmen Sie die Koordinaten des zugehörigen Wendepunkts.
[*Kontrolle:* Die Wendestelle ist $9-\sqrt{15}$.] 3 P

b5) Der Deich steigt seeseitig bis zu seinem höchsten Punkt an. Dabei verläuft das Deichprofil im Uferbereich zunächst flach, wird dann steiler und flacht zum höchsten Punkt hin wieder ab. Aus Stabilitätsgründen darf der maximale Steigungswinkel des Deichprofils seeseitig höchstens 20° betragen.
Untersuchen Sie, für welche k mit $5 \leq k \leq 7$ diese Bedingung erfüllt ist. 5 P

c) Für die weitere Planung wird der durch $g_{5,8}$ modellierte Deich ausgewählt. Dieser soll einen begradigten Bereich (die sogenannte Deichkrone) erhalten.

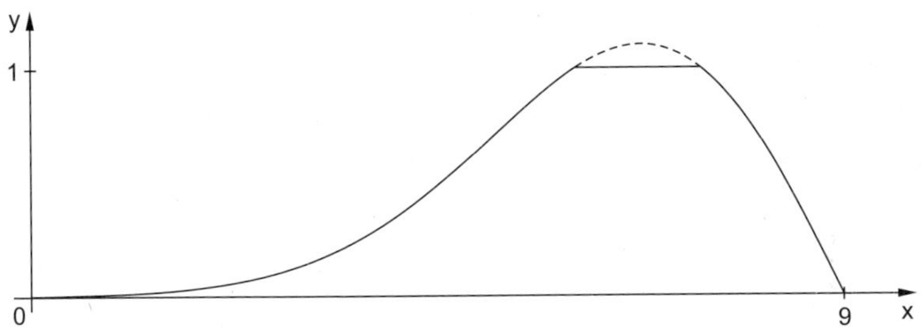

c1) Ermitteln Sie rechnerisch die Höhe, in der der Deich begradigt werden müsste, damit die Deichkrone waagerecht und 12 m breit ist. 3 P

Es wird schließlich entschieden, den Deich für $6{,}0 \leq x \leq 7{,}2$ zu begradigen.

c2) Zeigen Sie, dass der Deich auf diese Weise nicht waagerecht begradigt wird.
Bestimmen Sie die Neigung des begradigten Bereichs in Prozent. 3 P

c3) Ein Abschnitt des geplanten Deiches soll 2 km lang werden.
Berechnen Sie die Menge des benötigten Materials in Kubikmetern. 5 P

Hinweise und Tipps

Teilaufgabe a1

- Die x-Koordinate von A kann der Zeichnung entnommen werden, die y-Koordinate können Sie mithilfe der Funktion f berechnen.
- Beachten Sie, dass eine Längeneinheit für 10 m steht.
- Die Steigung des Graphen von f können Sie mithilfe der ersten Ableitung f' berechnen.

Teilaufgabe a2

- Bestimmen Sie zunächst die Stellen, an denen f den Funktionswert 0,5 besitzt.

Teilaufgabe a3

- Die Deichhöhe wird durch das globale Maximum von f im Intervall [0; 9] beschrieben.
- Im vorliegenden Fall ist das lokale Maximum von f auch das globale Maximum.
- Notwendig für eine lokale Extremstelle x von f ist $f'(x)=0$.

Teilaufgabe b1

- Bestimmen Sie ein k so, dass $g_k(x)=f(x)$ für alle x ist.
- Einen Kandidaten für k können Sie auch durch genaues Vergleichen der Funktionsterme erkennen.

Teilaufgabe b2

- Hier dürfen Sie den CAS-Rechner nicht verwenden!
- Überlegen Sie, wann ein Produkt den Wert 0 annimmt.
- Einige Faktoren des Produkts sind immer positiv und damit nie null.

Teilaufgabe b3

- Fassen Sie die y-Koordinate von H_k als den Funktionsterm h(k) einer Funktion h auf, die jedem k die Deichhöhe des Deiches zuordnet.
- Zu bestimmen ist das globale Maximum von h auf dem Intervall [5; 7].
- Untersuchen Sie zunächst h auf lokale Extrema im Intervall [5; 7].
- Notwendig für eine lokale Extremstelle k von h ist $h'(k)=0$.
- Beachten Sie, dass das globale Maximum von h auf dem Intervall [5; 7] auch an den Rändern des Intervalls liegen kann.

Teilaufgabe b4

- Notwendig für eine Wendestelle x von g_k ist $g_k''(x) = 0$.
- Beachten Sie, dass es laut Voraussetzung genau eine Wendestelle von g_k für $0 \leq x \leq 9 - \sqrt{5}$ gibt.
- Bestimmen Sie auch die y-Koordinate des Wendepunkts.

Teilaufgabe b5

- Die maximale Steigung liegt für $x \in [0; 9 - \sqrt{5}]$ an der bereits bekannten Wendestelle von g_k vor.
- Der Steigungswinkel α der Tangente an den Graphen einer Funktion f an der Stelle x ist gegeben durch $\tan(\alpha) = f'(x)$.
- Untersuchen Sie also, für welche k mit $5 \leq k \leq 7$ die Relation $\arctan(g_k'(9 - \sqrt{15})) \leq 20°$ erfüllt ist.

Teilaufgabe c1

- Bestimmen Sie zwei Stellen im Abstand 1,2, an denen die Funktion $g_{5,8}$ den gleichen Funktionswert hat.

Teilaufgabe c2

- Berechnen Sie die Funktionswerte $g_{5,8}(6)$ und $g_{5,8}(7{,}2)$ und interpretieren Sie das Ergebnis.
- Die Neigung entspricht der Steigung der Sekante durch die Graphenpunkte an den Stellen 6 und 7,2.

Teilaufgabe c3

- Bestimmen Sie die Querschnittsfläche des begradigten Deiches. Beachten Sie, dass eine Flächeneinheit $10\ \text{m} \cdot 10\ \text{m} = 100\ \text{m}^2$ beträgt.
- Für $6 \leq x \leq 7{,}2$ kann der Deichquerschnitt durch ein Trapez modelliert werden, für das man den Flächeninhalt aus der Höhe und der Länge der zueinander parallelen Seiten berechnen kann.
- Die Inhalte der anderen Flächen können Sie jeweils durch ein Integral berechnen.
- Das Volumen ergibt sich als Produkt von Querschnittsfläche und Länge des Deiches.

Lösung

a1) Im Modell liegt A an der Stelle $x = 5$.

Es gilt $f(5) \approx 0{,}577$ und $f'(5) \approx 0{,}317$.

Die Höhe des Punktes A beträgt etwa 5,77 Meter und die Steigung des Deiches im Punkt A etwa 0,317.

$f(x) := -288 \cdot (x-9) \cdot e^{-0.1 \cdot (x-9)^2 - 6}$	*Fertig*
$f1(x) := \frac{d}{dx}(f(x))$	*Fertig*
$f(5)$	0.57652
$f1(5)$	0.317086

a2) $f(x) = 0{,}5$ wird von $x \approx 4{,}755$ und $x \approx 8{,}260$ gelöst.

Mit $8{,}260 - 4{,}755 = 3{,}505$ beträgt die Breite in einer Höhe von 5 Metern etwa 35,05 Meter.

⚠ solve$(f(x)=0.5,x)$	$x=4.75525$ or $x=8.2602$
8.26−4.755	3.505

a3) Die Deichhöhe ist die Höhe des Punktes H. Hier hat f ein lokales Extremum. Notwendig für ein solches Extremum an der Stelle x ist $f'(x) = 0$.

Wegen $0 \le x \le 9$ ist
$f'(x) = 0 \iff x \approx 6{,}764$.

Damit liegt das gesuchte Maximum ungefähr an der Stelle 6,764.
Die Deichhöhe beträgt wegen $f(6{,}764) \approx 0{,}968$ etwa 9,68 Meter.

solve$(f1(x)=0,x)$	$x=6.76393$ or $x=11.2361$
$f(6.764)$	0.968196

b1) Eine Möglichkeit ist $k = 6$, denn es ist:

$$g_6(x) = -8 \cdot 36 \cdot (x-9) \cdot e^{-0{,}1 \cdot (x-9)^2 - 6} = f(x)$$

$g(k,x) := -8 \cdot k^2 \cdot (x-9) \cdot e^{-0.1 \cdot (x-9)^2 - k}$	*Fertig*
⚠ solve$(g(k,x)=f(x),k)$	$k=-0.262039$ or $k=0.357121$ or $k=6.$

b2) Wegen $e^{-0{,}1 \cdot (x-9)^2 - k} > 0$ und $k^2 > 0$ für alle $k \neq 0$ gilt:
$g_k(x) = 0 \iff x - 9 = 0 \iff x = 9$

Somit hat g_k genau eine Nullstelle.

b3) $8 \cdot \sqrt{\frac{5}{e}} \cdot k^2 \cdot e^{-k} = 1{,}1$ wird für $5 \le k \le 7$ gelöst durch $k \approx 5{,}807$.

Für $k \approx 5{,}807$ beträgt die Deichhöhe 11 m.

$h(k) := 8 \cdot \sqrt{\frac{5}{e}} \cdot k^2 \cdot e^{-k}$	*Fertig*
⚠ solve$(h(k)=1.1,k)$	$k=-0.277198$ or $k=0.386236$ or $k=5.80697$

Die Funktion h mit $h(k)=8\cdot\sqrt{\frac{5}{e}}\cdot k^2\cdot e^{-k}$ beschreibt die Deichhöhe in Abhängigkeit von k.

Gesucht ist das globale Maximum von h(k) über dem Intervall [5; 7].

Notwendig für ein lokales Extremum von h an der Stelle k ist $h'(k)=0$.

Es ist: $h'(k)=0 \Leftrightarrow k=0 \vee k=2$

Also wird das globale Maximum an einer Randstelle angenommen.

Es gilt $h(5)\approx 1{,}828$ und $h(7)\approx 0{,}485$. Somit wird die maximale Deichhöhe für $k=5$ angenommen und beträgt etwa 18,28 m.

$h1(k):=\frac{d}{dk}(h(k))$	*Fertig*
solve$(h1(k)=0,k)$	$k=0$ or $k=2$
$h(5)$	$200\cdot e^{\frac{-11}{2}}\cdot\sqrt{5}$
$h(5)$	1.82766
$h(7)$	$392\cdot e^{\frac{-15}{2}}\cdot\sqrt{5}$
$h(7)$	0.4848

b4) Notwendig für eine Wendestelle x von g_k ist $g_k''(x)=0$.

Mit $k\neq 0$ und $0\le x\le 9$ gilt:

$g_k''(x)=0 \quad\Leftrightarrow\quad x=9-\sqrt{15} \;\vee\; x=9$

Da es laut Voraussetzung genau eine Wendestelle von g_k für $0\le x\le 9-\sqrt{5}$ gibt, ist $x=9-\sqrt{15}$ die gesuchte Stelle.

Mit $g_k(9-\sqrt{15})=8\cdot\sqrt{\frac{15}{e^3}}\cdot k^2\cdot e^{-k}$ hat der Wendepunkt des Graphen von g_k die Koordinaten $H_k\left(9-\sqrt{15}\;\middle|\;8\cdot\sqrt{\frac{15}{e^3}}\cdot k^2\cdot e^{-k}\right)$.

$g1(k,x):=\frac{d}{dx}(g(k,x))$	*Fertig*
$g2(k,x):=\frac{d}{dx}(g1(k,x))$	*Fertig*
solve$(g2(k,x)=0,x)$	$x=-(\sqrt{15}-9)$ or $x=9$ or $x=\sqrt{15}+9$ or $k=0$
$g(k,-(\sqrt{15}-9))$	$8\cdot k^2\cdot e^{-k-\frac{3}{2}}\cdot\sqrt{15}$

b5) Die maximale Steigung liegt für $x\in[0;9-\sqrt{5}]$ an der Wendestelle von g_k vor, da die Ränder nicht infrage kommen.

Mit $5\le k\le 7$ wird $g_k'(9-\sqrt{15})=\tan(20°)$ nur von $k\approx 5{,}798$ gelöst.

Prüft man zum Beispiel die Steigung an der Wendestelle für $k=6$, so erhält man:

$\arctan(g_6'(9-\sqrt{15}))\approx\arctan(0{,}319)\approx 17{,}7°<20°$

⚠ solve$(g1(k,9-\sqrt{15})=\tan(20°),k)$	$k=-0.277878$ or $k=0.387574$ or $k=5.79845$
$\tan^{-1}(g1(6,9-\sqrt{15}))$	17.6707

Also sind die Steigungswinkel für $5{,}798\le k\le 7$ höchstens 20° groß, für $k<5{,}798$ aber größer als 20°.

Für $5{,}798\le k\le 7$ liegt die maximale seeseitige Steigung somit im erlaubten Bereich.

c1) Die Gleichung $g_{5,8}(x) = g_{5,8}(x + 1{,}2)$ wird gelöst durch $x \approx 6{,}137$. Somit folgt für die Höhe der Deichkrone $g_{5,8}(6{,}137) \approx 1{,}028$, also 10,28 m.

⚠ solve(g(5.8,x)=g(5.8,x+1.2),x)	x=6.13674 or x=10.6633
g(5.8,6.137)	1.02773

c2) Es gilt $g_{5,8}(6) \approx 0{,}994 \neq 1{,}061 \approx g_{5,8}(7{,}2)$, deshalb wird der Deich nicht waagerecht begradigt.

Mit $\frac{g_{5,8}(7{,}2) - g_{5,8}(6)}{7{,}2 - 6} \approx 0{,}056$ beträgt die Neigung des begradigten Abschnitts etwa 5,6 %.

g(5.8,6)	0.993789
g(5.8,7.2)	1.06072
$\frac{g(5.8,7.2)-g(5.8,6)}{7.2-6}$	0.055772

c3) Für $6 \le x \le 7{,}2$ wird der Deichquerschnitt durch ein Trapez modelliert. Es ist:

$$\int_0^6 g_{5,8}(x)\,dx + \frac{1}{2}\left(g_{5,8}(6) + g_{5,8}(7{,}2)\right) \cdot 1{,}2 + \int_{7{,}2}^{9} g_{5,8}(x)\,dx \approx 4{,}015$$

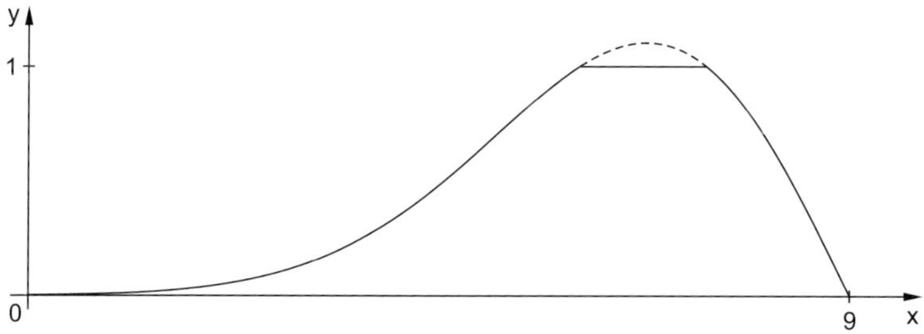

Die Querschnittsfläche beträgt also etwa 401,5 m^2.

Mit $401{,}5 \cdot 2\,000 = 803\,000$ ergibt sich ein Materialbedarf von etwa 803 000 m^3.

$\int_0^6 g(5.8,x)\,dx + \frac{1}{2} \cdot (g(5.8,6)+g(5.8,7.2)) \cdot 1.2$▸	4.01523
4.015· 10· 10	401.5
401.5· 2000	803000

Schleswig-Holstein – Kernfach Mathematik
2021 – Aufgabe 2: Analysis (CAS)

Surfbretter können am Computer konstruiert und dann automatisch aus einem Styroporblock gefräst werden. Die folgende Abbildung zeigt die Draufsicht eines Surfbretts, das bezüglich der eingezeichneten x-Achse achsensymmetrisch ist.

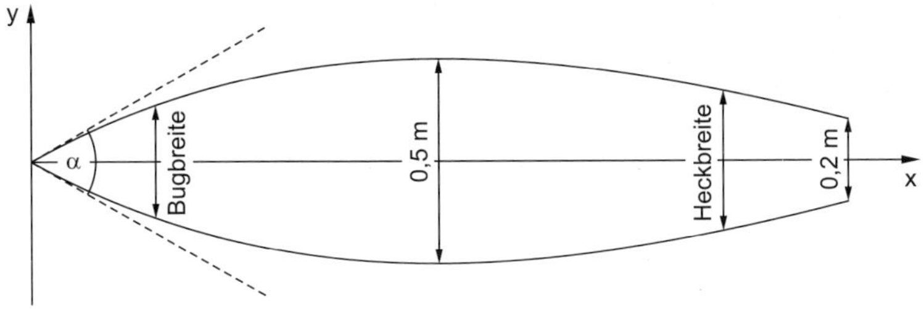

Eine Längeneinheit entspricht einem Meter in der Wirklichkeit.

a) Eine Surferin wünscht sich ein wie in der Zeichnung dargestelltes Shortboard der Länge 2 m. Die größte Breite von 0,5 m wird genau in der Mitte zwischen Bugspitze und dem Ende des Hecks erreicht. Am Ende des Hecks hat das Surfbrett eine Breite von 0,2 m. Der in Fahrtrichtung gesehen rechte Rand des Surfbretts (in der Abbildung der obere Teil) soll durch den Graphen einer ganzrationalen Funktion f dritten Grades modelliert werden.

a1) Bestimmen Sie einen Funktionsterm von f.
[*Kontrolle:* $f(x) = -0{,}05 \cdot x^3 - 0{,}35 \cdot x^2 + 0{,}55 \cdot x$] — 4 P

a2) Zum Vergleich verschiedener Surfbrett-Designs wird oft neben der größten Breite des Surfbretts die Breite des Bretts jeweils 1 Fuß (30,48 cm) von der Spitze des Bugs und vom Ende des Hecks entfernt gemessen (siehe obige Abbildung).
Berechnen Sie die Bugbreite und die Heckbreite für das vorgegebene Modell. — 3 P

a3) Es gibt zwei Stellen, an denen das Surfbrett eine Breite von 40 cm aufweist.
Ermitteln Sie den Abstand dieser beiden Stellen voneinander. — 3 P

a4) Berechnen Sie den Öffnungswinkel α an der Spitze des Surfbrettes. — 3 P

a5) Nehmen Sie vereinfachend an, dass das Surfbrett eben ist und eine einheitliche Dicke von 5 cm hat.
Berechnen Sie das Volumen des Surfbretts und geben Sie dieses Volumen in Litern an. — 4 P

b) Neben dem im Aufgabenteil a untersuchten Shortboard gibt es noch viele andere Bauformen von Surfbrettern. Der in Fahrtrichtung gesehen rechte Rand (in der folgenden Abbildung der obere Teil) eines Funboards wird vollständig durch den Graphen der Funktion g mit

$g(x) = 0{,}3 \cdot \sqrt{1-(x-1)^2}$

zwischen den beiden Nullstellen von g beschrieben.

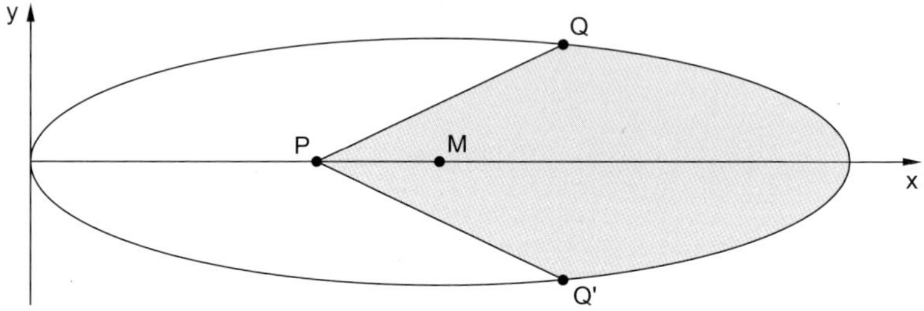

b1) Zeigen Sie, dass das Funboard eine Länge von 2,0 m hat. 2 P

b2) Geben Sie das Verhalten von $g'(x)$ für $x \to 2$ an und interpretieren Sie dieses Verhalten im Sachzusammenhang. 3 P

b3) Ein Funboard gleicher Bauart soll – wie in der Abbildung dargestellt – teilweise farbig lackiert werden. Dabei soll der Punkt $P(0{,}75 \,|\, 0)$ geradlinig mit den beiden zur x-Achse symmetrisch angeordneten Punkten $Q(b \,|\, g(b))$ bzw. Q' verbunden sein. Q ist so zu platzieren, dass der Flächeninhalt des gefärbten Teils der Hälfte der Gesamtfläche entspricht. Stellen Sie eine Gleichung auf, die die Situation in Abhängigkeit von b beschreibt, und bestimmen Sie die Koordinaten von Q. 5 P

c) Für jedes $k > 0$ wird durch $g_k(x) = 0{,}15 \cdot k \cdot \sqrt{1-\left(\frac{2}{k} \cdot x - 1\right)^2}$ mit $x \in [0; k]$ eine Funktion g_k gegeben. Für geeignete k beschreibt der Graph von g_k erneut den in Fahrtrichtung gesehen rechten Rand eines Funboards.

c1) Es gibt ein $k > 0$, für das $g_k = g$ gilt (mit g aus Teilaufgabe b). Geben Sie den entsprechenden Wert für k an. 1 P

c2) Der Graph von g_k ist an jeder Stelle x mit $0 < x < k$ rechtsgekrümmt. Zeigen Sie, dass die größte Breite für das durch g_k modellierte Funboard an der Stelle $x = \frac{k}{2}$ angenommen wird. 3 P

c3) Ein Surfer wünscht sich ein durch g_k modelliertes Funboard, das eine Länge von 2,5 Metern aufweist. Bestimmen Sie den zugehörigen Wert von k und ermitteln Sie die größte Breite dieses Funboards. 4 P

c4) Je größer das Verhältnis von größter Breite zur Länge ist, desto stabiler verhält sich ein Surfbrett im Wasser. Weisen Sie nach, dass sich alle durch g_k modellierten Funboards stabiler im Wasser verhalten als das Shortboard aus Aufgabenteil a. 5 P

Hinweise und Tipps

Teilaufgabe a1

- Eine ganzrationale Funktion 3. Grades hat einen Funktionsterm der Form $f(x) = ax^3 + bx^2 + cx + d$.
- Aus dem Einleitungstext von Aufgabenteil a können Sie vier Bedingungen an die Funktion f bzw. ihre Ableitung f' entnehmen.
- Die vier Bedingungen ergeben ein Gleichungssystem, das Sie nach a, b, c, d lösen können.

Teilaufgabe a2

- Berechnen Sie die Funktionswerte von f an den angegebenen Stellen (0,3048 Einheiten von der Spitze bzw. vom Ende entfernt).
- Beachten Sie, dass der Funktionswert nur die halbe Breite angibt.

Teilaufgabe a3

- Bestimmen Sie die Stellen, an denen der Funktionswert von f den Wert 0,2 hat.

Teilaufgabe a4

- Der Steigungswinkel β der Tangente an den Graphen einer Funktion f an der Stelle x ist gegeben durch $\tan(\beta) = f'(x)$.
- Der Öffnungswinkel α an der Spitze des Surfbretts ist das Doppelte des Steigungswinkels der Tangente an den Graphen von f an der Stelle 0.

Teilaufgabe a5

- Bestimmen Sie den Flächeninhalt der Draufsicht über ein bestimmtes Integral.
- Das Produkt des Flächeninhalts mit der Dicke ergibt das Volumen.
- 1 Kubikmeter entspricht 1 000 Litern.

Teilaufgabe b1

- Bestimmen Sie die Nullstellen von g.

Teilaufgabe b2

- Bilden Sie g'(x) und berechnen Sie Werte g'(a), wobei a kleiner als 2 ist und sich dem Wert 2 immer weiter annähert.
- Interpretation: Interpretieren Sie g'(a) als Tangentensteigung.

Teilaufgabe b3

- Betrachten Sie nur die Figur oberhalb der x-Achse.
- Zeichnen Sie die Stelle b in die Zeichnung mit ein.

- Betrachten Sie die grau gefärbte Fläche oberhalb der x-Achse und teilen Sie diese in ein Dreieck und eine weitere Fläche, deren Inhalt sich über ein Integral bestimmen lässt.
- Erstellen Sie einen Term für den Flächeninhalt der grau gefärbten Fläche in Abhängigkeit von b.

Teilaufgabe c1

- Bestimmen Sie ein k so, dass $g_k(x) = f(x)$ für alle x ist.
- Einen Kandidaten für k können Sie auch durch genaues Vergleichen der Funktionsterme erkennen.

Teilaufgabe c2

- Zeigen Sie, dass eine notwendige Bedingung für das Vorliegen eines lokalen Extremums an der Stelle $\frac{k}{2}$ erfüllt ist.
- Begründen Sie mit den in der Aufgabe gegebenen Informationen, dass an dieser Stelle das globale Maximum von g_k im Intervall [0; k] liegt.

Teilaufgabe c3

- Bestimmen Sie die Nullstellen von g_k und schließen Sie daraus auf den Wert von k.
- Bestimmen Sie das globale Maximum von g_k, beachten Sie dabei die Ergebnisse aus Teilaufgabe c2.

Teilaufgabe c4

- Berechnen Sie die Verhältnisse von größter Breite zu Länge der Funboards in Abhängigkeit von k.
- Berechnen Sie dieses Verhältnis auch für das durch die Funktion f modellierte Shortboard.

Lösung

a1) Mit $f(x) = ax^3 + bx^2 + cx + d$ und $f(0) = 0$; $f(1) = 0{,}25$; $f'(1) = 0$; $f(2) = 0{,}1$ folgt
$a = 0{,}05$; $b = -0{,}35$; $c = 0{,}55$; $d = 0$,
also
$f(x) = 0{,}05x^3 - 0{,}35x^2 + 0{,}55x$.

$f(x):=a\cdot x^3+b\cdot x^2+c\cdot x+d$	*Fertig*
$f1(x):=\frac{d}{dx}(f(x))$	*Fertig*
solve(f(0)=0 and f(1)=0.25 and f1(1)=0 and f▸	a=0.05 and b=-0.35 and c=0.55 and d=0.
f(x)|a=0.05 and b=-0.35 and c=0.55 and d=0.	$0.05\cdot x^3-0.35\cdot x^2+0.55\cdot x$
$f(x):=0.05\cdot x^3-0.35\cdot x^2+0.55\cdot x$	*Fertig*

a2) Mit $2 \cdot f(0{,}3048) \approx 0{,}2731$ und $2 \cdot f(2 - 0{,}3048) \approx 0{,}3403$ erhält man eine Bugbreite von etwa 27,3 cm und eine Heckbreite von etwa 34,0 cm.

2· f(0.3048)	0.27308
2· f(2−0.3048)	0.340278

a3) $f(x) = 0{,}2$ ergibt $x \approx 0{,}5272$ oder $x \approx 1{,}5374$ oder $x \approx 4{,}9354$.

Da $x \approx 4{,}9354 > 2$ ist, entfällt diese Lösung. Mit $1{,}5374 - 0{,}5272 = 1{,}0102$ folgt, dass die Stellen etwa 1,01 m voneinander entfernt sind.

$\text{solve}\left(f(x)=\frac{0.4}{2},x\right)$	x=0.527166 or x=1.5374 or x=4.93543
1.5374−0.527166	1.01023

a4) $\tan(\frac{\alpha}{2}) = f'(0)$ ergibt
$\alpha = 2 \cdot \arctan(0{,}55) \approx 58°$.

f1(0)	0.55
$2\cdot \tan^{-1}(0.55)$	57.6216

a5) Der Inhalt der Grundfläche beträgt

$$A = 2 \cdot \int_0^2 f(x)\,dx = \frac{11}{15}$$

und das Volumen

$$V = A \cdot h = \frac{11}{15} \cdot 0{,}05 = \frac{11}{300} \approx 0{,}03667,$$

d. h., das Volumen des Surfbretts beträgt etwa 36,7 Liter.

$2\cdot \int_0^2 f(x)\,dx$	$\frac{11}{15}$
$2\cdot \int_0^2 f(x)\,dx$	0.733333
$\frac{11}{15}\cdot 0.05$	0.036667

b1) $g(x) = 0 \Leftrightarrow x = 0 \vee x = 2$, d. h., die Länge des Funboards beträgt 2 m – 0 m = 2 m.

$g(x):=0.3\cdot \sqrt{1-(x-1)^2}$	*Fertig*
solve(g(x)=0,x)	x=0 or x=2

b2) Für $x \to 2$ gilt $g'(x) \to -\infty$.

Am Heck schließt das Funboard abgerundet ab, es hat dort keine Spitze.

$g1(x):=\frac{d}{dx}(g(x))$	*Fertig*
$\lim\limits_{x \to 2^-}(g1(x))$	$-\infty$

b3) Mit $Q(b\,|\,g(b))$ kann die Gleichung lauten:

$$\frac{1}{2}\cdot(b-0{,}75)\cdot g(b)+\int_b^2 g(x)\,dx = 0{,}5\cdot\int_0^2 g(x)\,dx$$

Auflösen nach b ergibt $b \approx 1{,}2403$ und mit $g(1{,}2403) \approx 0{,}2912$ erhält man $Q(1{,}2403\,|\,0{,}2912)$.

⚠ $\text{solve}\left(\frac{1}{2}\cdot(b-0.75)\cdot g(b)+\int_b^2 g(x)\,dx=0.5\cdot\right.$ ▸	$b=1.2403$
$g(1.2403)$	0.29121

c1) $k=2$

$g(k,x):=0.15\cdot k\cdot\sqrt{1-\left(\frac{2}{k}\cdot x-1\right)^2}$	*Fertig*
$\text{solve}(0.15\cdot k=0.3,k)$	$k=2$

c2) Wegen $g'_k(\frac{k}{2})=0$ ist die notwendige Bedingung für ein lokales Maximum an der Stelle $\frac{k}{2}$ erfüllt. Aufgrund der Rechtskrümmung des Graphen an jeder Stelle x mit $0<x<k$ liegt bei $\frac{k}{2}$ das globale Maximum.

$g1(k,x):=\frac{d}{dx}(g(k,x))$	*Fertig*
⚠ $g1\left(k,\frac{k}{2}\right)$	0

c3) Mit $g_k(x)=0 \;\Leftrightarrow\; x=0 \vee x=k$ weist jedes Funboard die Länge k auf. Also ist das Funboard für $k=2{,}5$ genau 2,5 Meter lang.

Wegen $g_{2,5}(1{,}25)=0{,}375$ beträgt die größte Breite dieses Longboards 75 cm.

⚠ $\text{solve}(g(k,x)=0,x)$	$x=k$ or $x=0$
$g\left(2.5,\frac{2.5}{2}\right)$	0.375
$2\cdot 0.375$	0.75

c4) Für das Verhältnis von größter Breite zur Länge gilt:

$$\frac{2\cdot g_k(\frac{k}{2})}{k}=\frac{2\cdot 0{,}15\cdot k}{k}=0{,}3$$

Für das Shortboard aus Aufgabenteil a beträgt dieses Verhältnis $\frac{0{,}5}{2}=0{,}25$, sodass jedes durch g_k modellierte Funboard sich im Wasser stabiler als das Shortboard verhält.

⚠ $\frac{2\cdot g\left(k,\frac{k}{2}\right)}{k}$	$\frac{3}{10}$
$\frac{0.5}{2}$	0.25

Schleswig-Holstein – Kernfach Mathematik
2022

Um Ihnen die Prüfung 2022 schnellstmöglich zur Verfügung stellen zu können, bringen wir sie in digitaler Form heraus.

Sobald die Original-Prüfungsaufgaben 2022 freigegeben sind, können sie als PDF auf der Plattform **MyStark** heruntergeladen werden (Zugangscode vgl. Farbseiten vorne im Buch).

Prüfung 2022

www.stark-verlag.de/mystark